Christoph Siart:

Geomorphologisch-geoarchäologische Untersuchungen im Umfeld der minoischen Villa von Zominthos. Ein Beitrag zur Erforschung der holozänen Landschaftsgeschichte Zentralkretas

ISBN 978-3-88570-130-9

HEIDELBERGER GEOGRAPHISCHE ARBEITEN

Herausgeber:

Bernhard Eitel, Olaf Bubenzer, Hans Gebhardt, Johannes Glückler,
Lucas Menzel, Alexander Siegmund und Alexander Zipf

Schriftleitung: Klaus Sachs

Heft 130

Im Selbstverlag des Geographischen Instituts der Universität Heidelberg

2010

Geomorphologisch-geoarchäologische Untersuchungen im Umfeld der minoischen Villa von Zominthos. Ein Beitrag zur Erforschung der holozänen Landschaftsgeschichte Zentralkretas

von

Christoph Siart

Mit 46 Abbildungen und 21 Tabellen

(mit engl. summary)

Im Selbstverlag des Geographischen Instituts der Universität Heidelberg

2010

Die vorliegende Arbeit wurde von der Fakultät für Chemie und Geowissenschaften der Ruprecht-Karls-Universität Heidelberg als Dissertation angenommen.

Tag der mündlichen Prüfung: 25. November 2010

Gutachter: Prof. Dr. Bernhard Eitel
             Prof. Dr. Diamantis Panagiotopoulos

Titel: Die minoische Villa von Zominthos (Aufnahme: D. Panagiotopoulos).
Rückseite: Hochebene von Zominthos (Aufnahme: D. Panagiotopoulos) und Straßenschild in Anogia, Kreta (eigene Aufnahme).

ISBN 978-3-88570-130-9

Vorwort

Als ich im April 2005 mit einer Arbeitsgruppe des Geographischen Instituts der Universität Heidelberg auf Kreta war, hatten Eis und Schnee das Ida-Gebirge im Zentrum der Insel fest in ihrem Griff und hüllten es in ein mystisches Weiß – eine Erinnerung, die mich seither nicht mehr losließ und meine Begeisterung für diese in so vielfacher Weise atypische Region weckte. Im Rahmen dieses Aufenthalts entstand eine interdisziplinäre Kooperation zwischen Geographen und Archäologen, die sich die Untersuchung des Landschaftswandels während der letzten Jahrtausende zum Ziel setzte. Von verschiedener Seite wurde mir dabei große Hilfe zuteil, ohne die ich meine Arbeit nicht in ihrer daliegenden Form hätte verwirklichen können.

Sehr verbunden bin ich insbesondere Herrn Prof. Dr. Bernhard Eitel, der mir im Anschluss an mein Geographiestudium die Chance zur Durchführung eines eigenen Forschungsvorhabens eröffnete und mir dabei stets kreativen Freiraum einräumte. Für das entgegenbrachte Vertrauen sowie die wissenschaftliche Betreuung auch nach seiner Ernennung zum Rektor der Universität Heidelberg im Jahr 2007 bin ich ihm zu großem Dank verpflichtet. Gleichfalls danke ich Herrn Prof. Dr. Diamantis Panagiotopoulos, der mir in seiner Funktion als Zweitgutachter und Betreuer während der vergangenen Jahre die Inhalte und Ansätze der Archäologie näher brachte und somit wesentlich am Gelingen des Projekts beteiligt war. Dank seiner permanenten Unterstützung fühlte ich mich trotz naturwissenschaftlicher Ausrichtung stets auch als Archäologe sowie als integriertes Teammitglied während mehrerer Ausgrabungskampagnen auf Kreta. Meinen besonderen Dank möchte ich Herrn Prof. Dr. Olaf Bubenzer für seine persönliche und fachliche Unterstützung sowie sein Vertrauen in die Fortschreibung meines Projektes nach Übernahme der Vertretung des Lehrstuhls für Physische Geographie am Geographischen Institut der Universität Heidelberg aussprechen.

Die Durchführung der Gelände- und Laborarbeiten wäre nicht ohne das tatkräftige Engagement von Herrn Dipl.-Geol. Gerd Schukraft möglich gewesen, der mir in seiner Funktion als Leiter des Labors für Geomorphologie und Geologie am Geographischen Institut mit wertvollem technischen Rat beiseite stand. Ebenfalls gilt mein Dank Herrn Dipl.-Min. Adnan Al-Karghuli sowie Frau Dipl.-Geogr. Nicola Manke, die mich bei geochemischen Analysen maßgeblich unterstützten. Ein besonderes Dankeschön möchte ich Herrn Dr. Stefan Hecht aussprechen, den ich sowohl mit fachlichen als auch logistischen Anliegen konfrontieren durfte und der für meine Gesuche stets ein offenes Ohr hatte. Ihm verdanke ich ferner die fundierte Anleitung bei geophysikalischen Sondierungen sowie die Durchführung und Auswertung der refraktionsseismischen Prospektion. Gleichfalls möchte ich Herrn Dipl.-Geogr. Holger Köppe für die EDV-Betreuung während der vergangenen Jahre danken.

Durch Herrn Prof. Dr. Rainer Altherr und Herrn Dr. Hans-Peter Meyer (Institut für Geowissenschaften, Universität Heidelberg) erfuhr ich von externer Seite eine wertvolle Unterstützung bei mineralogisch-petrographischen Fragen. Für die Nutzung von Rasterelektronenmikroskopie sowie Mikrosonde bin ich beiden zu großem Dank verpflichtet, ebenso für die Hilfe bei der Auswertung der Befunde. Herrn Prof. Dr. Roland Miletich und Frau Ilse Glass am Labor für Röntgenkristallographie (Institut für Geowissenschaften, Universität Heidelberg) sei gedankt für die

Durchführung der XRD-Analysen und die Gestattung zum Gebrauch der EDV-gestützten Auswertetechnik im PC-Pool des Instituts, Herrn Dipl. Ing. Thomas Beckmann (Labor Schwülper-Lagesbüttel) für die Anfertigung von Bodendünnschliffen sowie Herrn Dr. Bernd Kromer (Institut für Umweltphysik, Universität Heidelberg) für die vorgenommenen ^{14}C-Datierungen. Frau Dr. Annette Kadereit (Lumineszenzlabor, Geographisches Institut der Universität Heidelberg) danke ich für die Durchführung von OSL-Datierungen.

Bedanken möchte ich mich zudem bei Dr. Matthieu Ghilardi (CEREGE, Aix-en-Provence), dessen Unterstützung den erfolgreichen Aufbau einer deutsch-französischen Kooperation ermöglichte. Gleichzeitig danke ich ihm für die Durchführung spezieller Analysen zur magnetischen Suszeptibilität sowie zu granulometrischen Parametern. Ferner möchte ich Dr. Charalampos Fassoulas (Natural History Museum of Crete, Heraklion) meinen Dank für die Bereitstellung wertvoller Informationen zur Geologie des Arbeitsgebietes aussprechen.

Meinen Kollegen Dr. Arne Egger, Dr. Bertil Mächtle und Dipl.-Geogr. Markus Forbriger danke ich für ihre wissenschaftlichen, technischen und persönlichen Anregungen sowie für unzählige hilfreiche Diskussionen. Herr Dipl.-Geogr. Ingmar Holzhauer und Frau M.A. Barbara Brilmayer Bakti fertigten im Rahmen des vorliegenden Dissertationsprojekts ihre Diplom- bzw. Magisterarbeiten an. Für ihr Engagement und ihre Unterstützung bei sedimentologischen und EDV-gestützten Arbeiten gebührt ihnen besonderer Dank. Frau Dipl.-Geogr. Antonia Koch möchte ich für die wertvolle und oftmals spontane Unterstützung bei Übersetzungsarbeiten danken. Den im Laufe der Jahre involvierten Kollegen und Hilfskräften Niklas Schenck, Frederik Gerst, Christine Dörr, Julia Eustachi, Irina Rabenseifner, Manuel Herzog und Lena Schlichting danke ich für ihre tatkräftige Unterstützung.

Für die Gewährung finanzieller Unterstützung während der vergangenen Jahre gilt mein Dank der Kurt-Hiehle Stiftung, der Hirt Stiftung sowie dem Forschungspool der Universität Heidelberg. Stipendien des Deutschen Akademischen Austauschdienstes, der Graduiertenakademie Heidelberg und dem Institut français d`archéologie orientale in Kairo ermöglichten mir die Teilnahme an mehreren internationalen Kongressen, wofür ich meinen Dank aussprechen möchte.

Von ganzem Herzen gebührt mein abschließender Dank meinen Eltern Annelie und Günther Siart, die mich auf meinem Weg während der vergangenen Jahre stets begleiteten und dabei meine Begeisterung für die Geographie teilten. Danke für all den Rückhalt, der mich niemals zweifeln ließ, Danke für die einmalige Gelegenheit des Studiums und den damit verbundenen Möglichkeiten! Ebenso herzlich danke ich Frau Kerstin Mewes, die mir mit permanenter Unterstützung, großem Interesse sowie grenzenloser Geduld immer zur Seite stand. Vielen Dank für die ständige Nachsicht und den häufigen Verzicht auf gemeinsame Zeit! In Gedanken eng verbunden widme ich die vorliegende Arbeit meiner Oma, Frau Auguste Franz.

Heidelberg, im Dezember 2010   Christoph Siart

Inhaltsverzeichnis

Abbildungsverzeichnis IX

Tabellenverzeichnis XI

1 Hintergrund der Forschungsfrage 1
   1.1 Problemstellung 1
   1.2 Zielsetzung 2

2 Einführung in das Arbeitsgebiet 5
   2.1 Geographische Lage des Untersuchungsgebietes 6
   2.2 Geologisch-petrographische Verhältnisse im Arbeitsgebiet 6
   2.3 Geomorphologische Großeinheiten und Charakteristika Zentralkretas 12
   2.4 Karstmorphologischer Formenschatz im Arbeitsgebiet 14
   2.5 Grundzüge des kretischen Klimas 16
   2.6 Zu den Böden in Zentralkreta 18
   2.7 Vegetationsstruktur im Arbeitsgebiet 19

3 Siedlungsgeschichte und Landnutzung in Zentralkreta 23
   3.1 Neolithische Erstbesiedlung 23
   3.2 Bronzezeit und minoische Hochkultur 23
   3.3 Die „Dunklen Jahrhunderte" 27
   3.4 Archaische, klassische und hellenistische Besiedlung 27
   3.5 Römische und arabische Okkupation 28
   3.6 Venezianische und türkische Herrschaftsphase 28
   3.7 Neuzeitliches Kreta und rezente Landnutzung im Psiloritismassiv 28

4 Methoden 31
   4.1 Geländearbeiten 32
      4.1.1 Kartierung und Vermessung 32
      4.1.2 Geophysikalische Prospektion 32
      4.1.3 Rammkernsondierungen 34
   4.2 Laborarbeiten und Analysen 34
      4.2.1 Sedimentologisch-mineralogische Untersuchungen 34
      4.2.2 Geochemische Analysen und Altersdatierungen 39
   4.3 EDV-gestützte Arbeiten 40
      4.3.1 Datengrundlage, Datenbeschaffung und Kartenauswertung 40
      4.3.2 Satellitenbildbearbeitung und Landoberflächenklassifikation 41
      4.3.3 Prozessierung digitaler Geländemodelle 44
      4.3.4 Karstmorphologische Formendetektion 45

4.3.5 3D Visualisierung des oberflächennahen Untergrundes 49
4.3.6 Digitale geoarchäologische Landschaftsanalysen 51
    4.3.6.1 Detektion bronzezeitlicher Infrastrukturen in Zentralkreta....52
    4.3.6.2 Archäologische Fundstellenanalyse im Ida-Gebirge 53

5 Ergebnisse der GIS-Studien, Laboranalysen und Geländearbeiten 57
5.1 Verbreitung und geomorphologische Charakteristika von Karstformen im Umfeld von Zominthos 57
5.2 Geophysikalisch-geometrische Eigenschaften der Karsthohlformen 60
    5.2.1 Sedimenttomographien des nördlichen Sektors 61
    5.2.2 Sedimenttomographien des südlichen Sektors 69
5.3 Geophysikalische Prospektion im archäologischen Grabungsareal 72
5.4 Das subkutane Karstrelief im dreidimensionalen Kontext: eine erste Synthese der geophysikalisch-GIS-gestützten Analyse 76
5.5 Aufbau und Zusammensetzung der Sedimentfüllungen 79
    5.5.1 Sedimente der Karsthohlform (off-site) 79
        5.5.1.1 Bohrung Z4 80
        5.5.1.2 Bohrung Z5 86
        5.5.1.3 Bohrung Z6 97
    5.5.2 Sedimente der verfüllten Dränagegräben (on-site) 102
        5.5.2.1 Bohrung Z2 102
        5.5.2.2 Bohrung Z3 105
    5.5.3 Analysen lokaler Kalksteinproben 112
5.6 Digitale Geoarchäologie auf lokaler und regionaler Ebene 114
    5.6.1 Minoische Infrastrukturen in Zentralkreta 114
    5.6.2 Bronzezeitliche Nutzflächen im Ida-Gebirge 115

6 Synoptische Ergebnisdiskussion 117
6.1 Der Karstformenschatz im Ida-Gebirge und seine regionale Bedeutung ...117
6.2 Die Karsthohlform von Zominthos und ihre Funktion als Sedimentfalle ..120
6.3 Die Karstsedimente als Archive der Landschaftsgeschichte 125
    6.3.1 Stratigraphie und Genese der lockersedimentären Karstfüllung 125
    6.3.2 Stratigraphie und Genese der siedlungsnahen Sedimente 129
    6.3.3 Allochthone und autochthone Quellen von Mineralen der Karstsedimente 131

7 Das minoische Zominthos – eine geoarchäologische Synthese 137

Zusammenfassung 151
Summary 153
Literaturverzeichnis 155
Annex 177

Abbildungsverzeichnis

Abb. 1: Topographische Karte Kretas und Detailausschnitt aus dem
zentralen Inselbereich 5
Abb. 2: Petrographische Varietäten im Arbeitsgebiet 8
Abb. 3: Geologische Karte Zentralkretas 11
Abb. 4: Schematisches Profil durch das nördliche Psiloritismassiv 13
Abb. 5: Karstformenschatz im Psiloritismassiv 15
Abb. 6: Durchschnittliche Jahresniederschläge auf Kreta 17
Abb. 7: Böden und floristische Ausprägungsformen im Arbeitsgebiet 20
Abb. 8: Die minoische Villa von Zominthos 26
Abb. 9: Quickbird-Indizes 43
Abb. 10: Spektrale Charakteristika verschiedener Landbedeckungsklassen in
Abhängigkeit von Quickbird-Kanälen 46
Abb. 11: GIS-gestützte Übersichtskarte der Karstwanne von Zominthos mit
unterschiedlichen Tiefenniveaus des bedeckten Karstreliefs 50
Abb. 12: Karstmorphologische Karte des Untersuchungsgebietes 58
Abb. 13: Räumliche Verbreitung von Karstformen im Bezug auf Höhenlage
und Objektgröße 59
Abb. 14: Lage der geophysikalischen Transekte bei Zominthos 60
Abb. 15: ERT-Profil E1 mit geomorphologischer Interpretation und parallel
laufendes SRT-Transekt R1 62
Abb. 16: ERT-Profile des nördlichen Sektors von Zominthos 65
Abb. 17: ERT-Profil E7 66
Abb. 18: ERT- und SRT-Profile des südlichen Sektors von Zominthos 70
Abb. 19: ERT-Profil E13 71
Abb. 20: ERT-Transekte E7 und E8 73
Abb. 21: ERT-Profil E6 mit Interpretationsskizze 75
Abb. 22: Blockbilder des subkutanen Karstreliefs von Zominthos 77
Abb. 23: Lage der Bohrstellen bei Zominthos 79
Abb. 24: Schematisches Profil von Sedimentkern Z4 sowie Tiefenverlauf
ausgewählter Parameter 81
Abb. 25: Röntgendiffraktogramme von Proben aus Sedimentkern Z4 84
Abb. 26: Schematisches Profil von Sedimentkern Z5 sowie Tiefenverlauf
ausgewählter Parameter 89
Abb. 27: Schwermineralogische Befunde aus Z5 90
Abb. 28: Rasterelektronenmikroskopische Quarzaufnahmen aus Z5 93
Abb. 29: Mikromorphologische Dünnschliffaufnahmen aus Z5 96
Abb. 30: Schematisches Profil von Sedimentkern Z6 sowie Tiefenverlauf
ausgewählter Parameter 99

Abb. 31: Schwermineralogische Befunde aus Z6 101
Abb. 32: Schematisches Profil von Sedimentkern Z2 sowie Tiefenverlauf
ausgewählter Parameter 104
Abb. 33: Schematisches Profil von Sedimentkern Z3 sowie Tiefenverlauf
ausgewählter Parameter 107
Abb. 34: Schwermineralogische Befunde aus Z3 109
Abb. 35: Mikromorphologische Dünnschliffaufnahmen aus Z3 110
Abb. 36: Verlauf potenzieller minoischer Infrastrukturen in Zentralkreta 115
Abb. 37: Lage minoischer Nutz- und Siedlungsflächen im Ida-Gebirge 116
Abb. 38: Uvala von Embriskos und Karstwanne von Zominthos 120
Abb. 39: Blockprofil des subkutanen Karstsystems bei Zominthos 121
Abb. 40: Geologische Orgel und schlotartiges Schluckloch 122
Abb. 41: Verbreitung der Santorin-Tephra im östlichen Mediterranraum
sowie auf Kreta 135
Abb. 42: Uvala mit landwirtschaftlicher Nutzung und gegenwärtige
Viehhaltung in der Karsthohlform von Zominthos 139
Abb. 43: Fotorealistische Landschaftsvisualisierung von Zominthos zum
Zeitpunkt der minoischen Siedlungsphase um 1650 v. Chr. 142
Abb. 44: Chronologische Entwicklung des holozänen Klimas und
Korrelation mit den Besiedlungsphasen auf Kreta 148
Abb. 45: Aufnahmen ausgewählter Schwerminerale aus Z5 184
Abb. 46: Rasterelektronenmikroskopische Aufnahmen der Feinsandfraktion
der Kalksteinresiduen 185

Tabellenverzeichnis

Tab. 1: Idealisierte Vegetationshöhenstufen auf Kreta 21
Tab. 2: Minoische Chronologie und zeitliche Einordnung der Errichtung des Siedlungskomplexes von Zominthos 24
Tab. 3: Kriterien zur mikromorphologischen Beschreibung und Klassifikation der untersuchten Quarze 38
Tab. 4: Technische Angaben zu den Sensoren sowie Spezifikationen der verwendeten Satelliten- und Höhendatensätze 42
Tab. 5: Spektrale Endklassen der Landoberflächenklassifikation und deren Flächenanteile im Untersuchungsgebiet 44
Tab. 6: Räumliche Variablen der GIS-basierten Karstformendetektion 49
Tab. 7: Kartierte minoische Fundorte auf Kreta und deren Charakteristika 53
Tab. 8: Räumliche Determinanten zur Detektion potenzieller bronzezeitlicher Nutz- und Siedlungsflächen 55
Tab. 9: Verbreitung und Größe von Karstformen hinsichtlich petrographischer Unterschiede 59
Tab. 10: Übersicht über die Schichten des oberflächennahen Untergrundes auf Basis der ERT- und SRT-Befunde 63
Tab. 11: Mikrosonden- und rasterelektronenmikroskopische EDX-Analysen ausgewählter Schwerminerale aus Z5 91
Tab. 12: Analysen der Kalksteinresiduen 112
Tab. 13: Mikrosondenanalysen vulkanogener Pyroxene aus Zominthos und ausgewählte Referenzproben der Eruption von Santorin 133
Tab. 14: Mikrosondenanalysen vulkanischer Gläser aus Zominthos sowie ausgewählte Referenzproben 134
Tab. 15: Hangneigungsklassen der SRTM- und ASTER-DGM-Derivate und deren Reklassifikation 177
Tab. 16: Sedimentologisch-geochemische Parameter der Karstsedimente 177
Tab. 17: Diagnostische Eigenschaften von (Ton-)Mineralen aus Zominthos 179
Tab. 18: Semiquantitative Auswertung der röntgendiffraktometrischen Ergebnisse der Karstsedimente 179
Tab. 19: Quarzkornklassifikation der Lockersedimente 181
Tab. 20: Mikrosondenanalysen von Schwermineralen und Gläsern 182
Tab. 21: Quarzkornklassifikation der residualen Leichtmineralfraktionen 185

1 Hintergrund der Forschungsfrage

Bereits seit Jahrtausenden ist der östliche Mediterranraum durch intensive Siedlungsaktivitäten charakterisiert, die sich heute in unzähligen archäologischen Befunden widerspiegeln. Gerade die griechische Insel Kreta verdient dabei besondere Aufmerksamkeit, da hier ab 3200 v. Chr. die minoische Zivilisation – eine der ersten Hochkulturen Europas – ihren Anfang nahm und über einen Zeitraum von fast 2.000 Jahren eine einzigartige Blütezeit erlebte. So imposant diese Entwicklung auch erscheinen mag, so schnell und unerwartet folgte ihr Zusammenbruch, einem kulturellen Hiatus gleich. Zahlreiche Fragen zur Existenz dieser bronzezeitlichen Gesellschaft samt ihrer spirituellen, politischen und ökonomischen Errungenschaften blieben bislang unbeantwortet und unterliegen daher noch immer kontroversen Diskussionen. Neben der Archäologie betrifft dies zunehmend auch die geowissenschaftliche Forschung, denn im Kontext des Niedergangs der minoischen Kultur werden längst nicht mehr nur soziokulturelle Faktoren, sondern auch naturräumliche Einflüsse und Ereignisse wie Erdbeben, Vulkaneruptionen oder klimatische Umbrüche diskutiert.

Dies gilt insbesondere für das zentralkretische Ida-Gebirge (*Psiloritis*), ein Massiv, das mit seinen Höhenzügen von bis zu 2.500 m ü. M. in eindrucksvollem Kontrast zum Landschaftsbild der Küste der Insel steht. Zahlreiche archäologische Relikte wurden hier erforscht und dokumentiert, unter anderem die bereits Anfang der 1980er Jahre ausgegrabene Siedlung von *Zominthos*. Dieser Gebäudekomplex aus der minoischen Neupalastzeit um 1650–1600 v. Chr. besticht vor allem durch seine ungewöhnliche Größe, seine imposante Architektur und seine extrem periphere Höhenlage (1.187 m ü. M.). Da er sich zudem deutlich oberhalb der modernen Siedlungsgrenze von ca. 750 m ü. M. und in südlicher Randlage des östlichen Mediterrangebiets befindet, ist rätselhaft, weshalb sich die Menschen Mitte des zweiten Jahrtausends v. Chr. an dem aus heutiger Sicht klimatisch und agrarökologisch ungünstigen Ort niederließen. Aus geomorphologisch-geoarchäologischer Perspektive wurden bislang weder die Ursachen der bronzezeitlichen Siedlungsnahme im Ida-Gebirge untersucht, noch standen die Gründe des plötzlichen Verschwindens aller menschlichen Aktivitäten ab etwa 1200 v. Chr. im Fokus der Forschung. Dieser Problematik soll in der vorliegenden Arbeit nachgegangen werden.

1.1 Problemstellung

Den Ausgangspunkt bildet die Hypothese, dass die Besiedlung von Zominthos im zweiten vorchristlichen Jahrtausend vor allem durch geoökologische Gunstfaktoren ermöglicht wurde und die plötzliche und vollkommene Wüstung nach nur wenigen Jahrzehnten ebenso auf natürliche Ursachen zurückzuführen ist. Somit stellt sich die grundsätzliche Frage nach dem Einfluss von petrographischen, geomorphologischen, hydrologischen und klimatischen Faktoren auf die kulturelle und soziopolitische Entwicklung zur Bronzezeit. Zur Beantwortung bedarf es eines neuartigen sowie multimethodischen Ansatzes, der Rückschlüsse auf ehemalige Mensch-Umwelt-Interaktionen erlaubt und somit einen Beitrag zum besseren Verständnis der holozänen Landschaftsgeschichte im Umfeld des minoischen Gebäudekomplexes leistet. Dabei ist insbesondere die Analyse terrestrischer Geoarchive von Bedeutung, denn Sedimente und Landformen speichern Informationen über Veränderungen im Ökosystem. Im Falle gebirgiger Regionen wie dem Psiloritismassiv und vor allem in Karstgebieten ohne Oberflächengewässer, sind Untersuchungen zur Umweltgeschichte durch das weitgehende Fehlen limnischer und fluvialer Ablagerungen jedoch stark eingeschränkt. Zudem ist eine Übertragbarkeit von Ergebnissen aus marinen Sedimentarchiven auf küstenferne Räume aufgrund unterschiedlicher lokalklimatischer Aspekte nicht möglich. Eine Rekonstruktion der Paläoumweltgeschichte solch isolierter Regionen ist folglich nur über eine Analyse aussagekräftiger, alternativer Geoarchive zu erreichen. In diesem Zusammenhang wird lösungsbedingten Hohlformen wie z. B. Dolinen und Poljen eine besondere Bedeutung zuteil, da sie als Sedimentfallen für umliegende Einzugsgebiete fungieren und somit erodiertes Bodenmaterial akkumulieren.

Trotz ihrer wichtigen Bedeutung für geoarchäologische Fragestellungen (s. BRUXELLES et al. 2006, SAURO et al. 2009, VÖTT et al. 2009, MUNRO-STASIUK & MANAHAN 2010, PORAT et al. 2010) wurden Karstfüllungen auf Kreta bislang noch nicht erforscht. Auch geomorphologisch-bodenkundliche Untersuchungen sedimentverfüllter Hohlformen erfolgten lediglich in Ansätzen (FABRE & MAIRE 1983, BARTELS 1991, EGLI 1993). Somit liegen weder Informationen über die räumliche Dimension der Verkarstung vor, noch existieren detaillierte Erkenntnisse über vorhandene Sedimentmächtigkeiten. In Anbetracht dessen bietet das Ida-Gebirge einen idealen Standort für eine geomorphologisch-geoarchäologische Analyse des rezenten Karstformenschatzes unter kombinierter Verwendung neuartiger Technologien, wie geophysikalische Prospektionsverfahren oder Anwendungen aus den Bereichen Fernerkundung und Geographische Informationssysteme. Überdies erscheint die Untersuchung von Karsthohlformen auch von besonderem interdisziplinärem Interesse, da Dolinen und Poljen eine entscheidende sozioökonomische Funktion besitzen: Bereits seit Jahrtausenden dienen sie als landwirtschaftliche Gunsträume sowie als bevorzugte Siedlungsplätze, unter anderem schon zur Bronzezeit.

Die Gesamtkonstellation genannter Faktoren schafft hervorragende Ausgangsbedingungen für eine fächerübergreifende Studie an der Schnittstelle von Natur- und Geisteswissenschaften, die sich in einer Kooperation zwischen dem Geographischen Institut der Universität Heidelberg (Arbeitsgruppe Prof. Dr. B. Eitel) und dem Institut für Klassische Archäologie der Universität Heidelberg (Arbeitsgruppe Prof. Dr. D. Panagiotopoulos) äußert. Mehrere gemeinsame Geländeaufenthalte wurden seit 2005 im Verbundprojekt durchgeführt, begleitet von kontinuierlichem Daten- und Informationsaustausch.

1.2 Zielsetzung

Das Ziel der vorliegender Arbeit ist die Untersuchung des holozänen Landschaftswandels im Ida-Gebirge sowie dessen Einfluss auf die bronzezeitliche Kulturentwicklung. Unter Berücksichtigung eines hierarchischen Systems mehrerer

1 Hintergrund der Forschungsfrage

Maßstabsebenen erfolgt dabei eine umfassende Analyse der rezenten naturräumlichen Bedingungen. Um die Bedeutung der geomorphologischen Charakteristika für den Standort von Zominthos zu ergründen, wird ausgehend von einer regionalen Perspektive eine mesoskalige Untersuchung des Karstformenschatzes im Arbeitsgebiet vollzogen. Auf dieser Grundlage erfolgt die lokale Auswahl bestgeeigneter Geoarchive sowie deren gezielte Sondierung. Um einen Einblick in die Struktur verfüllter Karsthohlformen, die Mächtigkeit der Verfüllungen sowie deren Sedimentherkunft zu erlangen, werden terrestrische Sedimentarchive beprobt. Sie sollen Rückschlüsse auf geomorphodynamische Prozesse und Ereignisse ermöglichen und die Rekonstruktion der landschaftlichen Entwicklung im Umfeld von Zominthos gestatten. Gleichzeitig gilt es auch die geoarchäologische Relevanz der Befunde zu berücksichtigen – eine Aufgabe, die vor allem auf Grundlage computergestützter Verfahren umgesetzt wird. Sowohl die bislang unbekannten Ausmaße des Siedlungskomplexes, als auch der Einfluss der ehemaligen ökosystemaren Ausstattung auf die Anlage der minoischen Villa und die bronzezeitliche Landnutzung stehen dabei im Fokus der Untersuchungen.

Eine abschließende Synthese dient der ganzheitlichen Verknüpfung aller Befunde sowie der Schaffung eines kohärenten Bildes der Naturraumparameter und der Landschaftsgeschichte unter gleichzeitiger Berücksichtigung von Geographie und Archäologie. Die dargelegten Inhalte entstammen zum Teil bereits veröffentlichten Publikationen des Projektverbundes mit jeweils unterschiedlichen thematischen Schwerpunkten (s. hierzu SIART & EITEL 2008, SIART et al. 2008a, 2008b, SIART et al. 2009a, 2009b, SIART et al. 2010a, 2010b, 2010c, 2010d).

2 Einführung in das Arbeitsgebiet

Einleitend werden die naturräumlichen Gegebenheiten des Untersuchungsgebietes präsentiert. Besondere Beachtung finden dabei vor allem geologische, petrographische sowie geomorphologische Charakteristika, die für die thematische und inhaltliche Ausrichtung der vorliegenden Arbeit von Relevanz sind und auf die an späterer Stelle immer wieder Bezug genommen wird.

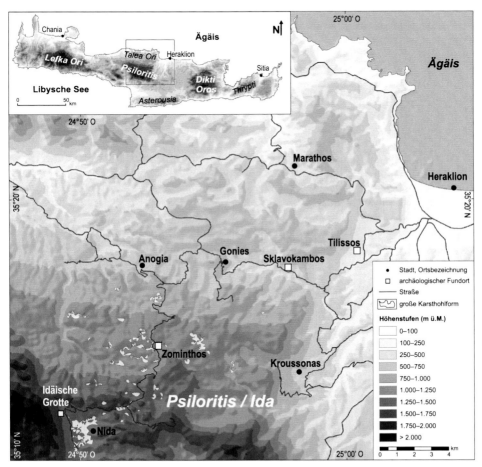

Abb. 1: Topographische Karte Kretas und Detailausschnitt aus dem zentralen Inselbereich mit wichtigen, im Text erwähnten Lokalitäten. Das Arbeitsgebiet befindet sich im Ida-Gebirge zwischen Anogia im Norden und der Nida Hochebene im Süden in einer Höhe zwischen 700 und 1.500 m ü. M. Quelle: Eigener Entwurf auf Grundlage von SRTM-Daten.

2.1 Geographische Lage des Untersuchungsgebietes

Mit einer Gesamtfläche von 8.729 km² ist Kreta die größte griechische Insel und die fünftgrößte im Mediterranraum. Ihre große West-Ost Erstreckung von ca. 260 km kontrastiert deutlich mit der weitaus geringeren Breite, wobei die schmalste Stelle zwischen Nord- und Südküste am Isthmus von Ierapetra nur 12 km misst. Dank des länglichen Umrisses bildet Kreta eine natürliche Barriere zwischen der nördlich angrenzenden Ägäis und der Libyschen See im Süden (s. Abb. 1).

Das markanteste Charakteristikum der Insel sind ihre imposanten, fast perlenschnurartig im Längsverlauf angeordneten Bergländer, welche durch breite Lücken in Form von Tiefebenen und Buchten voneinander getrennt sind (HAGER 1985). Die Lefka Ori (Weiße Berge) bilden das westlichste Massiv, gefolgt vom *Ida-Gebirge* (Psiloritis bzw. Ida-Oros) im zentralen Inselbereich zwischen Rethymnon und Heraklion, in welchem das Untersuchungsgebiet vorliegender Arbeit liegt. Es wird bei ca. 35°10′N von der südlichen Abdachung begrenzt und erstreckt sich über mehrere Hochplateaus hinweg bis zum nördlich gelegenen Dorf *Anogia* (35°17′N, 24°52′E), der höchstgelegenen permanenten Siedlung Kretas (740 m ü. M.). Mit einer Höhe von 2.456 m ü. M. bildet der Gipfel des *Timios Stavros* (südwestlich der *Idäischen Grotte* in Abb. 1) die größte Erhebung Kretas und verleiht dem Inselinneren somit einen deutlichen Hochgebirgscharakter. Der Dikti-Oros und die Aphendi Kavousi im Osten Kretas erreichen etwas geringere Höhen als die westlichen Gebirgsstöcke, bedingt durch eine asymmetrische Tektonik mit verstärkter Hebung im Westen und Absenkung im Osten der Insel (PETEREK & SCHWARZE 2002). Ferner existieren im zentralen Inselteil zwei kurze küstenparallele Gebirgsketten, wobei die nördliche der beiden (Talea Ori) vom zentralen Psiloritismassiv durch eine schmale Senke abgetrennt ist (Achse Anogia-Sklavokambos). Im Süden der Insel grenzt die Messara-Tiefebene, eine mit neogenen Sedimenten verfüllte ehemalige Meeresbucht, als tektonisch bedingte Längsmulde das Ida-Gebirge vom west-östlich orientierten Asterousia-Massiv ab (CREUTZBURG 1958).

2.2 Geologisch-petrographische Verhältnisse im Arbeitsgebiet

Kreta ist Teil des südägäischen Inselbogens und das einzige größere Zwischenglied im durch junge Einbrüche zerrissenen Zusammenhang des alpidischen Orogens. Die geologisch-petrographischen Gegebenheiten weisen eine starke räumliche Komplexität und Heterogenität auf. Charakteristisch ist die Existenz von Gesteinen unterschiedlichen Alters, welche sich oftmals schichtartig in Form eines Deckenstapels überlagern. Die petrographische Deckenstruktur wurde im Kontext starker tektonischer Einflüsse und mehrerer Deformationsphasen gebildet und prägt maßgeblich die heutige Gestalt der Insel. Neben wenigen Ausnahmen finden sich zumeist Sedimentite und Metasedimente, Gneise und tektonische Mélanges in Ophiolith-Komplexen. Variskisches Grundgebirge ist auf Kreta nicht aufgeschlossen. Während die Gebirgsstöcke vorwiegend aus präneogenen (jungpaläozoischen bis jungmesozoischen) Gesteinen aufgebaut sind, finden sich in den weitläufigen Küstenebenen vor allem neogene und quartäre Sedimente als Beckenfüllungen (RACKHAM & MOODY 1996).

2.2 Geologisch-petrographische Verhältnisse im Arbeitsgebiet

Eine Untergliederung der präneogenen Gesteine Kretas erfolgt in zwei verschiedene Gruppen nach stratigraphischer Position und Ausmaß von Metamorphose, wobei petrographisch zwischen Oberen Serien (keine metamorphe Überprägung) und Unteren Serien (Hochdruck-Tieftemperatur-Metamorphose) unterschieden wird (SEIDEL & WACHENDORF 1986). Die an den Deckenstapeln beteiligten Gesteine spiegeln die vor der Deformation vorliegenden Faziesräume wider, welche im Kontext tektonischer Aktivität während der alpidischen Orogenese verlagert und an Abscherhorizonten überschoben wurden. Obere und untere Formationen sind innerhalb des Deckenstapels durch eine Hauptüberschiebung (engl. *main detachment fault*) voneinander getrennt, auf deren Bahn die oberen Decken um geschätzte 100 km auf die unteren hochdruckmetamorphen Serien aufgeschoben wurden (RING et al. 2001). Der Deckenstapel selbst ist wiederum durch Abschiebungssysteme (Randbrüche) im Süden und Norden von den neogenen Sedimenten der Becken- und Küstenbereiche getrennt, weshalb das Psiloritismassiv einen auffällig kantigen Gebirgsblock mit eckigem Grundriss bildet.

Die Plattenkalk-Serie (kurz: PK), von SEIDEL & WACHENDORF (1986) als autochthon bezeichnet, stellt als Bestandteil der unteren Formationen die tiefste lithostratigraphische Einheit dar und nimmt die flächenmäßig größte Verbreitung auf der Insel ein. Breite, gewölbeartige Aufbrüche jener Carbonate bilden die höchsten Gipfel Kretas, wie beispielsweise den Timios Stavros im Ida-Gebirge. Als charakteristische Tiefwasserbildungen sind die oberpermischen bis obertriassischen, kalzitischen und dolomitischen Marmore äußerst fossilarm. Stratigraphisch gliedert sich die Serie in mehrere Gesteinsfolgen, wobei das ca. 3.000 m mächtige Liegende aus Phylliten, Dolomiten, Kalken und Sandsteinen besteht. Mit einer Mächtigkeit von mindestens 1.500 m schließen sich darüber die Plattenkalke im engeren Sinne an – stark metamorphe Gesteine mit einer Wechsellagerung aus dickbankigen, grob-, mittel- und feinkristallinen, grauen Kalken. Ihre plattige Struktur charakterisiert sich durch die Einschaltung von schichtparallelen, hellen Hornsteinlagen (Cherts). Stellenweise führte eine besonders starke tektonische Beanspruchung zu einer Vielzahl von Falten- und Bruchbildungen (CREUTZBURG 1958, FASSOULAS et al. 2004). Die hauptsächlich im westlichen Teil des Untersuchungsgebietes ausstreichenden Plattenkalke (Abb. 3) sind nur beschränkt verkarstungsfähig und verwittern vornehmlich flächenhaft-spaltig ihrer Schichtung folgend, während meist glatter und kantengerundeter Fels verbleibt (EGLI 1993). Morphologisch wenig markant, bedingen sie im Gegensatz zu anderen Gesteinen Zentralkretas ein flachwellig-sanftes Hügelrelief (Abb. 2). Die oberste Folge der Serie wird von den flyschoiden Kalavrosschichten (kurz: KAL) gebildet, welche aus rötlichen oder grünlichen kalzit- und dolomitführenden Schiefern bestehen und petrogenetisch als Metaflysch-Serien gesehen werden müssen (JACOBSHAGEN 1986). Im Untersuchungsgebiet sind sie nur wenige Meter mächtig, doch kommt ihnen im lokalen Kontext eine besondere Bedeutung als wasserstauende Schicht zu. Sie treten im Bereich der Hauptüberschiebung zwischen Plattenkalk- und Tripolitza-Serie auf und bilden einen Quellhorizont im sonst karstbedingt trockenen, oberflächenabflusslosen Kalkstein.

Lediglich in Westkreta und im westlichen Mittelkreta liegt die Trypali-Serie über dem Plattenkalk, doch fehlt sie im Untersuchungsgebiet. Ihre Zusammensetzung besteht vorwiegend aus metamorphen Kalken und Dolomiten, die gelegentlich auch mit der sogenannten Phyllit-Quarzit-Serie assoziiert werden (kurz: PQ; FASSOULAS 2000, CREUTZBURG & SEIDEL 1975). Letztgenannte bildet daher die eigentliche zweite der unteren lithostratigraphischen Einheiten. An der Wende von Oligozän zu Miozän wurden ihre ursprünglich klastisch-carbonatischen Edukte (obertriassisch) hochdruckmetamorph überprägt, wobei die rezent auftretenden Varietäten von Phylliten,

Abb. 2: Petrographische Varietäten im Arbeitsgebiet. (a) Gebankter Plattenkalk (PK) mit Chertlagen. (b) Starke Deformation des PK. (c) Deckenüberschiebung mit Hauptverwerfung zwischen Kalavros-Schiefern im Liegenden und Tripolitzakalk (TK) im Hangenden. (d) Hauptverwerfung mit Karstkuppe aus TK über flach einfallendem PK. (e) Blick nach Westen auf das Plateau von Zominthos mit flachwelligem Relief des PK (Bildmitte) sowie fossilen Talresten und zahlreichen Karsthohlformen (Pfeile). Hinten links erhebt sich der mit 2.456 m ü.M. höchste Gipfel Kretas (Timios Stavros; Kreuzsignatur Mitte: minoische Siedlung von Zominthos). Quelle: Eigene Aufnahmen.

Quarziten, Dolomiten, Metakalken und Metavulkaniten entstanden (THEYE et al. 1992). Zwar liegt die Phyllit-Quarzit-Serie aufgrund von Überschiebungstektonik in großen Bereichen der Insel über dem Plattenkalk, ist jedoch stratigraphisch älter als dessen Hangendes. In räumlicher Hinsicht bildet bzw. füllt sie zumeist die Flanken und Muldenstrukturen der sogenannten *metamorphic-core Komplexe* der Gebirgsstöcke, wie u. a. in den Talea Ori oder im Psiloritismassiv (KILIAS et al. 1994). Da die Serie im Verlauf der Überschiebungstektonik einem weitreichenden Transport unterlag, sind ihre Gesteine nur selten in ungestörten, stratigraphisch differenzierten Verbandsverhältnissen aufgeschlossen. Zumeist wurden die einzelnen Glieder tektonisch in eine Mélange überführt (BAUMANN et al. 1977). Vereinzelte lokale Aufschlüsse innerhalb des Untersuchungsgebietes finden sich an der Ostabdachung bei Kroussonas und unmittelbar südlich von Anogia (s. Abb. 3).

Die Tripolitza-Serie (kurz: TK) bildet die tiefste der oberen lithostratigraphischen Einheiten und wird durch die Kalavrosschichten von den darunterliegenden Plattenkalken getrennt. Morphologisch charakterisiert sich der Tripolitzakalk durch steil aufragende, schroffe sowie massige Carbonatgesteine, die isolierte Blöcke oder Hochflächen formen. Im Liegenden der bis maximal 1.000 m mächtigen oberjurassischen bis unterkretazischen Serie finden sich grobbankige, feinkörnige, hellgraue bis schwarze und z.T. bituminöse Kalke und Dolomite (JACOBSHAGEN 1986). Sie sind an ihrer Basis aufgrund der dortigen Störungszone (kretisches Detachment) vollständig brekziert bzw. in einem mehrere Zehnermeter mächtigen Bereich mylonitisiert, wobei unterlagernde Partien der Phyllit-Quarzit-Serie abgeschert und linsenhaft in die Tripolitzakalke eingegliedert wurden (BAUMANN et al. 1977). Insbesondere wegen ihrer fehlenden Bankung sind die Gesteine der TK-Serie sehr verkarstungsfähig und verwittern unregelmäßig-löchrig bis scharfkantig. Sie bilden den Großteil der kretischen Aquifere und bergen eine Vielzahl von Karsthohlformen (EGLI 1993). Besonders eindrucksvoll tritt die Einheit an der westlichen Schulter des Grabens von Heraklion in Erscheinung, wo die Deckenüberschiebung von Tripolitza- und Plattenkalk-Serie einen steilen Aufbruch bei Kroussonas bildet. Die östlichen Bereiche des Untersuchungsgebietes werden fast ausschließlich von Gesteinen der Tripolitza-Serie eingenommen und stehen geomorphologisch in deutlichem Kontrast zu den sich westlich anschließenden Plattenkalken.

Die Sedimentite der Pindos-Serie (obertriassisch bis alttertiär) liegen der Tripolitza-Serie auf, doch bilden sie aufgrund weiträumiger Abtragung in der Regel keine großen und geschlossenen Vorkommen. Vielmehr charakterisieren sie sich durch isolierte Schollen in tektonisch stark abgesenkten und somit abtragungsgeschützten Mulden (HAGER 1985). Eine basale Sedimentsequenz, vorwiegend aus Mergeln und Sandsteinen bestehend, wird von pelagischen Tiefwassercarbonaten (plattige Kalke) überlagert, während im Top der Serie der eozäne Pindos-Flysch aufliegt (SEIDEL 1968, FASSOULAS 2000). Innerhalb des Arbeitsgebietes finden sich lediglich im Norden bei Anogia und Gonies noch vereinzelte Vorkommen der Serie.

Die obersten lithostratigraphischen Einheiten des zentralkretischen Deckenstapels (Ophiolithe, tektonische Mélange; kurz: OPH) bestehen aus einer Vielzahl unterschiedlicher Gesteine, welche generell als *coloured mélange* oder Serpentinit-Amphibolit-Assoziation bezeichnet werden (SEIDEL & WACHENDORF 1986). Hierbei dominieren hochgradig metamorphe Ophiolithe in enger Vergesellschaftung mit Sedimenten, Vulkaniten und Metamorphiten, so unter anderem Metabasalte (Amphibolite), Serpentinite, Peridotite und liegende oberkretazische Gneisserien, granitoide Intrusiva und Quarzite (KOEPKE 1986). Die Bezeichnung Mélange beruht auf einer starken tektonischen Beanspruchung, vermutlich im Oberen Jura, in deren Kontext die ursprünglichen Gesteinsgrenzen fast vollkommen verwischt wurden (KILIAS et al. 1994). Die Mächtigkeiten erreichen durchschnittlich bis zu 300 m, in einigen Regionen sogar bis zu 600 m. Nahezu alle Vorkommen konzentrieren sich auf Zentralkreta, insbesondere auf die nördlichen und südlichen Ausläufer des Psiloritismassivs, wo sie in Bereichen stärkster Absenkung an Staffelbrüchen und in Grabenpositionen erhalten blieben. Die für vorliegende Arbeit relevanten Lokalitäten finden sich in Form des West-Ost orientierten Ophiolith-Komplexes von Anogia-Gonies und der fleckenhaften Einzelvorkommen von Asteroussia an der Südabdachung des Ida-Gebirges.

Die räumliche Verbreitung der unterschiedlichen Decken ist auffallend diskontinuierlich, da sich die einzelnen Einheiten nicht zwingenderweise überlagern, sondern vielmehr lückenhaft und diskordant überdecken. So liegt die Tripolitza-Serie gelegentlich direkt auf dem Plattenkalk auf (Fehlen von Phyllit-Quarziten), insbesondere im Untersuchungsgebiet (s. Abb. 3). Dies bedingt die besondere Oberflächengestalt Kretas, die sich in Form eines tektonisch bedingten Horst-Graben-Mosaiks sowie eines petrographischen und unregelmäßigen Stockwerksbaus äußert (BONNEFONT 1972, GREUTER 1975). Die Unterschiedlichkeit im Relief wird jedoch eher durch die unzähligen Verwerfungen und die Vergitterung der Gesteinsgrenzen mitsamt tektonischer Zersplitterung in einzelne Schollen bestimmt, als durch das Nebeneinander verschiedener Gesteine (HEMPEL 1991).

Die zumeist auf das Flachland beschränkten Vorkommen neogener Sedimente (v. a. marin, lakustrin) liegen unkonform auf den unteren und oberen Serien auf. Neben grau-grünlichen Mergeln bestehen sie häufig aus alternierenden gelblichen Ton- und Sandsteinanteilen, Kalkbrekzien und Konglomeraten (HOSTERT 2001). Quartäre Ablagerungen finden sich bevorzugt in den Tiefebenen entlang der Küsten sowie als Füllungen in Karsthohlformen innerhalb der Gebirge. Die großflächigsten Vorkommen jener Sedimente existieren in der Messara-Ebene, einer ehemaligen Meeresbucht südlich des Psiloritismassivs (BONNEFONT 1972). Pleistozäne oder holozäne Schuttfächer sind in den Bergländern zwar eher von lokaler Ausdehnung, doch treten sie ebenfalls als Dolinen- und Poljenfüllungen auf (HEMPEL 1987, EGLI 1993).

Abb. 3 (Folgeseite): Geologische Karte Zentralkretas. Der größte Teil des Arbeitsgebietes wird von den Gesteinen der Plattenkalk- und Tripolitza-Serie bedeckt. Die Hauptüberschiebung zwischen oberen und unteren Einheiten verläuft im unmittelbaren Umfeld von Zominthos und bildet aufgrund der wasserstauenden Kalavros-Schiefer einen Quellhorizont (Anmerkung: Anstelle einer chronologischen Darstellung folgt die vorliegende Arbeit einem Klassifikationssystem nach lithostratigraphischen Einheiten; s. IGME 1984, 2000). Quelle: Ergänzt und verändert nach IGME 1984, 2000 unter Verwendung von ASTER- und SRTM-Daten, Quickbird pansharpened MS-Daten sowie eigener Datenerhebung im Gelände.

2.2 Geologisch-petrographische Verhältnisse im Arbeitsgebiet

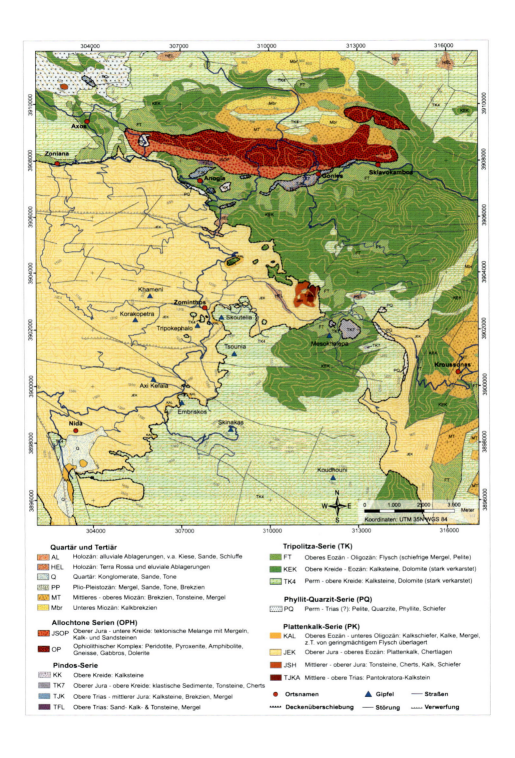

2.3 Geomorphologische Großeinheiten und Charakteristika Zentralkretas

Dank seiner Lage auf dem Hellenischen Inselbogen bzw. in der ägäischen Subduktionszone besitzt Kreta einen asymmetrischen orographischen Charakter. Die höchsten Gebirgszüge liegen bevorzugt in der südlichen Hälfte, was auf eine stärkere Heraushebung der Insel entlang ihres Südrandes im Kontext plattentektonischer Dynamik zurückzuführen ist (PETEREK & SCHWARZE 2002). Diese Tatsache prägt maßgeblich die rezente Topographie, denn während im Süden innerhalb nur weniger Kilometer Höhenunterschiede von über 1.000 m auftreten, fällt das Relief zur Nordküste eher sanft ein und kennzeichnet sich durch flache Buchten sowie weitläufige Küstenebenen. Aufgrund dieses morphologischen Unterschiedes befindet sich der heutige Siedlungsschwerpunkt im Nordteil der Insel, während der südliche Bereich weitgehend unbewohnt bzw. reliefbedingt nur schwer nutzbar ist.

Die Gebirgsstöcke der Insel sind einerseits von einem auffälligen Gegensatz zwischen steilen und von Schluchten durchrissenen Gebirgsflanken gekennzeichnet, weisen andererseits jedoch auch höher gelegene, nur geringfügig reliefierte Schulterflächen, mehr oder weniger zerschnittene Gipfelplateaus und verkarstete Flächenstücke auf. CREUTZBURG (1958) beschreibt die Geomorphologie der Gebirge teilweise als fossiles Tal-, teilweise aber auch als Karstrelief (s. Kap. 2.4). Von besonderem Interesse für vorliegende Arbeit ist jedoch die großmorphologische Gestalt des Psiloritismassivs mitsamt ihrem rechteckigen Grundriss, der auf einer massiven neotektonischen Beanspruchung und Überformung der Insel seit dem späten Miozän beruht. Der von Südost nach Nordwest verlaufende Hauptkamm erfährt seine westliche Begrenzung durch das Tal von Assomatos, während er östlich durch den Steilabfall zur Nida-Hochebene flankiert wird (HEMPEL 1991). Ganz im Gegensatz zur relativ sanft einfallenden nördlichen Gebirgsflanke, die sich in mehrere Höhenplateaus mit fossilen Talsystemen und großen Karsthohlformen untergliedert (Stockwerksbau, s. Abb. 4), tritt die Ostabdachung entlang einer mehrere hundert Meter hohen Hauptverwerfung markant in Erscheinung. Sie grenzt das Massiv vom Tiefland um die Hauptstadt Heraklion ab. Ähnliches gilt auch für die Südabdachung des Ida-Gebirges, wobei der Anstieg von der südlich angrenzenden Messara-Ebene bis in Höhen um 1.800 m ü. M. auf kürzester vertikaler Distanz erfolgt (ca. 10 km).

Bei Betrachtung des Psiloritismassivs im Nord-Süd-Profil (s. Abb. 4) zeigt sich eine als unteres Plateau (Plateau von Anogia) bezeichnete Verebnung in west-östlicher Erstreckung, südlich des Dorfes Anogia (ca. 800–900 m ü. M.). Entlang der Hauptüberschiebung zwischen PK- und PQ- bzw. TK-Serie verlaufend bildet sie das tiefste Stockwerk im Bereich des zentralkretischen Deckenstapels. Nur wenige hundert Meter weiter südlich fungiert eine weitere Verwerfung mit einem Steilhang von fast 300 m Höhe als Begrenzung des zweiten Plateaus (Hochebene von Zominthos, ca. 1.200 m ü. M.), das flächenmäßig deutlich größer ist und sich auf etwa 7 km Breite und 4 km Länge erstreckt. Das vermutlich bereits im Miozän angelegte Primärrelief dieser Stockwerke ist von alten Talsystemen durchzogen, die durch die Verkarstung in kettenartig angeordnete Hohlformen zerlegt wurden und durch einzelne Kalksteinkuppen voneinander getrennt sind (BONNEFONT 1972, FABRE & MAIRE 1983). Ein drittes Plateau schließt sich zwischen 1.400 und 1.500 m ü. M. im Bereich von Axi Kefala und dem Pass von Embriskos an (s. Abb. 4). Die alte miozäne

2.3 Geomorphologische Großeinheiten und Charakteristika Zentralkretas

Landoberfläche ist hier wesentlich besser erhalten als auf den unteren Plateaus und die auftretenden Karsthohlformen sind wesentlich tiefer. Vereinzelte Kalkkuppen der TK-Serie überragen die unterliegende PK-Einheit, doch folgt das Relief überwiegend den Undulationen des Plattenkalks. Das Plateau von Embriskos umgürtet zudem die westlich gelegene Nida-Polje, die als Beckenform tektonisch etwas eingetieft liegt.

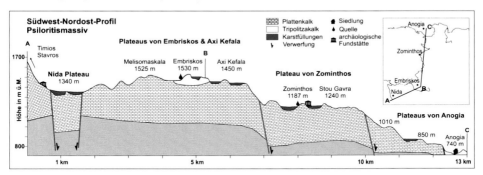

Abb. 4: Schematisches Profil (SW–NO) durch das nördliche Psiloritismassiv. Quelle: Stark verändert und ergänzt nach FABRE & MAIRE 1983 mittels SRTM-Daten.

Im Kontext einer geomorphologischen Betrachtung Zentralkretas gilt es, die von CREUTZBURG (1958) beschriebenen Altformen des Tertiärs zu berücksichtigen. Ein auffälliges Beispiel findet sich insbesondere im Psiloritismassiv, wo zahlreiche Talreste in Längsrichtung der Insel verlaufen. Sie widersprechen dem dominant Nord-Süd ausgerichteten rezenten Entwässerungssystem und setzen eine vormals vollkommen andersartige Abflussrichtung voraus. BONNEFONT (1972) und HEMPEL (1991) sehen als Entstehungsvoraussetzung eine Landmasse von wesentlich größerer Ausdehnung als heute. Der Beginn der Längstalgenese wird daher vor die Transgression des Asti-Meeres datiert (mittleres und unteres Pliozän), da die im Oberpliozän aus dem Meer aufragenden kretischen Inseln viel zu klein für die Ausbildung großer Längstäler gewesen sein mussten. Aufgrund der nahezu flächendeckenden Existenz verkarstungsfähiger Carbonatgesteine erfolgte der Prozess der Talbildung in geringer Lage über dem Meeresspiegel bei höherer relativer Lage des Grundwasserspiegels. CREUTZBURG (1958) spricht daher von fossilen Formen, die bereits seit dem jüngeren Pliozän in einem annähernd unveränderten Zustand vorliegen. Solche Längstalreste prägen das Plateau von Zominthos (s. Abb. 2).

Die Untergrenze des periglazialen Bereichs im Ida-Gebirge liegt heute in ca. 1.800 m Höhe. Bereits ab ca. 1.500–1.600 m ü. M. dominieren frostbedingte Formen gegenüber Verkarstungsprozessen, doch treten Solifluktion und Frostmusterböden erst in Höhen um 1800 m ü. M. auf. Letztgenannte Formen sind eher selten, bedingt durch die gute Permeabilität anstehender Kalke (EGLI 1993). Äußerst kontrovers wird allerdings die Frage nach der pleistozänen Vergletscherung kretischer Gebirge diskutiert (HUGHES et al. 2006). Eine glaziale Überprägung mehrerer Hochgebirge des festländischen Griechenlands gilt als erwiesen, wobei die eiszeitliche Schneegrenze auf Höhen zwischen 1.600 und 1.900 m ü. M. geschätzt wird (HAGEDORN 1969, MESSERLI 1967). Hingegen nahm das Ausmaß der würmzeitlichen Vereisung mit südlicherer Lage im Mediterranraum ab. Während sich FABRE & MAIRE (1983) für einen Glazialformenschatz im Psiloritismassiv aussprechen, verneint CREUTZBURG (1958) eine Vergletscherung vehement und sieht die in Höhen von ca. 2.100 m ü. M. gelegenen Dolinen als während der Kaltzeiten ganzjährig mit bewegungslosen Firnmassen gefüllte Hohlformen an. Auch POSER (1976) und HEMPEL (1991) verweisen auf die Absenz von Gletscherspuren und erklären alle vermeintlichen Glazialformen als Nivationsbildungen oder als voreiszeitliche Relikte.

2.4 Karstmorphologischer Formenschatz im Arbeitsgebiet

Neben Altformen bildet das heterogene Karstformeninventar zweifellos das geomorphologische Hauptcharakteristikum der kretischen Gebirge und wird aufgrund seiner zentralen Bedeutung für vorliegende Arbeit mit einem separaten Kapitel bedacht. Bereits POSER (1957) verwies auf die vollkommene Verkarstung aller Höhenstufen des Psiloritismassivs und konstatierte einen auffälligen hypsometrischen Wandel mit entsprechender Anordnung der einzelnen Formen sowohl tertiären als auch quartären Ursprungs. Mit Ausnahme des Kegelkarstes finden sich von Mikroformen wie Karren über Dolinen und Uvalas bis zu großen Poljen alle nur denkbaren Ausprägungen der Lösungsverwitterung (HEMPEL 1991).

Die chronologische Einordnung der Verkarstung muss im Kontext verschiedener Faktoren diskutiert werden. Da die stärkste Hebungsdynamik der Insel erst im mittleren Pliozän einsetzte, wird generell nur eine mäßige Lösungsverwitterung während des Tertiärs vermutet (BARTELS 1991, BONNEFONT 1972). Ursächlich ist dabei vor allem die Erfordernis einer ausreichenden Reliefenergie durch genügend Höhendifferenz zum Vorfluter und der dadurch möglichen unterirdischen Entwässerung (PFEFFER 1990). Die spätoligozäne bis miozäne Geomorphologie der Insel wird hingegen als reliefarm bis flach mit sanften Hügelformen, weiten Muldentälern und einer lediglich initialen Überprägung durch Lösungsprozesse beschrieben (EGLI 1993). Karstformen aus dieser Zeit können heute nur noch vereinzelt identifiziert werden. In erster Linie handelt es sich dabei um Großformen wie Poljen sowie Täler und Höhlensysteme mit dominanter Verbreitung im Flachland, die im Laufe der Zeit meist bis zur Unkenntlichkeit überformt wurden. Ein bemerkenswertes Beispiel hierfür ist die bereits erwähnte Nida-Hochebene (1.370 m ü. M.) im Psiloritis, die mit einer Länge von ca. 3 km und einer Breite von ca. 1,5 km eine der größeren Poljen Kretas darstellt und bevorzugt als Weidegebiet genutzt wird. Bedingt durch vertikale Hebung seit Mitte des Pliozäns, begann eine Phase stärkerer Verkarstung, die schließlich zur Entstehung des heute sichtbaren quartären Karstformenschatzes führte (FABRE & MAIRE 1983).

Zu den häufigsten Karstformen im Untersuchungsgebiet zählen Lösungsdolinen. Sie treten von den tiefsten Lagen bis in die höchsten Gipfelbereiche durchreichend entweder vereinzelt, zu mehreren vereinigt, aufgereiht oder ineinander verschachtelt auf (POSER 1976). Diesen mitunter mehrere Zehnermeter durchmessenden Hohlformen kommt als lokale Sedimentreservoirs eine entscheidende Bedeutung zu, da sie den Abtransport von Böden und Bodensedimenten aus Bereichen höherer Gebirgsregionen in niedrigere Höhenlagen verhindern oder verzögern.

2.4 Karstmorphologischer Formenschatz im Arbeitsgebiet

Abb. 5: *Karstformenschatz im Psiloritismassiv. (a) Sedimentgefüllte Kammdoline im Plattenkalk. (b) Unverfüllte Kammdolinen im Tripolitzakalk (Größenvergleich: Person links). (c) Rillenkarren im Tripolitzakalk. (d) Löchrige Lösungsverwitterung des Tripolitzakalks mit konzentrischen Wurzelröhren ehemaliger Vegetation. (e) Pflasterkarst im Plattenkalk. (f) Nachsackungen am Boden einer Karsthohlform (Suffosion). (g) Nida Polje mit Blick nach Süden. Quelle: Eigene Aufnahmen.*

2.5 Grundzüge des kretischen Klimas

Klimatisch zählt Kreta zu den winterfeuchten Subtropen und ist durch einen charakteristischen Jahresgang mit trocken-heißen Sommern und milden niederschlagsreichen Wintern gekennzeichnet (Csa-Kategorie nach KÖPPEN). Die markanten jahreszeitlichen Unterschiede beruhen grundsätzlich auf der Übergangslage der Insel zwischen winterlichem Einfluss der Westwinddrift und sommerlichem Hochdruckeinfluss (TOLLNER 1976). Ausgiebiger Niederschlag während des Winterhalbjahres wird insbesondere durch Tiefdruckgebiete im Nordatlantikbereich und Hochdruckgebiete über Nordafrika bzw. Südwestasien ausgelöst, die eine südliche Zugbahn der Zyklonen bedingen. Des Weiteren kommt es im Kontaktbereich maritim- bzw. kontinentalpolarer und kontinentaltropischer Luftmassen entlang der mediterranen Front zur Entstehung von Tiefs (BOLLE 2001, ROTHER 1993). Die von Westen herangeführten Tiefdruckgebiete bedingen den Großteil aller Niederschläge, wobei in Westkreta gemäß der Längsausrichtung der Insel die höchsten Regenmengen fallen. Nach Beginn der winterlichen Regenzeit folgt meist gegen Oktober ein geringer Rückgang der Niederschlagsmengen, bevor sich im Januar schließlich das typische Mittwintermaximum südlicher Mediterrangebiete einstellt. Im Laufe des Frühjahrs nimmt die Regenmenge wieder ab, bis schließlich gegen Mai die sommerliche Trockenzeit beginnt. Im Regelfall setzt auf Kreta im April eine durchgreifende Umstellung der Großwetterlage ein, wobei sich die Hauptbahn der Zyklonen nach Norden verlagert (HEMPEL 1984). Dennoch besteht eine starke Variabilität dieser zeitlichen Abfolge und es kann zu einer lokal höchst unterschiedlichen Ausprägung der Wetterlagen kommen (GREUTER 1975, HOSTERT 2001). Exposition, Luv-Lee-Verhältnisse, regionale Windsysteme und Höhenzonierung bewirken hierbei eine kleinräumige Differenzierung. Dieser Sachverhalt wird insbesondere beim Blick auf die jährliche Niederschlagsverteilung deutlich. Generell empfangen die vier Gebirgsmassive die höchsten Regenmengen, wobei die Levka-Ori (Weiße Berge) im Westen als erste Barriere für Zyklonen wirken, was zu hohen Stauniederschlägen führt. Während die Niederschläge allgemein bis ins Landesinnere zunehmen, ist nach Süden und Osten ein kontinuierlicher Rückgang zu verzeichnen (s. Abb. 6). Die starke räumliche Variabilität von ca. 2.000 mm/a in den westlichen Gebirgszügen bis 240 mm/a im Südosten Kretas bedingt eine landschaftliche Vielfalt, die von dicht bestandenen Waldgebieten bis zu halbwüstenartigen Bedingungen reicht (RACKHAM & MOODY 1996).

Während zyklonale Niederschläge zur Sommerzeit eher bedeutungslos sind, gilt es, thermisch-konvektiven Schauern und ihrer Wirkung besondere Beachtung zu schenken: In Form von Starkregenereignissen treffen sie zumeist auf ausgetrocknete Böden, gleichzeitig bewirkt die mitunter massive Vegetationsdegradation geringe Interzeptionsraten und führt somit zu verstärkten Erosionsprozessen. Trotz ihres sporadischen Auftretens besitzen sie einen maßgeblich landschaftsbestimmenden Einfluss (GIESSNER 1990). Im Sommerhalbjahr liegt Kreta im Einflussbereich des subtropischen Hochdruckgürtels mit einem relativ weit nach Osten reichenden Azorenhoch. Absteigende trockene Luftmassen führen dabei zu einer Wolken- und Niederschlagsarmut. Gleichzeitig macht sich im ostmediterranen Raum auch der Einfluss von Hitzetiefs über der Sahara und Vorderasien bemerkbar, welche zu konstanten Luftmassenströmungen aus nördlicher Richtung führen (ROTHER 1993).

2.5 Grundzüge des kretischen Klimas

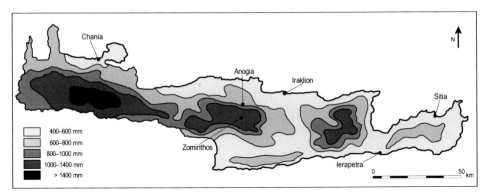

Abb. 6: Durchschnittliche Jahresniederschläge auf Kreta. Quelle: Verändert und ergänzt nach FRÖHLICH 1987.

In den kretischen Bergländern, insbesondere im Psiloritismassiv, erfolgt mit zunehmender Höhe eine Modifikation der klimatischen Bedingungen in Form einer generellen Temperaturab- und Niederschlagszunahme. Während das Tiefland vom typisch mediterranen Klima gekennzeichnet ist, herrscht in den Gebirgen ein Jahresgang mit kalten Wintern und gemäßigten Sommern. Zusätzlich tritt eine lokale Differenzierung der Niederschläge auf, wobei die höchsten Regenmengen in der Regel an den Westabhängen fallen, während die Süd- und vor allem die Ostflanken deutlich niederschlagsärmer sind. In den Hochgebirgen fallen sie fast ausschließlich als Schnee, dessen windbedingte Verwehung zusätzlich zur starken Differenzierung zwischen kahlen Kuppen und akkumulierenden Mulden führt. Die frühjährliche Schneeschmelze sorgt somit für eine Verstärkung und Verlängerung der Abfluss- und Erosionsperiode. Diese montane Modifikation des Klimas wird insbesondere anhand unterschiedlicher Jahresniederschlagsmengen verschiedener Lokalitäten im Arbeitsgebiet deutlich: Während Anogia (740 m ü. M.) im Durchschnitt 1.100 mm/a Niederschlag empfängt, erfolgt bis auf 1.450 m ü. M. eine Zunahme bis 1.600 mm/a, teilweise sogar bis 1.700 mm/a (HAGER 1985). Für das Plateau von Zominthos sind demnach um 1400 mm/a zu veranschlagen.

Regionale Windsysteme sind für das kretische Klimageschehen von wesentlicher Bedeutung, speziell die von TOLLNER (1981) als trockene Sommermonsune bezeichneten Etesien (heute: *Meltémi*). Die Genese dieser kontinuierlich wehenden, kühlen Nordwinde, beruht auf einem sich von Mitte Juli bis Anfang September aufbauenden Hitzetief über Asien, welches trockene Luftmassen an seiner Rückseite nach Süden führt und für die entsprechende Wolkenarmut und geringe Luftfeuchtigkeit im östlichen Mittelmeerraum sorgt. Insbesondere in den Nord-Süd ausgerichteten Tälern Kretas können die Meltémi weit ins Inselinnere vordringen, während die Gebirgsstöcke als Blockade wirken und einen Aufstieg der Luftmassen erzwingen. Im Zuge ihrer Erwärmung beim Überqueren der Ägäis nehmen sie zuvor große Feuchtigkeitsmengen auf, die schließlich an den Berghängen kondensieren. Häufig bildet sich bereits am Vormittag an der Nordseite der Gebirgsstöcke in ca. 1.000 m ü. M. ein Wolkenkranz, der mitunter den gesamten Gipfelbereich einhüllen kann (HAGER 1985,

HOSTERT 2001; s. auch Abb. 5). Meist erfolgt eine Auflösung der Bewölkung in höheren Lagen infolge erhöhter Windgeschwindigkeiten und geringerer Luftfeuchtigkeit (EGLI 1993). HEMPEL (1998) verweist auf eine weitere Vielzahl von Windsystemen in der Ägäis um Kreta, beispielsweise die als Scirocco bezeichneten heiß-trockenen Südwinde, die vor allem im Herbst und Frühjahr auftreten. Ihre besondere Bedeutung liegt im Ferntransport saharischen Feinstaubs in nördlichere Regionen und den damit verbundenen geoökologischen Implikationen (Nährstoffeintrag, Veränderung der Bodenparameter; JAHN et al. 1995, EITEL 2006). Nicht selten verdunkelt sich der Himmel während der späten Regenzeit im Frühjahr und es kommt zu einer Deposition der äolischen Suspensionsfracht. Dieser auf Kreta auch als roter Regen (griech. *kokkinovrokhí*) bezeichnete Materialeintrag lässt sich vor allem anhand der Braunfärbung des Schnees in den zentralen Gebirgen belegen (RAPP & NIHLÉN 1986, GROVE & RACKHAM 2001).

2.6 Zu den Böden in Zentralkreta

Mit Ausnahme einer von NEVROS & ZVORYKIN (1939) für Gesamtkreta erstellten Bodenkarte und einer geoökologischen Untersuchung von Dolinenböden durch EGLI (1993) liegen bislang nur wenige umfassende Ergebnisse zur pedologischen Situation der Insel vor. Generell kennzeichnen sich die kretischen Gebirge wie fast alle mediterranen Bergländer durch äußerst geringe Bodenanteile (HOSTERT 2001; v. a. Leptosols und Regosols nach FAO-WRB SOIL MAP), was vor allem durch die lokalen petrographischen Gegebenheiten und die anthropogene Landnutzung zu begründen ist. Im Hinblick auf das Ida-Gebirge ist hierbei einerseits das fast ausschließliche Vorkommen von Kalksteinvarietäten, andererseits jedoch auch eine für den Mediterranraum seit Jahrtausenden typische Landschaftsdegradation als ursächlich zu erachten (vgl. SEUFFERT 2000). Demgemäß sieht PYE (1992) Rendzinen und Terrae Rossae als die zwei charakteristischen Bodentypen der Gebirge Kretas. In Form von chromic Luvisols und chromic Cambisols finden sie sich flächenhaft im gesamten Mediterranraum (JAHN 2000) und treten verbreitet auch auf Kreta auf (NEVROS & ZVORYKIN 1939, HAGER 1985). Als diagnostisches Merkmal gilt die namensgebende, oftmals dunkelrot-braune Farbe ihres Bt-Horizonts, die auf Bildungsbedingungen mit warm-feuchtem Klima und intensiver chemischer Verwitterung oder saisonalem Wechsel von Feuchte und Trockenheit rückschließen lässt (HEMPEL 1991). Hohe Hämatitgehalte von teilweise mehr als 5 % werden sowohl durch sommerliche Aridität, gute Wasserwegsamkeit und hohe Sideritgehalte anstehender Carbonate, als auch durch äolische Fremdeinträge begünstigt (BOERO & SCHWERTMANN 1989, NIHLÉN & OLSSON 1995, EITEL 2006). Die Terrae rossae stellen somit ein zumeist umgelagertes, teilweise polygenetisches Mischprodukt aus Kalkresiduallehmen, äolischen Stäuben und vulkanischen Aschen dar (RAPP & NIHLÉN 1986). Unter Annahme konstanter Depositionsraten vermuten NIHLÉN & OLSSON (1995) einen windbürtigen Eintrag zwischen 7 und 21 mm/ka durch den bereits erwähnten Scirocco, vor allem aus nordafrikanischen Liefergebieten. Ein mineralogischer Nachweis jener allochthonen Bodenbestandteile ist insbesondere über die hohen Quarz- und Kaolinitanteile des äolischen Feinmaterials möglich, die in den anstehenden Kalken fehlen.

Das Tiefenprofil reifer Terrae rossae ist jeweils in Abhängigkeit der topographischen Bedingungen zu sehen und reicht von nur wenigen Zentimetern Mächtigkeit auf steileren Hängen bis zu mehreren Metern innerhalb von Karsthohlformen, während für flache Reliefeinheiten eine durchschnittliche Mächtigkeit von 1,5 bis 2 m angenommen wird (PYE 1992). In Bereichen stärkerer Hangneigung finden sich jedoch häufig gekappte Profile, deren lessivierte E-Horizonte im Kontext holozäner Bodenerosion abgetragen wurden. Derartig degradierte Böden – zumeist nur noch in reliktischer Form innerhalb von Karsttaschen und Schlotten vorliegend – wurden anschließend teilweise erneut pedogen überprägt und zeichnen sich durch dementsprechend junge Oberböden aus (EITEL 2006; s. Abb. 7).

Eine Akkumulation des hangbürtigen kolluvialen Materials erfolgt primär in Senken, Becken oder Talzügen, insbesondere jedoch in den zahlreichen Karsthohlformen des Psiloritismassivs (s. Kap. 2.4 und Abb. 7). Infolgedessen stellen Dolinen die einzigen Lokalitäten mit tiefgründigen, teilweise bis zu mehrere Meter mächtigen Böden bzw. pedosedimentären Komplexen dar (vgl. VAN ANDEL 1998, DURN et al. 1999), so beispielsweise westlich von Zominthos und im Norden des Arbeitsgebietes. Die Bodendecke der umliegenden Hänge ist hingegen fleckenhaft und meist nur wenige cm bis dm tief ausgeprägt. Der durchschnittliche jährliche Materialeintrag in Karstformen gilt als äußerst schwer bilanzierbar, da Dolinen grundsätzlich als offene Systeme betrachtet werden müssen. EGLI (1993) vermutet im Falle kleiner Hohlformen eine Neuakkumulation von wenigen Millimetern pro Jahr.

Im Rahmen einer pedologischer Betrachtung der zentralkretischen Bergländer sind demnach punktuell auftretende degradierte Skelettböden als zweiter vorherrschender Bodentyp zu nennen (HAGER 1985). Derartige lithic Leptosols, von NEVROS & ZVORYKIN (1939) früher als steinige Rendzinen der Gebirge bezeichnet, charakterisieren sich wie auch alle anderen Bodentypen der Gebirge durch eine relative Humusarmut. Die Gründe hierfür liegen in der geringen Vegetationsbedeckung, der schwer abbaubaren Streu der Sklerophylle sowie der sommerlichen Trockenheit, die eine Humifizierung behindert (JAHN 2000). Die höchsten und flächendeckendsten Bodenanteile des Untersuchungsgebietes finden sich im Bereich kleiner Waldbestände auf dem Plateau von Zominthos, wo kalte Winter und milde Sommer, eine etwas verkürzte Vegetationsperiode, ausreichende Wasserversorgung und moderate Hangneigungen für eine zwar verlangsamte, aber dennoch deutliche Bodenbildung sorgen (HOSTERT 2001).

2.7 Vegetationsstruktur im Arbeitsgebiet

Die Vegetation Kretas wurde unter anderem von ZOHARY & ORSHAN (1965), GREUTER (1975), HAGER (1985) und EGLI (1993) detailliert beschrieben. Die floristischen Gegebenheiten der Insel zeichnen sich durch einen Reichtum an endemischen Arten aus, welche vor allem in den höheren Lagen und Gebirgen auftreten. Ferner spiegeln sie einen über Jahrtausende fortwährenden Einfluss des Menschen wider und werden daher immer mit dem Begriff der Landschaftsdegradation in Verbindung gebracht (GROVE & RACKHAM 2001). So sind es insbesondere Sukzessionsstadien und Sekundärformationen, die an die Stelle ursprünglicher Hartlaubwälder der Insel treten. Nach

TOMASELLI (1981) können alle Hartlaub-Strauchformationen als Matorral zusammengefasst werden, wobei eine Unterscheidung nach Wuchshöhe und Deckungsgrad zu unterschiedlichen Formationsbezeichnungen, wie Macchie, Garrigue oder Phrygana führt. Dennoch existieren entscheidende Unterschiede zwischen diesen Termini, nicht zuletzt aufgrund einer komplizierten Vielzahl verschiedener Regionalbezeichnungen. Vorsicht bedarf auch der Umgang mit dem Begriff des Waldes, weil sich die Bezeichnung im südostmediterranen Raum oftmals auf Bestände bezieht, die lediglich einen Bewuchs mit baumartigen Gewächsen aufweisen. Da die Wälder auf Kreta keine scharfen Grenzen besitzen (weder hypsometrisch noch horizontal), scheint daher nur selten der nach mitteleuropäischem Verständnis verwendete Ausdruck gerechtfertigt (RACKHAM & MOODY 1996). Kretische Bergwälder bestehen fast ausschließlich aus den drei Baumarten *Quercus coccifera* (Kermeseiche), *Acer sempervirens* (kretischer Ahorn) und *Cupressus sempervirens* (Trauerzypresse). Man zählt sie zur Klasse der *Quercetea ilicis* (immergrüne Laubwälder; GREUTER 1975).

Abb. 7: Böden, Pedosedimente und floristische Ausprägungsformen im Arbeitsgebiet. (a) Reste eines chromic Luvisol in einer Karsttasche im Plattenkalk. (b) Mächtiger chromic Luvisol mit Berberis cretica. (c) Doline mit Umgürtung aus Polster- und Strauchgewächsen südlich von Zominthos. (d) Karsthohlform mit starker Feinmaterialverfüllung und weidewirtschaftlicher Nutzung. (e) Durch Viehverbiss und Windschur stark degradierte Kermeseiche, Wuchshöhe ca. 1,5 m. Quelle: Eigene Aufnahmen.

2.7 Vegetationsstruktur im Arbeitsgebiet

In den montanen Regionen der Insel ist eine, wenn auch zum Teil nur undeutliche Vegetationszonierung in Abhängigkeit von Höhen- und Klimagradienten zu beobachten (HORVAT et al. 1974). JAHN & SCHÖNFELDER (1995) unterscheiden anhand des Ausfalls bzw. Hinzutretens charakteristischer Arten mehrere Zonen (s. Tab. 1). Auf der Nordabdachung des Psiloritismassivs bildet dessen ungeachtet nur die Baumgrenze in einer durchschnittlichen Höhe von 1.500 m ü. M. eine klare Grenzlinie, wohingegen sich die anderen Zonen förmlich ineinander verzahnen. Anschaulichstes Beispiel hierfür sind die subalpinen Dornpolstergewächse, die bis in die Wald- und Matorralbestände in tieferen Lagen um 1.300 m ü. M. vordringen.

Gleich in mehrfacher Hinsicht ist die kretische Gebirgsvegetation benachteiligt, denn einerseits bedingt die sommerliche Trockenzeit einen periodischen Wassermangel, andererseits wirkt sich auch das flächendeckende Vorkommen stark geklüfteter Carbonatgesteine, die aufgrund ihrer guten Dränage nur wenig Wasser für Pflanzenwachstum zur Verfügung stellen, problematisch aus. Winterliche Schneefälle, die als Rücklagen bis in den Sommer eine kontinuierliche Wasserversorgung gewährleisten, sind somit von entscheidender Bedeutung. Im Kontext der massiven Verkarstung werden außerdem große Mengen von Feinmaterial abgeführt, was einem flächendeckenden Entzug von Nährstoffen gleichkommt. Andererseits ermöglichen die unzähligen Karstformen aufgrund ihrer Eigenschaft als Sedimentfallen die Ansiedlung von Pflanzen und bilden wichtige Mikrobiotope (vgl. EGLI 1993). Durch eine ausgeglichenere Zufuhr von Wasser (Trichterfunktion von Dolinen; s. Abb. 7) entstehen dort vor allem an den Rändern saumartige Vegetationsgürtel. Neben natürlichen Ungunstfaktoren wirken sich ebenfalls die weidewirtschaftlich bedingte Zerstörung durch Viehverbiss und das Schlagen von Brennholz negativ aus. Ein Großteil der Vegetation ist hochgradig degradiert. Die mitunter bis auf Knöchelhöhe verbissenen Kermeseichen- oder Ahornbestände sind ein eindeutiges Indiz für diese drastischen Zerstörungsprozesse.

Tab. 1: Idealisierte Vegetationshöhenstufen auf Kreta

Höhenstufe (m ü.M.)	Charakteristika	Leitarten (faziesbildend)
thermomediterran (0–300)	Zone in Küstennähe mit wärmeliebenden Arten	*Ceratonia siliqua, Pistacia Lentiscus, Juniperus phoenicea, Olea europea*
mesomediterran (200–900)	mediterrane Vegetation i.e.S.	*Quercus coccifera, Quercus ilex, Phlomis fruticosa, Erica arborea*
supramediterran (800–1.500)	typische Waldbestände	*Quercus coccifera, Acer sempervirens, Berberis cretica, Cupressus sempervirens*
oromediterran (1.300–1.700)	schwach ausgeprägte Übergangszone unterhalb Baumgrenze, Ausfall vieler Tieflandarten, Polstersträucher	*Rhamnus prunifolia, Prunus prostrata, Astracantha cretica, Quercus coccifera*
altimediterran (1.500–2.500)	subalpine Dornpolstergewächse oberhalb der Baumgrenze	*Sarcopoterium spinosum, Astragalus angustifolius, Acantholimon androsaceum, Berberis cretica*

Quelle: Verändert und ergänzt nach JAHN & SCHÖNFELDER 1995.

3 Siedlungsgeschichte und Landnutzung in Zentralkreta

Dank der günstigen Lage an der geographischen Nahtstelle zwischen Europa, Afrika und Asien besaß Kreta bereits vor Jahrtausenden eine Schlüsselposition für Handel und kulturellen Austausch und fungierte als strategisches Relais zahlreicher mediterraner Zivilisationen. Infolgedessen war die Insel oftmals Schauplatz gewaltsamer Konflikte, doch hinterließ jede der hier einst ansässigen Kulturen ihre individuellen Spuren, die heute in Kombination das moderne Bild der Insel ausmachen.

3.1 Neolithische Erstbesiedlung (7000–3200 v. Chr.)

Kreta besaß ursprünglich keine indigene Bevölkerung und wurde erstmals um 7000 v. Chr. von Ankömmlingen vermutlich anatolischer Herkunft kolonisiert. Eine sporadische paläolithische Besiedlung ist jedoch nicht auszuschließen, da auf Gavdos, einer kleinen, vorgelagerten Insel, archäologische Befunde aus der Altsteinzeit nachgewiesen werden konnten. Die räumliche Ausdehnung der anthropogenen Erschließung Kretas ist noch nicht vollkommen bekannt, doch wird von einer Kolonisation inklusive der Hochgebirge spätestens seit Ende des Neolithikums ausgegangen (BROODBANK 2006). Die unter anderem von Syrien, der Levante und Ost-Anatolien ausgehende Neolithische Revolution prägte mit Domestizierungen von Pflanzen und Tieren, Weidewirtschaft sowie Ackerbau das Landschaftsbild der Insel. Kontrovers diskutiert, jedoch nicht eindeutig widerlegt, ist das potenzielle Aufeinandertreffen von Mensch und endemischer Großsäugerfauna, wie Zwergspezies von Flusspferden (*hippopotamus creutzburgi*) und Elefanten (*elephas creticus*), die hier nachweislich noch im Holozän auftraten, sowie deren Extinktion (zur Diskussion s. LAX & STRASSER 1992).

3.2 Bronzezeit und minoische Hochkultur (3200–1100 v. Chr.)

Mit der Einführung von Bronzewerkzeugen ereignete sich gegen Ende des vierten Jahrtausends v. Chr. der erste große soziokulturelle Umbruch auf Kreta, der den Beginn der zweitausendjährigen minoischen Okkupationsphase markiert. Die archäologische Erforschung dieser Hochkultur wurde insbesondere durch *Sir Arthur Evans* revolutioniert, der anhand der Ausgrabungen des Palastes von *Knossos* erstmalig die Existenz der bronzezeitlichen Zivilisation nachweisen konnte (EVANS 1929, NIEMEIER 1995, VASSILAKIS 2001). Nach *Nikolaos Platon* wird die minoische Chronologie grundsätzlich in vier Phasen unterteilt (Vor-, Alt- Neu- und Nachpalastzeit), welche wiederum in einzelne Subperioden gegliedert werden (s. Tab. 2).

Mit komplexen Siedlungsmustern, einem spezialisierten Wirtschaftssystem basierend auf Landwirtschaft und Seehandel sowie einem hohen gesellschaftlichen Organisationsgrad erlangten die Bewohner Kretas eine Hegemonialstellung im ägäischen Raum (FITTON 2004). Ab etwa 2000 v. Chr. entwickelte die minoische Gesellschaft eine räumlich strukturierte palatiale Organisation, wobei bisher nur vage Vorstellungen zur Funktion dieser Machtzentren bestehen. Das erste Straßennetz verband die mittlerweile vollständig erschlossene Insel und die Besiedlungsdichte im ländlichen Raum dürfte in etwa der heutigen ländlichen Bevölkerungszahl entsprochen haben. Wichtige natürliche Ressourcen wie Holz (Schiffbau, Brennstoff) oder Baumaterialien wie Sandstein, Kalk und Gips (Mauern, Wandverputz) waren in großen Mengen vorhanden und wurden von den Minoern genutzt.

Tab. 2: Minoische Chronologie (Bronzezeit auf Kreta) und zeitliche Einordnung der Errichtung des Siedlungskomplexes von Zominthos

Datum (v. Chr.)	Abschnitt	Phase	
3200–2900	Frühminoisch I	Vorpalastzeit / Frühe Bronzezeit	
2900–2300	Frühminoisch II		
2300–2100	Frühminoisch III		
2100–1950	Mittelminoisch I A	Altpalastzeit / Mittlere Bronzezeit	
1950–1850	Mittelminoisch I B		
1850–1800	Mittelminoisch II		
1800–1700	Mittelminoisch III	Neupalastzeit / Späte Bronzezeit	**Zominthos** ~1600 v. Chr.
1700–1600	Spätminoisch I A		
1600–1500	Spätminoisch I B		
1500–1450	Spätminoisch II		
1450–1400	Spätminoisch III A 1	Nachpalastzeit / Späte Bronzezeit	
1400–1350	Spätminoisch III A 2		
1350–1200	Spätminoisch III B		
1200–1100	Spätminoisch III C		

Quelle: Eigene Zusammenstellung, verändert und ergänzt nach VASSILAKIS 2001, FITTON 2004, PANAGIOTOPOULOS 2007.

Um etwa 1450 v. Chr. kam es auf Kreta zum plötzlichen Zusammenbruch der spätminoischen Gesellschaft. Alle Paläste mit Ausnahme von Knossos, die meisten Städte und Siedlungen sowie die großen Landhäuser wurden zerstört und aufgegeben. Die Frage nach den Gründen ist noch immer Thema äußerst kontroverser Diskussionen. Sowohl anthropogene als auch natürliche Faktoren werden dabei als ursächlich erachtet. Letztere betreffen vor allem Naturkatastrophen und deren verheerende Auswirkungen, wie beispielsweise Erdbeben, Tsunamis oder der Vulkanausbruch auf Santorin (MARINATOS 1939, 1960, ANTONOPOULOS 1991, DIETRICH 2004). Insbesondere im Hinblick auf die minoische Eruptionshypothese und ihre Datierung konnten lange Zeit kaum verlässliche Angaben gemacht werden (HOOD 1971, FITTON 2004). Ursprünglich wurde das Ereignis um 1450 v. Chr. vermutet und diente als archäologischer Fixpunkt der absoluten minoischen Chronologie. Allerdings erbrachten Radiokohlenstoffdatierungen deutliche Abweichungen, wonach das Jahr 1628 v. Chr. als wahrscheinliches Ausbruchsdatum angenommen werden muss (KUNIHOLM et al. 1996, MANNING 1999). Während WARREN & HANKEY (1989) für eine wissenschaftliche Kompromisslösung um etwa 1520 v. Chr. plädieren, ein Datum, das besser zu den archäologischen Funden passt, verdichten sich jüngste Datierungsergebnisse auf einen Zeitraum zwischen 1620 und 1600 v. Chr. (FRIEDRICH et al. 2006).

3.2 Bronzezeit und minoische Hochkultur

Mitunter wird die vulkanische Katastrophentheorie jedoch entschieden verneint und stattdessen kriegerische Auseinandersetzungen als Ursache für das Ende der Hochkultur gesehen, welche sich durch Brandspuren in einigen Palästen Kretas belegen lassen (ZANGGER 1996). Als Auslöser für diesen politischen Konflikt werden einerseits interne Streitigkeiten und andererseits die vom griechischen Festland ausgehende mykenische Invasion und Machtübernahme genannt (CASTLEDEN 1990). Trotz allem existierte auch die kretomykenische Kultur nur für kurze Zeit. Sie fand im 12. Jh. v. Chr. ein abruptes Ende, was möglicherweise durch eine natürliche Ungunst mit Übergang zu einem kühleren und trockeneren Klima und/oder durch gesellschaftliche Umbrüche im Kontext kriegerischer Völkerbewegungen verursacht wurde (u. a. Raubzüge sogenannter Seevölker, s. SCHULLER 2002). Naturkatastrophen wie die Eruption von Santorin hatten jedoch sicherlich ebenfalls einen Einfluss auf die kulturellen Umbrüche und entfalteten möglicherweise eine langfristig schädigende Wirkung (HARDY 1990, DRIESSEN & MACDONALD 1997).

Auch innerhalb des Untersuchungsgebiets im Ida-Gebirge finden sich Relikte der minoischen Kultur, wie insbesondere die Höhensiedlung von *Zominthos* (1.187 m ü. M.), die Anfang der 1980er Jahre entdeckt wurde und dem architektonischen Typus der *ländlichen Villa* zuzuordnen ist. Dank ihres ungewöhnlich guten Erhaltungszustands und den bis zu 3 m hohen, massiven Mauern besitzt sie eine der bis dato besterhaltenen minoischen Frontfassaden (s. Abb. 8). Mit ca. 40 Räumen auf einer Fläche von 1.360 m² übertreffen die beachtlichen Größenausmaße des Gebäudes alle anderen kretischen Villen. Trotz intensiver Nachforschungen blieb die Funktion dieser extra-palatialen Niederlassung bislang ungeklärt. Freistehende Gebäudekomplexe wie die minoischen Landhäuser befanden sich generell in strategisch begünstigten Positionen im kretischen Hinterland und dienten höchstwahrscheinlich der Kontrolle einer Mikroregion mit speziellen politischen oder wirtschaftlichen Interessen. Möglicherweise fungierten sie jedoch auch als Sitz eines wohlhabenden Landadels, der nur schwache Verbindungen zu den palatialen Institutionen besaß (CADOGAN 1971). Die Entstehung dieser landwirtschaftlich dominierten Einflussgebiete und administrativen Subzentren wurde offensichtlich von einer Zersplitterung der kretischen Landschaft in unzählige separate Territorien mit scharf definierten naturräumlichen Grenzen bestimmt (WALBERG 1994, SAKELLARAKIS & PANAGIOTOPOULOS 2006).

Von wichtiger Bedeutung ist dabei der Hinweis auf eine agrikulturelle Nutzung des Ida-Gebirges zur Bronzezeit, denn der ökonomische Erfolg der minoischen Hochkultur beruhte insbesondere auf land- und weidewirtschaftlichen Aktivitäten. Bereits zur Vorpalastzeit wurden auf Kreta nachweislich große Schafherden gehalten (VASSILAKIS 2001). Viehzucht und insbesondere Eichelmast von Schweinen bildeten wichtige Einkommensgrundlagen und führten zum Reichtum vieler Landhäuser (GREUTER 1975, HALSTEAD 1993, CHANIOTIS 1999). PANAGIOTOPOULOS (2007) verweist in diesem Kontext auf die Besonderheit von Zominthos, dessen Wohlstand sehr wahrscheinlich auf einer gemischten Nutzungsform der Subsistenzwirtschaft mit Ackerbau, Hortikultur und Tierhaltung basierte. Neben Tierknochen fand man bei archäologischen Ausgrabungen ebenfalls eine Töpferwerkstatt, die eine spätminoische Keramikproduktion belegt.

Der Gebäudekomplex von Zominthos lag im Bereich bronzezeitlicher Verkehrswege, die von den neupalastzeitlichen Zentren im Tiefland zur *Idäischen Grotte* (1.509 m ü. M.) oberhalb der Nida-Ebene im Psiloritismassiv führten (WARREN 1994). Im archäologischen Diskurs wird hierbei vor allem die spirituelle Bedeutung der minoischen Villa betont, die als Zwischenstation und Rast für Pilgerreisende gedient haben dürfte (SAKELLARAKIS & PANAGIOTOPOULOS 2006). Zwei wichtige Haupttransitverbindungen kreuzten sich hier – eine nordöstliche Route, deren ungefährer Verlauf von der modernen Straße über *Tilissos*, *Sklavokambos* und *Anogia* nachgezeichnet wird und eine östliche Achse, die Zominthos über *Kroussonas* und *Aghia Myron* mit *Knossos* verknüpfte (REHAK & YOUNGER 2001; s. auch Abb. 54). Gleichwohl ist noch immer ungewiss, wie der genaue Verlauf der Wegtrassen aussah, ob Zominthos als Einzelobjekt betrachtet werden muss und ob im Hinblick auf die bronzezeitliche

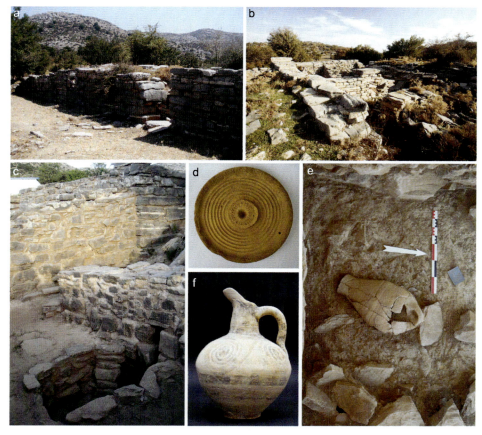

Abb. 8: Die minoische Villa von Zominthos. (a) Blick auf die ausgegrabene Frontfassade. (b) Zentralgebäude der Siedlung mit Blick nach Süden. (c) Keramikwerkstatt im Nordwestflügel. (d) Töpferscheibe. (e–f) Amphorenfunde der jüngsten Ausgrabungskampagnen. Quelle: Eigene Aufnahme; Fotos b–f: D. Panagiotopoulos).

Naturraumausstattung weitere Lokalitäten für eine Sesshaftwerdung der Menschen infrage kamen. Entlang der archäologisch bekannten Strecken finden sich jedoch zahlreiche Hinweise auf minoische Aktivitäten, wie eine bronzezeitlich genutzte Höhle bei *Kylistria* oder Gipfelheiligtümer bei *Gonies* und *Keria* (RUTKOWSKI 1988). Demnach wird sowohl von einer relativ dichten Besiedlung des Psiloritismassivs zur Bronzezeit ausgegangen, als auch von der Existenz zusätzlicher, bislang nicht bekannter Infrastrukturen zur Verbindung jeweiliger Niederlassungen und Nutzflächen. Aufgrund seiner ungewöhnlichen Höhenlage auf fast 1.200 m ü. M. bildet der Gebäudekomplex von Zominthos die höchstgelegene bronzezeitliche Villa und übertrifft sogar alle spätminoisch-subminoischen Fluchtsiedlungen und Gipfelheiligtümer auf Kreta (max. 1.100 m ü. M.; PANAGIOTOPOULOS 2007). Dies stützt die Annahme, dass noch weitere Orte in ähnlicher oder sogar weitaus größerer Höhe von den Minoern genutzt wurden. Die idäische Zeus-Grotte oberhalb der Nida-Polje dient als eindeutiges Indiz für die Erschließung solcher hochmontaner Regionen. Zusätzlich vermutet man auch die Existenz diverser Wachtposten im Abstand von maximal 10 km, da der Sichtverbindung zwischen minoischen Infrastrukturen eine wichtige Bedeutung beigemessen wurde (PEATFIELD 1994, CHANIOTIS 2004, TOMKINS et al. 2004).

3.3 Die „Dunklen Jahrhunderte" (1100–700 v. Chr.)

Zu Beginn der sogenannten „Dunklen Jahrhunderte" zogen sich die wenigen Bewohner Kretas in Fluchtdomizile innerhalb der Berge zurück und zahlreiche Siedlungen im Tiefland wurden aufgegeben. Mit dem Übergang zur Eisenzeit um 1100 v. Chr. war die mykenische Kultur vollkommen von der Insel verschwunden (SNODGRASS 2000, REHAK & YOUNGER 2001). Schriftdokumente wie die minoischen Linear A- und Linear B-Tafeln liegen aus dieser Zeit kaum vor, was zur Namensgebung der *Dark Ages* führte. Dennoch büßte Kreta seinen kosmopolitischen Charakter niemals ein und grundlegende Handelsaktivitäten (u. a. Export kretischer Metalle) sowie kultureller Austausch mit Zypern sowie dem festländischen Griechenland blieben erhalten (RACKHAM & MOODY 1996).

3.4 Archaische, klassische und hellenistische Besiedlung (700–69 v. Chr.)

Auch der Zeitraum von 700 bis 69 v. Chr. wurde in der kretischen Archäologie bislang nur geringfügig untersucht, da wenige Informationen über Bevölkerungszahl sowie damalige Landnutzungs- und Wirtschaftsformen vorliegen. Sehr wahrscheinlich wurde Kreta von mindestens fünfzig unabhängigen, sich bekriegenden Stadtstaaten (*gr. Poleis*) beherrscht. Ein Großteil der Bevölkerung verdingte sich als Piraten, Söldner und Krieger (RACKHAM & MOODY 1996). Dennoch herrschten auch längerfristige Friedensperioden, die insbesondere durch umfassende herrschaftspolitische Maßnahmen wie z. B. besondere Gesetze begründet wurden (u. a. Stadtrecht von *Gortys*).

3.5 Römische und arabische Okkupation (69 v. Chr. – 1204 n. Chr.)

Im Zuge der römischen Okkupation geriet Kreta erstmals unter den Einfluss fremder Herrscher, die vor allem eine Bekämpfung der Piraterie zur Sicherung ihrer Handelsströme in der Ägäis verfolgten. Nach Befriedung des lokalen Widerstands erlebte die Insel eine Blütezeit. Zahllose Aquädukte, Zisternen und neue Siedlungen wurden erbaut, die agrare Landnutzung prosperierte. Dennoch kann keineswegs von einer Romanisierung Kretas gesprochen werden, da nur wenige Bürger des festländischen Roms hier siedelten und die Insel im römischen Reich von eher untergeordneter Bedeutung war (SANDERS 1982). Annähernd nahtlos ging die römische Besatzung in die byzantinische Herrschaftsphase über. Im Jahre 824 n. Chr. erfolgte die arabische Machtübernahme Kretas durch Sarazenen aus Spanien. Bereits 961 n. Chr. fiel die Insel jedoch wieder in den Besitz des oströmischen Reichs zurück. Byzanz errichtete ein nahezu flächendeckendes Feudalsystem zur Landnutzung, welches in seinen Grundzügen bis in das 18. Jahrhundert fortbestand (RACKHAM & MOODY 1996).

3.6 Venezianische und türkische Herrschaftsphase (1204–1897 n. Chr.)

Im Jahre 1204 n. Chr. kaufte die Republik Venedig im Anschluss an den vierten Kreuzzug die Insel und nahm alle Feudalgüter in Besitz. Lokale Widerstandsbewegungen wurden niedergeschlagen, die Bevölkerungszahl stieg auf fast 200.000 Einwohner und Kreta wurde zu einem der wichtigsten Handelsknotenpunkte im östlichen Mediterranraum. Dennoch versäumte es Venedig, die Bedürfnisse seiner entfernten Provinz ausreichend zu berücksichtigen. Im Jahre 1645 landete das osmanische Heer im Westen und besetzte die Insel innerhalb von nur sechs Jahren vollkommen (DETORAKIS 1997). Viele Kreter konvertierten zum Islam. Die ottomanische Herrschaft brachte wichtige Entwicklungen hervor, wie beispielsweise die Eindämmung der Piraterie, die Wiedereinsetzung der unter venezianischer Kontrolle verbannten orthodoxen Bischöfe und die Entbürokratisierung landwirtschaftlicher Aktivitäten (RACKHAM & MOODY 1996). Doch versank Kreta mit zunehmendem Zusammenbruch der türkischen Autorität und gleichzeitigem Aufkeimen aristokratischer Strukturen in Anarchie, Kriminalität sowie kämpferischen Auseinandersetzungen zwischen Christen und Muslimen. Der in zahllosen Kämpfen ausufernde Widerstand kostete das Leben vieler Kreter und markiert bis heute eines der dunkelsten Kapitel in der Geschichte der Insel.

3.7 Neuzeitliches Kreta und rezente Landnutzung im Psiloritismassiv

Infolge des türkisch-griechischen Krieges (1879), in welchem Griechenland die Unabhängigkeitsbestrebungen Kretas unterstützte, wurde die Insel auf Drängen der europäischen Großmächte zum internationalen Protektorat. Im Jahre 1913 erfolgte schließlich eine Vereinigung mit Griechenland. In den folgenden Jahrzehnten wurde Kreta von weiteren Krisen gezeichnet, unter anderem der Zwangsausweisung und Umsiedlung aller muslimisch-stämmigen Einwohner im Jahr 1923 und der deutschen

Besatzung während des Zweiten Weltkrieges. Insbesondere das im Untersuchungsgebiet liegende Bergdorf *Anogia* (griech. *Ano Ge*, hohe Erde) erlangte dabei eine traurige Berühmtheit. Im Rahmen einer Vergeltungsaktion für zuvor geleisteten Widerstand wurde die Ortschaft durch die deutsche Wehrmacht zerstört. Derartige Widerstandsbewegungen (griech. *Andartis*, Partisan) fanden sich auf der gesamten Insel und prägen nach wie vor die Mentalität ihrer Bewohner, vor allem in abgelegenen und unzugänglichen Regionen. So ist Anogia derzeit einerseits wegen seiner touristischen Bedeutung, andererseits auch durch regelmäßige, mitunter bewaffnete Konflikte mit der staatlichen Autorität bekannt. Militärische und polizeiliche Interventionen zur Unterbindung des Waffen- und Drogenhandels sowie zur Eindämmung lokaler Autonomiebestrebungen in den Bergdörfern Zentralkretas führen regelmäßig zu Schlagzeilen.

Fremdenverkehr und Kunsthandwerk stellen heute eine wichtige Erwerbsgrundlage dar, wobei das Psiloritismassiv als Teil des internationalen UNESCO Geopark Netzwerkes vermarktet wird. Die rezente Landnutzung wird in erster Linie von klimatischen Faktoren gesteuert. Durch die kalten schneereichen Winter und die gemäßigten Sommertemperaturen ist eine ackerbauliche Nutzung der Gebiete im Ida-Gebirge kaum möglich. Auch findet sich mit Anogia (2.509 EW; 740 m ü. M.) das höchstgelegene Bergdorf der Insel und die Obergrenze der modernen Siedlungstätigkeit auf agrarwirtschaftlicher Grundlage (PANAGIOTOPOULOS 2007). Der ökonomische Schwerpunkt liegt vor allem auf Weidewirtschaft bzw. Viehzucht. Gemäß der offiziellen Statistiken weideten im Ida-Gebirge im Jahre 1991 fast 350.000 Schafe und Ziegen (HEMPEL 1995), aktuell zählt man in Anogia etwa 120.000 Tiere (mündl. Mitt. S. Kefalogiannis). Die Hauptweideflächen liegen über 900 m ü. M., was unter anderem durch den Stockwerksbau des Gebirges bedingt ist, der auf den höher gelegenen Plateaus extensivere Beweidung zulässt. Bevorzugt werden Karsthohlformen als Weideflächen genutzt, insbesondere das Untersuchungsgebiet um Zominthos, der Pass von Embriskos und die Nida-Polje (HEMPEL 1995). Allerdings veränderte sich diese Wirtschaftsform im Laufe der Zeit deutlich, wobei die ursprüngliche Art des Auf- und Abtriebs der Herden – eine Variante der Transhumanz – durch den Transport der Tiere mittels Fahrzeugen in die Weidegebiete stark vereinfacht und ersetzt wurde. Ferner hinterlässt das optionale Hinzufüttern von Mais bei Futterknappheit seine Spuren im fragilen Ökosystem des Gebirges, denn während die Tiere früher nach Aufbrauch natürlicher Futterressourcen gegen Spätsommer ihre Weidegebiete verlassen mussten, verweilen sie heute länger dort und verursachen starken Verbiss von Bäumen und Sträuchern. Die somit stark verkürzte Regenerationsphase der Vegetation bedingt auf Dauer eine massive Degradation, die sich in Form unzähliger krüppelförmiger Baumreste äußert (s. Kap. 2.7).

4 Methoden

Die vorliegenden Untersuchungen basieren auf einem multimethodischen, räumlich gegliederten Ansatz, da die geomorphologischen als auch geoarchäologischen Projektteilbereiche jeweils unterschiedliche Verfahren und Maßstabsebenen voraussetzen. Ausgehend von regionaler Ebene (flächendeckende Kartierung und GIS-Analyse) richtet sich der Fokus dabei zunehmend auf eine lokale Basis (meso- bis mikroskalige Studien). Die Vorgehensweise berücksichtigt die unterschiedlichen Sensitivitäten der individuellen Techniken, soll jedoch ein kohärentes Bild der Landschaftsformen und der geoarchäologischen Befunde aus Zentralkreta erbringen. Demgemäß ergänzen sich die nachfolgend beschriebenen Methoden zum gegenseitigen Vorteil und dienen nicht nur einer zwei- bzw. dreidimensionalen Analyse, sondern berücksichtigen ferner auch die vierte Dimension in Form der zeitlichen Entwicklung der Mensch-Umwelt-Beziehungen im Ida-Gebirge.

- Im Gelände wurden geomorphologische, petrographische und archäologische Kartierungen durchgeführt sowie topographische Daten durch geodätische Vermessung erhoben. Die Datensätze dienten der Erstellung von Karten und digitalen Geländemodellen (DGM).
- Zur flächendeckenden Erfassung der Landformen Zentralkretas, insbesondere der karstmorphologischen Gegebenheiten im Arbeitsgebiet, wurden hochauflösende Geodaten verwendet (Satellitenbilder, DGM) und im Rahmen von Fernerkundungs- und GIS-Analysen eingesetzt.
- Geeignete Geoarchive (Karsthohlformen) wurden ausgewählt und anschließend über geophysikalische Prospektionsmethoden linear sondiert, um Aufschluss über die geometrischen und physikalischen Charakteristika sowie die Mächtigkeit und Stratifizierung ihrer lockersedimentären Verfüllungen zu erhalten.
- Unter Verwendung von computergestützten Applikationen und Visualisierungstechniken wurde aus den Ergebnissen der Sedimenttomographien ein virtuelles Modell des subkutanen Karstreliefs generiert. Ferner konnten die geophysikalischen Transekte zur Identifikation der besten Archivposition im oberflächennahen Untergrund genutzt werden. Eine Beprobung geeigneter Standorte mittels Referenzbohrungen diente sowohl der detaillierten Analyse der sedimentären Archive, als auch der nachträglichen Eichung der geophysikalischen Daten.
- Zur Provenienzanalyse der Sedimente wurden mineralogische, geochemische und bodenkundliche Analysen sowie Radiokohlenstoffdatierungen zur zeitlichen Einordnung vorgenommen.
- Geoarchäologische Untersuchungen konzentrierten sich auf lokale Studien in Zominthos (on-site) unter Einbeziehung der geomorphologischen Befunde sowie auf Anwendungen aus dem Bereich digitaler Geoarchäologie (überregionaler Kontext, Rekonstruktion geoarchäologischer Landschaften).

4.1 Geländearbeiten

Vor Ort wurden umfassende Kartierungen, geophysikalische Messungen und Sedimentbohrungen durchgeführt, sowohl im Bereich der archäologischen Ausgrabung von Zominthos (on-site) als auch im siedlungsnahen Umfeld (off-site, zur Lage s. Abb. 23).

4.1.1 Kartierung und Vermessung

Die naturräumliche Ausstattung des Arbeitsgebietes (Vegetationszusammensetzung, Verbreitung petrographischer Einheiten, geologische Strukturen, geomorphologischer Formenschatz, karstmorphologische Objekte) wurde im Rahmen mehrerer Geländekampagnen untersucht und kartiert (April 2005, September 2005, August 2006, Mai 2007). Die Position spezieller Lokalitäten wurde mittels DGPS-Technik dokumentiert (*Thales mobile mapper unit*; *Beacon receiver*). Archäologisch relevante Orte und Fundstellen konnten sowohl lokal im Ida-Gebirge, als auch überregional in Zentralkreta kartiert werden (zur genauen Lage s. Kap. 4.3.7.1). Zur Erfassung des rezenten Reliefs im Untersuchungsgebiet kam eine Totalstation (*Leica TPS 700*) zum Einsatz, deren topographische Rohdaten als Grundlage für 3D Analysen und Visualisierungen dienten. Alle Messpunkte wurden unter Verwendung der Software *Surfer 8* in ein digitales Geländemodell konvertiert (DGM; horizontale Auflösung: 1,5 m), die weiterführende Verarbeitung der Daten wurde mit dem *ESRI* Programmpaket *ArcGIS 9.3* vollzogen.

4.1.2 Geophysikalische Prospektion

Die stetig zunehmende Popularität geophysikalischer Methoden in der Geomorphologie (z. B. für Karstforschung und für Paläoumweltrekonstruktionen) ist insbesondere in den relativ hoch auflösenden, lückenlosen sowie kosten- und zeitsparenden Anwendungsmöglichkeiten entsprechender Verfahren begründet. Sie gestatten unter anderem einen zerstörungsfreien „Blick" in den Untergrund von Karsthohlformen (Bozzo et al. 1996, Gautam et al. 2000, Ahmed & Carpenter 2003, Gibson et al. 2004, Higuera-Díaz et al. 2007) oder eignen sich für die Erkundung archäologischer Verdachtsflächen (Hecht 2003, 2007, Gaffney 2008). Einen detaillierten Überblick über geophysikalische Techniken (z. B. Refraktionsseismik, engl. *SRT*; Geoelektrische Tomographie, engl. *ERT*) und deren Einsatzmöglichkeiten liefern Smith (2005) und Schrott & Sass (2008). Van Schoor (2002) und Terzic et al. (2007) verweisen jedoch nachdrücklich auf die äußerst komplexe Anwendung geophysikalischer Methoden in Karstgebieten, die mit starken Inhomogenitäten im Untergrund sowie einem hohen Maß an geophysikalischem Rauschen einhergeht. Dieser Umstand erfordert somit ein integratives Vorgehen unter Einsatz verschiedener komplementärer Prospektionstechniken, welche ein ganzheitliches Bild der Untergrundverhältnisse liefern und mehrdeutige Ergebnisse bei der Dateninterpretation vermeiden (Vouillamoz et al. 2003, Leucci & De Giorgi 2005).

In der vorliegenden Arbeit wurden deshalb mehrere Verfahren kombiniert, um die Sedimentmächtigkeit in den Karsthohlformen als auch deren strukturelle und stratigraphische Eigenschaften zu untersuchen. Zur Differenzierung der Karstfüllungen (off-site) und zur Identifizierung archäologischer Strukturen im Bereich der minoischen Höhensiedlung (on-site) wurden geoelektrische 2D Tomographien unter Verwendung einer Multielektrodenapparatur gemessen (*Geotom*; 100 Elektrodensystem). Der geringe Verfestigungsgrad der Pedosedimente gewährleistete guten Bodenkontakt der Elektroden (vertikale Metallspieße, ca. 40 cm Länge, Abstände je nach topographischer Lage zwischen 0,5 und 1,5 m, Stromstärken zwischen 0,5 und 5 mA; s. Kap. 5.2 und 5.3). Die Auswahl potenzieller Elektrodenkonfigurationen ist aufgrund individueller Vor- und Nachteile bei der Untersuchung des oberflächennahen Untergrundes äußerst schwierig (ZHOU et al. 2002). So werden für das Monitoring von Gefahrenzonen (u. a. Detektion von unterirdischen Hohlräumen in Karstgebieten) vorwiegend *Dipol-Dipol-Messkonfigurationen* verwendet, welche die höchste Sensitivität für vertikale Widerstandsveränderungen und Grenzen aufweisen (hohe laterale Differenzierung; EL-QADY et al. 2005, SOUPIOS et al. 2007). Da sich jene Anordnungen jedoch weniger für die Identifikation und Trennung horizontaler Strukturen eignen, wurden innerhalb der Karsthohlformen des Untersuchungsgebietes *Schlumberger-Konfigurationen* mit höherer Tiefenpenetration und geringerer Störungsanfälligkeit genutzt. Dipol-Dipol-Messungen kamen aufgrund ihres höheren Auflösungsvermögens im unmittelbaren Umfeld der minoischen Siedlung zum Einsatz (vgl. KNEISEL 2003, LANGE & JACOBS 2005, HECHT 2009), die Datenprozessierung erfolgte mit dem Softwarepaket *RES2DINV* unter Verwendung von Standardinversionsverfahren ohne Filterung. Qualitativ schlechte Datenpunkte wurden bei Bedarf manuell eliminiert.

Da die geoelektrische Tomographie keine harten und markant definierten Schichtgrenzen liefert, wurden in der Karsthohlform zusätzliche refraktionsseismische Messungen vollzogen (*Geometrics;* 48 Kanalsystem, vertikale Geophone mit 14 Hz). Die seismische Prospektion erlaubte insbesondere eine Untersuchung tieferer Bereiche des Untergrundes, vor allem jedoch die Detektion der Grenze zwischen pedosedimentären Komplexen und darunterliegendem Festgestein (HECHT 2001, SCHROTT & HECHT 2006, HECHT 2007). Der Einsatz des Verfahrens in Zominthos erfolgte als Ergänzung und Korrektiv zu den ERT-Messungen, insbesondere aufgrund unterschiedlicher Sensitivitäten beider geophysikalischer Methoden sowie deren individueller Vor- und Nachteile (vgl. SUMANOVAC & WEISSER 2001, SMITH 2005). Die Auswertung der Rohdatensätze (Stapel von jeweils 5–10 individuellen Hammerschlägen pro Schusspunkt) erfolgte durch Dr. S. Hecht (Geographisches Institut der Universität Heidelberg) und wurde auf Basis der Softwarepakete *Reflex* und *Rayfract* durchgeführt. Detaillierte Angaben zu Profillänge, Elektrodenabstand und Messfehler aller geoelektrischen und refraktionsseismischen Tomographien werden im Kontext der Ergebnispräsentation genannt (Kap. 5.2 und 5.3).

4.1.3 Rammkernsondierungen

Zur Kalibrierung der geophysikalischen Ergebnisse und zur genauen Analyse der sedimentären Dolinenfüllungen wurden mehrere Bohrungen mit einer Rammkernsonde niedergebracht (50 mm PE-Rohre, 1 m Länge, Maximaltiefe: 10 m u. GOK). Eine Auswahl geeigneter Bohrlokalitäten konnte anhand der zuvor gemessenen ERT-Profile bereits vor Ort getroffen werden (beste Archivpositionen mit mächtigen Sedimentakkumulationen; zur genauen Lage s. Kap. 5.5). Die Sedimentkerne wurden im Labor für Geomorphologie und Geoökologie des Geographischen Instituts der Universität Heidelberg in zwei Halbschalen gesägt, geöffnet und photographisch dokumentiert. Anschließend erfolgte die makroskopische Kernansprache mit Bestimmung der Horizont- und Schichtabfolgen, der Bodenfarbe mittels Munsell Soil Color Charts sowie der Entnahme von Proben für die sedimentologisch-mineralogischen Analysen und – sofern vorhanden – für die Radiokohlenstoffdatierung.

4.2 Laborarbeiten und Analysen

Die sedimentologischen, mineralogischen und geochemischen Arbeiten erfolgten im Labor für Geomorphologie und Geoökologie am Geographischen Institut der Universität Heidelberg. Spezielle mineralogische Analysen wurden in Kooperation mit dem Institut für Geowissenschaften der Universität Heidelberg (Arbeitsgruppe Petrologie und Geochemie: Prof. Dr. R. Altherr & Dr. H.P. Meyer; Arbeitsgruppe Mineralphysik und Strukturforschung: Prof. Dr. R. Miletich) durchgeführt und vom Verfasser selbst ausgewertet. Sedimentdünnschliffe wurden zur mikromorphologischen Analyse angefertigt (T. Beckmann, Labor Schwülper-Lagesbüttel) und am Polarisationsmikroskop untersucht. AMS ^{14}C-Altersdatierungen erfolgten durch Dr. B. Kromer (Forschungsstelle Archäometrie der Heidelberger Akademie der Wissenschaften am Institut für Umweltphysik, Universität Heidelberg).

4.2.1 Sedimentologisch-mineralogische Untersuchungen

Den Schwerpunkt sedimentologischer und bodenkundlicher Untersuchungen bildeten Messungen der magnetischen Suszeptibilität, Korngrößenbestimmung, mikromorphologische Dünnschliffauswertung, Schwer- und Leichtmineralanalysen sowie röntgendiffraktometrische Studien. Das multimethodische Vorgehen gewährleistete die Bestimmung der allgemeinen Substrateigenschaften und der darauf basierenden Provenienzanalyse der Karstfüllungen mitsamt Identifikation der zugrunde liegenden geomorphodynamischen Prozesse.

Magnetische Suszeptibilität
Zur Abgrenzung verschiedener Sedimentschichten wurde die magnetische Suszeptibilität χ (Kappa) gemessen, die einer Funktion der Konzentration und Komposition des magnetisierbaren Materials in einer Probe entspricht (z. B. Fe-reiche Tonmine-

rale oder Fe-Oxide und -Hydroxide, v. a. ferrimagnetische Phasen wie Magnetit, z.T. auch paramagnetische Minerale wie Hämatit und Goethit; MAHER 1998, ELLWOOD et al. 2004). Grundsätzlich lassen sich hierbei insbesondere physikalische und somit geomorphodynamische Veränderungen im Sedimentationsgeschehen einer Region erfassen, die in enger Verbindung zu klimatischen oder nutzungsbedingten Wechseln im Landschaftshaushalt und somit zur Paläoumweltentwicklung stehen (GHILARDI et al. 2008). Zusätzlich können postsedimentäre kolluviale und pedogenetische Prozesse abgeleitet werden, welche die magnetischen Eigenschaften von Sedimenten maßgeblich beeinflussen (OLDFIELD 1991, HANESCH et al. 2007).

Die Bestimmung der magnetischen Suszeptibilität der Bohrkerne von Zominthos erfolgte mithilfe eines Ringspulsystems, durch das die ungeöffneten Kerne mit einem Förderband mechanisch bewegt wurden. Die Magnetisierbarkeit konnte als endlose Größe gemessen und tiefengetreu pro Zentimeter Kern ausgegeben werden. Luftgefüllte Bereiche, die hierbei mit erfasst wurden (Kernverlust), konnten bei späterer Auswertung durch Extrapolation umliegender Werte korrigiert werden. Auch die Suszeptibilitäten an den beiden Enden der Kerne wurden um jeweils 5 cm extrapoliert, da der hohe Luftanteil jener Bereiche zu anschließenden Fehlinterpretationen bei der Auswertung geführt hätte (vgl. YIM et al. 2004).

Korngrößenanalyse der Sedimente
Ausgewählte Proben (u. a. makroskopisch unterschiedliche Horizonte, insbesondere bei Substratwechseln) wurden luftgetrocknet und die darin enthaltenen Aggregate mit einem Mörser zerkleinert. Nach Zerstörung der feindispersen organischen Substanz mit Wasserstoffperoxid (H_2O_2; 18 %) und Beseitigung aller carbonatischen Bestandteile mit Salzsäure (HCl; 10 %) erfolgte die quantitative Bestimmung der unterschiedlichen Bodenarten mittels kombinierter Sieb- und Pipettmethode nach Köhn & Köttgen (SCHLICHTING et al. 1995). Naßsiebung und anschließende Ultraschallbehandlung wurden unter Zugabe von Natrium-Pyrophosphat ($Na_4P_2O_7$) getätigt. Die Bestimmung der Schluff- und Tonkomponenten wurde nach HARTGE & HORN (1999) über Sedimentation nach definierten Zeitintervallen vollzogen.

Mikromorphologie
Zur detaillierten Bestimmung von Substrateigenschaften und Zusammensetzung (u. a. Verwitterungsintensität, pedogene Überprägung, verschiedene geomorphodynamische Regimes) sowie zur Identifikation von Kornformen für eine Provenienzanalyse (v. a. Leichtminerale) wurden aus ausgewählten Kernbereichen mehrere Sedimentsequenzen entnommen und in Form von Dünnschliffen unter dem Polarisationsmikroskop untersucht. Die fotografische Dokumentation der Befunde erfolgte über das Binokular *Olympus BX 51* mit Digitalkameraufsatz.

Röntgendiffraktometrische Untersuchungen
Um Verwitterungsgrad und Herkunft der lockersedimentären Verfüllungen zu bestimmen, wurden röntgendiffraktometrische Untersuchungen durchgeführt (XRD; Institut für Geowissenschaften der Universität Heidelberg). Zur Herstellung der Präparate wurden die Anteile der Schluff- und Tonkorngröße verwendet um einrandliches Aufwölben horizontal eingeregelter Tonminerale zu verhindern (MÜLLER 1964).

Die mineralogische Zusammensetzung der Proben wurde mit einem *Philips PW 3710 Diffraktometer* bei einer Scangeschwindigkeit von 0.02°2θ/2s bestimmt ($Cu_{k\alpha}$-Strahlung, 40 kV/30 mA). Da die meisten Tonminerale d-Werte zwischen 7 und 14 Å besitzen, liegen die diagnostischen (001)-Reflexe im Kleinwinkelbereich (erste Ordnung; 5–15°). Aus diesem Grund beschränkten sich die Messungen auf Brechungswinkel zwischen 2,99°2θ und 21,99°2θ. Zur genauen Mineralbestimmung wurden die Messungen an luftgetrockneten, ethylenglykolisierten ($C_2H_6O_2$; Identifikation der Quellfähigkeit) und bei 550°C geglühten Proben (Dehydratation der Silikatstruktur) durchgeführt. Eine qualitative Bestimmung detektierter Tonminerale erfolgte unter Verwendung der Software *EVA 5.0-rev 1 diffrac plus* (*Bruker analytical x-ray systems*), der Datenbank *Powder diffraction file* (ICDD 1999) sowie mithilfe geeigneter Identifikationsmerkmale und Winkeltabellen (s. Tab. 17, Annex). Da quantitative Untersuchungen jedoch ausschließlich über texturfreie Pulverpräparate erfolgen können (RÜGNER 2000), wurde eine semi-quantitative Abschätzung der Komponenten anhand der Intensitätswerte einzelner Peaks vollzogen (vgl. PYE 1992, NIHLÉN & OLSSON 1995).

Zur detaillierten Provenienzbestimmung von Schluffen und Tonen wurde der unlösliche Rückstand verschiedener Kalksteine aus dem Untersuchungsgebiet analysiert. Faustgroße Handstücke wurden mit einem Backenbrecher bis zur Mittelgruskorngröße (ca. 1 cm) zerkleinert, die Behandlung der Proben erfolgte nach PERRIN (1964) mit 2M Essigsäure ($C_2H_4O_2$), gepuffert auf pH 3 mit Ammoniumacetat (CH_3COONH_4) bei einem anfänglichen Mengenverhältnis Probe : Säure von 1:2. Die Verwendung von Essigsäure gestattete die Auflösung der Carbonate ohne bzw. nur mit äußerst geringfügigen negativen Veränderungen des Tonmineralbestandes. Der dabei entstandene klare Überstand wurde regelmäßig abdekantiert und die Proben anschließend wieder auf pH 3 eingestellt. Nach vollständiger Auflösung der carbonatischen Anteile erfolgte ein Auswaschen mit Ammoniumacetat bis zum Erreichen eines kalkfreien Zustands, gefolgt von abschließender Spülung mit destilliertem Wasser. Zur Korngrößenbestimmung wurde das Sediment nass gesiebt, Ton- und Schluffanteile wurden nach HARTGE & HORN (1999) pipettiert und bestimmt. Die röntgendiffraktometrische Untersuchung erfolgte nach bereits beschriebenem Verfahren.

Schwermineralanalyse
Die Bohrkerne wurden einer Schwermineralanalyse unterzogen, da wechselnde mineralogische Zusammensetzungen in der Sedimentsäule Rückschlüsse auf unterschiedliche Liefergebiete bzw. geomorphodynamische Änderungen innerhalb spezieller Einzugsgebiete erlauben. Die benötigte Korngröße (Feinsandfraktion 63–200 µm) konnte einerseits unmittelbar von den Produkten der granulometrischen Analyse verwendet werden, andererseits wurde eine ergänzende Beprobung ausgewählter Kernhorizonte zur Verdichtung des Ergebnisbestandes durchgeführt, wobei die gewünschte Fraktion über Nasssiebung aus dem Gesamtsubstrat extrahiert wurde. Nach Bestimmung der Trockenmasse (Trocknung bei 105°C) wurden die Proben einer Salzsäurebehandlung unterzogen (zwanzigminütiges Kochen, HCl 25%), um die bei der optischen Bestimmung störenden Mineralüberzüge zu beseitigen (BOENIGK 1983). Die Proben wurden anschließend einer Massentrennung mit Natrium-Polywolframat unterzogen ($Na_6[H_2W_{12}O_{40}]$; Grenzwert: spezifische Dichte p=2,9).

4.2 Laborarbeiten und Analysen

Nach Spülung mit VE-Wasser, Filterung und Trocknung wurde ein Teil des Schwermineralbestandes mit dem Einbettungsharz *Meltmount* (Brechungsindex nD 25°C = 1,662) auf Objektträgern fixiert. Im Rahmen von polarisationsmikroskopischen Studien wurden die Präparate unter Auszählung und Bestimmung von mindestens 100 Körnern untersucht. In Anbetracht mitunter hoher Anteile unbestimmbarer Körner sind die genannten Prozentwerte als semiquantitative Angaben zu verstehen und somit nur qualitativ interpretierbar (HOLZHAUER 2008).

Zur exakten Bestimmung der Chemismen diagnostischer Minerale und zur Identifikation ihrer Herkunft wurde ein Teil der labortechnisch aufbereiteten Schwerminerale rasterelektronenmikroskopisch beprobt (REM; *LEO Typ 440* mit EDX-System; *LINK-isis/Oxford instruments*, Institut für Geowissenschaften der Universität Heidelberg). Die Proben (kurz: ungestörte Präparate) wurden in Epoxidharz-Scheiben eingegossen, angeschliffen und zur Ladungsableitung mit Kohlenstoff bedampft (*Med020, Baltec*). Zusätzlich erfolgte die Herstellung angereicherter Präparate spezieller Horizonte, um den Ergebnisbestand zu verdichten (Schweretrennung der Feinsandfraktion analog zu ungestörten Proben). Zur besseren Differenzierung waren darin vertretene Mineralspezies zuvor über Magnetscheidetechnik in drei Fraktionen unterteilt worden (Neodym-Magnet; nicht magnetisch, mäßig magnetisierbar, stark magnetisch). Nach einer Analyse der EDX-Spektren wurden die Minerale anschließend auf Basis der quantitativen Verhältnisse vorhandener Elementoxide rechnerisch bestimmt (Mineralformelberechnung; Dr. H.P. Meyer). Ausgewählte Epoxidharzpräparate wurden zusätzlich mittels Elektronenstrahlmikrosonde untersucht (ESMA; *Cameca SX 51*; Institut für Geowissenschaften der Universität Heidelberg), was eine höhere Genauigkeit und eine bessere Ortsauflösung ermöglichte (2–3µm; Senkung der Standard-Nachweisgrenze vorhandener Elemente bis auf einige ppm).

Leichtmineralanalyse
Die bei der Schweretrennung separierten Leichtminerale der Feinsandfraktion (Ø<200 µm; p<2,9) und die Leichtminerale der Kalksteinresiduen wurden zur Provenienzanalyse rasterelektronenmikroskopisch untersucht. Nach Anschleifen und Kohlenstoffbedampfung wurden die in den Präparaten enthaltenen Minerale anhand von EDX-Spektren identifiziert. Gleichzeitig erfolgte die Untersuchung der Korrosionsflächen und ihres Erhaltungszustandes.

Da Quarzkörner eine relativ hohe Verwitterungsresistenz besitzen, können ihre Oberflächen als Mikro-Geoarchive betrachtet werden, die einen Einblick in die sie umgebenden Umweltbedingungen liefern und langfristig die damit verbundenen geomorphodynamischen Prozesse speichern (MORAL-CARDONA et al. 1996, MAHANEY 2002). Sie erlauben Rückschlüsse auf fluviale, kolluviale oder äolische Transportprozesse und deren Intensität, tektonische Beanspruchung ihrer Liefergesteine oder polygenetische Überprägungen in Form sich überlagernder Texturen. Daher wurden neben den Schleifproben zusätzliche REM-Präparate mit doppelseitiger Klebefolie auf Objektträgern fixiert, goldbedampft (*Med020, Baltec*) und hinsichtlich vorhandener Quarzkorn-Mikrotexturen analysiert. Nach GEORGIEV & STOFFERS (1980) erfolgte eine Untersuchung der Proben über Auswahl von Körnern bei 75- bis 100-facher Vergrößerung mit anschließender EDX-Beprobung bei ca. 300 pA zur Verifikation von Quarzen. Um eine semi-quantitative Abschätzung der Anteile verschiedener

Tab. 3: Kriterien zur mikromorphologischen Beschreibung und Klassifikation der untersuchten Quarze

Kriterium	Habitus	Beschreibung & Charakteristika
Symmetrie	idiomorph	originäre Kristallsymmetrie deutlich erkennbar (z.B. trigonales Kristallsystem), voll entwickelte Kristallflächen
	hypidiomorph	irreguläre Kristallform aber einige deutlich entwickelte Kristallflächen
	xenomorph	Absenz von Kristallflächen, keine Symmetrie vorhanden bzw. erkennbar
Korngröße	klein	Korngröße 63–125 µm
	groß	Korngröße 125–200 µm
Oberfläche	glatt	ganz oder teilweise strukturfrei, glänzend-poliert wirkend
	mischflächig	teilweise strukturfrei, teilweise mit Mikrotexturen oder mattiert
	mattiert	vollkommen strukturiert, teilweise pockennarbig, Absenz glatter Domänen
Relief	gering	annähernd homogene Oberfläche ohne topographische Unregelmäßigkeiten
	mäßig	teilweise topographische Unregelmäßigkeiten, Konkavitäten und Konvexitäten
	deutlich	völlig heterogene Oberfläche, hohe Reliefenergie, Bruchstrukturen, Konkavitäten und Konvexitäten
Zurundung	eckig	Absenz jeglicher Zurundung, entweder Bruchmorphologie oder originäre Kristallsymmetrie erkennbar
	kantengerundet	initiale Zurundung an Ecken und Kanten, Initialform deutlich erkennbar
	rundlich	deutliche Abnutzung, Ecken und Kanten zu glatten Kurven gerundet, Originalmorphologie des Korns noch erkennbar
	gerundet	Originalmorphologie fast vollständig zerstört, nur noch vereinzelt flache Domänen
	gut gerundet	keine Originalmorphologie mehr erkennbar, keine Ecken und Kanten vorhanden, keine abgeflachten Domänen mehr
Textur	Abrasion	Abrieb und Zerkratzung durch mechanische Einwirkung (z.B. Wind, Wasser)
	Bruchstrukturen	scharf definierte Kanten, nicht auf originäre Symmetrie rückführbar, teilweise getreppt oder muschelschalig-konzentrisch
	Lösungs-erscheinungen	Lösung und Zerstörung der originären, glatten Oberfläche, teilweise flächig, teilweise punktuell
	Lösungs-depressionen	tiefe Krater durch starke punktuelle Lösung, oftmals zu späterem Zeitpunkt wieder verfüllt (sekundäre Überprägung)
	Ausfällungs-erscheinungen	oberflächlich aufsitzende bzw. anhängende Partikel wie Tone und Feldspäte, zumeist in Konkavitäten
	Gleitflächen	glatte und poliert-wirkende Domänen, umrahmt von Bruch- und Abrasionserscheinungen, typisch für Scherzonen im Umfeld geologischer Störungen
	gerollte Morphologie	glatte und poliert-wirkende Oberfläche, typisch für Scherzonen im Umfeld geologischer Störungen, Deformation und kristallographische Reorientierung
	aufgerichtete Schuppen	deutliche mechanische Überprägung, bogenförmige bis dreieckige Plättchen, prominent hervorstehend, äolische Kollisionserscheinungen
	polyzyklische Überprägung	mehrphasige Genese von Mikrotexturen, Überlagerung verschiedener Prozesse (äolisch, mechanisch, tektonisch), Genese oftmals nicht rekonstruierbar

Quelle: Eigene Zusammenstellung, erweitert nach SCHNEIDERHÖHN *1954,* KRINSLEY & DOORNKAMP *1973,* LE RIBAULT *1977,* MAHANEY *2002,* PASSCHIER & TROUW *2005,* KENIG *2006.*

Korntypen am Gesamtspektrum zu ermöglichen, wurde eine Analyse von mindestens 100 Mineralen pro Probe vorgenommen. Die fotografisch dokumentierten Quarze wurden anschließend nach verschiedenen Kriterien und Indizes visuell ausgewertet, wobei eine Klassifizierung der Minerale in Abhängigkeit verschiedener Reliefformen, zugehöriger Prozesse und unterschiedlicher Herkunftsorte erfolgte (s. Tab. 3). In Anlehnung an die Nomenklatursysteme zur Zurundung von Mineralen (SCHNEIDER-HÖHN 1954), zur Mineralstruktur (PASSCHIER & TROUW 2005) und zur Texturgenese (z. B. KRINSLEY & DOORNKAMP 1973, LE RIBAULT 1977, MAHANEY 2002, KENIG 2006) wurde ein grundlegender Identifikationsschlüssel zur Bestimmung chemischer und physikalischer Verwitterungsspuren erstellt und nach eigenen Kriterien erweitert (s. Tab. 19 und 21, Annex).

4.2.2 Geochemische Analysen und Altersdatierungen

Die Untersuchung verschiedener Elemente und bodenchemischer Standardparameter wurde zur verbesserten Ausdifferenzierung der Sedimentsäulen vollzogen und diente der Korrelation zu makroskopischen sowie sedimentologischen Befunden.

Bestimmung der pH-Werte
Eine Bestimmung der Acidität in den Proben aus den Sedimentkernen erfolgte elektrometrisch mit einer Glaselektrode in 0,01 molarer Lösung nach SCHLICHTING et al. (1995). Zur Simulation der Bodenlösung wurden die Präparate unter Einsatz von KCl_2 in Suspension überführt.

Standardparameter
Die Gesamtgehalte von C, N und S wurden unter Verwendung eines CNS-Analysators ermittelt (*Elementar variomax*). Als Einwaage wurde zwischen 0,5 und 1 g homogenisierter Substanz verwendet. Von einer Messung des Carbonatgehaltes nach Laborverfahren (z. B. gasvolumetrische Bestimmung nach Scheibler) wurde abgesehen, da bereits eine vorausgehende Bestimmung mithilfe 10 %-iger Salzsäure an den Beprobungspunkten der Kernhalbschalen zumeist carbonatfreie (c0) bzw. sehr carbonatarme Eigenschaften des Feinmaterials ergab (c1 = $CaCO_3$-Gehalt < 0,5 %; AG BODEN 1994). Eine Ausnahme bilden gelegentlich vorhandene und visuell eindeutig identifizierbare Carbonatklasten im Sedimentkörper, die im Zuge dieser Vorgehensweise unberücksichtigt blieben. Sofern es die Präsentation und Diskussion der mineralogischen Ergebnisse erfordert, wird der Carbonatgehalt des Mineralbodens an entsprechender Stelle mit einbezogen und bezieht sich auf die manuelle Bestimmungsmethode. Im Falle fehlender Kalkbruchstücke und auszuschließender mineralischer Einträge wird im Folgenden von einer Entsprechung von C_{org} und dem absoluten Kohlenstoffgehalt C_{tot} ausgegangen.

Schwermetalle und Spurenelemente
Nach Aufschluss mit Königswasser (Mischungsverhältnis: 37% HCl & 65% HNO_3) wurden die Gesamtgehalte von Schwermetallen (Eisen, Kupfer, Zink, Cadmium) und Spurenelementen (Calcium, Magnesium, Natrium, Kalium) durch Atomabsorptionsspektrometrie nach DIN 38414 gemessen (Abf KlärV 1992). In Abhängigkeit des zu bestimmenden Elements erfolgte die Durchführung am Flammen-AAS (*Shimadzu AA-6300*) und am Graphitrohr-AAS (*Analytik Jena-AAS Zeenit 60*). Der Gehalt von freiem Eisen wurde nach Citrat-Dithionit-Lösung ebenfalls atomabsorptionsspektrometrisch bestimmt.

Altersbestimmungen
Zur chronostratigraphischen Einordnung der Sedimente wurden die Bohrkerne hinsichtlich organischer Substanz beprobt und radiokohlenstoffdatiert (DR. B. KROMER, Forschungsstelle Archäometrie der Heidelberger Akademie der Wissenschaften am Institut für Umweltphysik, Universität Heidelberg). Alle AMS-^{14}C Alter wurden mit *IntCal04* und *Calib5* kalibriert (s. REIMER et al. 2004). Die angegebene Standardabweichung bezieht sich auf das 1σ-Intervall. OSL-Datierungen wurden an vereinzelten Testproben durchgeführt, doch handelte es sich bei entsprechenden Quarzen um zumeist schlecht gebleichtes Material, was die Ergebnisse negativ beeinträchtigte (mündl. Mitt. Dr. A. Kadereit, Geographisches Institut der Universität Heidelberg). Ferner trugen die lokalen petrographischen und mineralogischen Gegebenheiten (Chertlagen der Plattenkalkserie, Verwachsungen von Quarzen mit Rutil und somit heterogenes Mikrodosimetriefeld) zur Störung der Signale und den schlechten Befunden bei. Demgemäß konnten optisch stimulierte Lumineszenzdatierungen in vorliegender Arbeit keine Berücksichtigung finden.

4.3 EDV-gestützte Arbeiten

Neben der Datenaufnahme im Gelände wurde ein breites methodisches Inventar aus den Bereichen Fernerkundung, GIS und 3D Visualisierung eingesetzt. Entsprechende Arbeiten wurden mit den Softwarepaketen *Erdas Imagine 9.1, ArcGIS 9.3, Surfer 8, 3DEM* und *Visual nature studio (VNS)* durchgeführt. Im Kontext vorliegender Ausführungen sind generelle Aspekte zum Stand der Forschung, gezielte Vorüberlegungen zum methodischen Ansatz und dessen Prozessierungsschritten als auch die Evaluation der im Rahmen EDV-gestützter Arbeiten generierten Zwischenergebnisse und Derivate unverzichtbar. Sie werden daher im Folgenden speziell berücksichtigt und mit einer separaten Diskussion bedacht.

4.3.1 Datengrundlage, Datenbeschaffung und Kartenauswertung

Als Grundlage für den EDV-gestützten Projektteilbereich kamen Datensätze verschiedenen Detailgrades zum Einsatz, wobei Satellitenbilder mittlerer Auflösung (*Landsat ETM+*) kostenlos über das *Global land cover facility* bezogen wurden (GLCF 2010). Die vier Einzelkacheln von Kreta gewährleisteten eine Abdeckung

4.3 EDV-gestützte Arbeiten

der gesamten Insel und konnten für regionale Fragestellungen sowie zur generellen vorausgehenden Evaluierung der Landbedeckungsklassen verwendet werden. Für das Untersuchungsgebiet im Psiloritismassiv wurden hochauflösende *Quickbird* Multispektraldaten käuflich erworben, die aufgrund ihrer geringen Pixelweite den höchstmöglichen Detailgrad boten (s. Tab. 4). In Ergänzung zum eigens generierten hochauflösenden DGM (s. Kap. 4.1.1) erfolgte die Beschaffung eines Datensatzes der *Shuttle radar topography mission (SRTM)*. Derartige Höhendaten werden in nahezu globaler Verfügbarkeit von der NASA kostenfrei offeriert und können über das Internet bezogen werden (GLCF 2010). Die über das Webportal erhältlichen Dateien besitzen eine Rasterweite von 90 x 90 m. Wie anhand zahlreicher geomorphologischer Studien belegbar, eignet sich das SRTM-Modell vorwiegend für makro- bis mesoskalige Untersuchungen (Maßstab > 1:100.000; BOLTEN & BUBENZER 2006, BUBENZER & BOLTEN 2008, LUEDELING et al. 2007) und bietet demnach eine gute Grundlage für die Anwendungen auf Kreta.

Für die vorgesehenen karstmorphologischen Analysen wurde zusätzlich ein höher aufgelöstes ASTER-DGM gekauft (*Advanced spaceborne thermal emission and reflection radiometer*). Jene Datensätze werden aus Stereobildpaaren des NASA EOS TERRA Satelliten mit einer Pixelweite von 15 m erzeugt. Dank spezieller Software kann über Lokalisierung identischer Bildpunkte auf beiden Kacheln ein digitales Geländemodell berechnet werden.

Um den lokalen Einfluss geologischer Strukturen und petrographischer Unterschiede hinreichend zu berücksichtigen, wurden geologische Karten erworben. Ein Blatt von Griechenland im Maßstab 1: 500.000 (IGME 1983) diente der Bestimmung unterschiedlicher Gesteinseinheiten. Der Kartenausschnitt Kretas wurde gescannt und auf Grundlage der Landsat-Daten georeferenziert. Anschließend erfolgte eine Digitalisierung der Karte in *ArcGIS 9.3* und eine Integration von Attributen (z. B. Alter, Petrographie) in Sachdatentabellen zu Zwecken weiterführender Analysen. Für detaillierte lokale Anwendungen wurden zwei Karten der GK 1: 50.000 erworben (Anogia und Timbakion; IGME 1984, 2000) und den gleichen Prozessierungsschritten unterzogen. Da die aneinander angrenzenden Blätter keine einheitliche Legende besaßen und die darauf verzeichneten Gesteinseinheiten lokal sehr unterschiedlich kartiert wurden, war eine Angleichung von Gesteinsformationen sowie deren Verbreitungsflächen, Legenden und Sachdaten erforderlich. Eigene Geländeerhebungen, vornehmlich im Grenzbereich beider GK, als auch visuelle Interpretation und Vektorisierung lithologisch-strukturbedingter Charakteristika (Verwerfungen, Überschiebungen) auf Basis der Quickbirddaten ermöglichten abschließend die Erstellung einer GIS-gestützten geologischen Karte (s. Abb. 3).

4.3.2 Satellitenbildbearbeitung und Landoberflächenklassifikation

Um flächendeckende Informationen für die beabsichtigten GIS-Analysen zu generieren, wurden die hochauflösenden Quickbird Multispektraldaten genutzt (Tab. 4). Die Georeferenzierung aller Kacheln erfolgte nach UTM WGS 84 Koordinaten (Zone 35 Nord). Zur Verbesserung der räumlichen Auflösung wurde ein pansharpening durchgeführt (Pixelweite: 0,61 m). Nach Berechnung eines Mosaiks aus den Einzelbildern konnte das Untersuchungsgebiet in Form eines Ausschnitts extrahiert werden. Im Kontext spektraler Bildverbesserungstechniken wurden Indizes erzeugt (Eisenoxid-Ratio: Kanal 3/1; Vegetationsratio: Kanal 4/3), die zusätzliche, sowie anhand der ursprünglichen Bänder nicht erkennbare Informationen lieferten (s. Abb. 9). Hierbei wurden die Grauwerte speziell ausgewählter Kanäle miteinander verrechnet, um im Ausgabebild eine Betonung einzelner Bildstrukturen und eine bessere Kontrastgebung zu erzielen. Zusätzlich ermöglichten die Ratios eine Präzisierung der Landoberflächenklassifikation und eine verbesserte Bildpunktzuweisung zu spektralen Endklassen. Besonderes Interesse galt dem Eisenoxid-Index, der Areale mit hohem Gehalt an Oxiden in Form hoher Pixelwerte anzeigt. Die numerische Grenze zur Selektion eisenreicher Objektklassen wurde anhand von Richtwerten aus einschlägiger Literatur ermittelt (Ratio Kanal 3 : Kanal 1 > 1,5; s. hierzu Siart et al. 2008a).

Die Landoberflächenbedeckung der Szene wurde durch eine Klassifikation der Pixel in thematische Kategorien bestimmt. Dabei wurde eine separate Klasse mit Boden- und Lockersedimenten ausgewiesen, die die spätere Grundlage der digitalen Detektion von Karsthohlformen und der geoarchäologischen Landschaftsrekonstruktion bildete (s. Kap. 4.3.4 und 4.3.6). Zusätzlich wurde ein Vegetationsindex integriert, da gewisse Dolinenbereiche eine Grasbedeckung aufwiesen (s. Abb. 9).

Tab. 4: Technische Angaben zu den Sensoren sowie Spezifikationen der verwendeten Satelliten- und Höhendatensätze (DGM: digitales Geländemodell)

Sensor	Quickbird	Landsat
Betrieb	450 km	705 km
Wiederholrate	20 Tage	16 Tage
Streifenbreite/ -höhe	16,5 x 16,5 km	185 x 170 km
Detailgrad (Kanalnummer)	3,28 m (1–4) / 0,61 m (5)	30 m (1–5 & 7) / 60 m (6) / 15 m (8)
verwendete Szenengröße	19 x 12 km (1,5 Kacheln)	370 x 340 km (4 Kacheln)
Aufnahmedatum	07–08 / 2002	08 / 1999, 06–07 / 2000
spektrale Wellenlänge (µm), Kanalbeschreibung & Kanalnummer	0,45–0,52 (blau, 1) 0,52–0,60 (grün, 2) 0,63–0,69 (rot, 3) 0,76–0,89 (nahes Infrarot, 4) 0,45–0,90 (panchromatisch, 5)	0,45–0,52 (blau, 1) 0,52–0,60 (grün, 2) 0,63–0,69 (rot, 3) 0,78–0,90 (nahes Infrarot, 4) 1,55–1,75 (mittleres Infrarot, 5) 0,4–12,5 (terrestrisches Infrarot, 6) 2,08–2,35 (mittleres Infrarot, 7) 0,52–0,90 (panchromatisch, 8)
DGM	**SRTM**	**ASTER**
räumliche Auflösung	90 m x 90 m (3 Bogensekunden)	15 m x 15 m
Verfügbarkeit	60° N–56° S	± global (Satellitenkacheln)
Allgemeine Szenengröße	1° x 1°	60 x 60 km
Größe verwendeter Kachel	360 x 220 km (8 Szenen)	60 x 60 km
Aufnahmedatum	02 / 2000	07 / 2004
Bezugsquelle	GLCF / ESDI	USGS Glovis

Quelle: Eigene Zusammenstellung nach Aster 2010, Digital Globe 2010, Glcf 2010.

4.3 EDV-gestützte Arbeiten

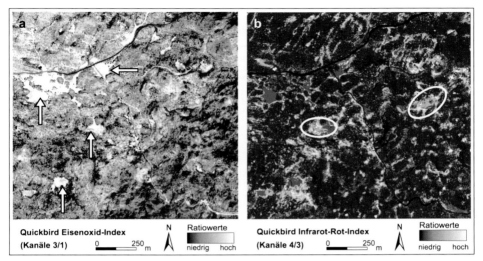

Abb. 9: Quickbird-Indizes zur Verbesserung der Landoberflächenklassifikation. Die Verwendung eines Eisenoxid-Ratios (a) ermöglicht die Trennung spektraler Endklassen, indem Bereiche mit hohen Gehalten an Eisenmineralen durch helle Grauwerte stark betont werden (s. weiße Pfeile). Gleiches gilt für den Infrarot-Rot-Index (b), der eine Differenzierung zwischen Vegetationseinheiten (helle Farben) und unbewachsenen Flächen (dunkle Farbtöne) gestattet. Ferner ist die Detektion von Dolinenbereichen möglich, die zum Zeitpunkt der Bildaufnahme vegetationsbedeckt waren (z.B. Gras, s. Ellipsen). Im Rahmen einer Karstformendetektion sind sie neben entblößten Sedimentflächen ebenfalls zu berücksichtigen. Quelle: Eigener Entwurf.

Zur Klassifikation erfolgte die Berechnung eines Bildstapels aus allen Originalbändern und Ratios, gefolgt von einer Auswahl repräsentativer Trainingsgebiete für insgesamt 21 spektrale Subkategorien (Vermeidung von Mischpixelproblemen und späterer Fehlklassifikation; vgl. Lu & Weng 2004). Mittels *Erdas Imagine* wurde ein hybrider Algorithmus eingesetzt, wobei einleitend sogenannte *parallelepiped-limits* Anwendung fanden (Richards & Jia 2006) und die dabei unberücksichtigten Bildpunkte in einem nachfolgenden *maximum-likelihood* Verfahren einer Oberflächenklasse zugewiesen wurden. Im Vergleich mit GPS-Daten entsprach die Gesamtgenauigkeit (*overall accuracy*) des dabei erzeugten Rasters einem Wert von 91,5% mit einem Kappa Koeffizienten von 0,89 (s. Siart et al. 2008a). Je nach Spektralklasse lagen die *producer's accuracy* (74–100%) sowie die *user's accuracy* (60–100%) zumeist über 90%. Fehler in der Ausgabedatei, wie z.B. falsch klassifizierte Pixel oder redundante Informationen, wurden durch Nachbearbeitung mit einem *majority-filter* entfernt (Betonung dominanter Pixelwerte; 7x7 Kernel). Die abschließende Recodierung in sechs Hauptklassen gestattete die Zusammenfassung zuvor festgelegter Subkategorien (Tab. 5).

Tab. 5: Spektrale Endklassen der Landoberflächenklassifikation und deren Anteil an der Fläche des Untersuchungsgebiets (Gesamtfläche: 165 km²)

Spektralklasse	Anzahl von Subklassen	Charakteristika	Endklasse	Bedeckung (%)
Tripolitzakalk	2	helle bis weiße Oberflächen im Bereich der Tripolitza-Einheit ohne Vegetationsbedeckung	Gestein	66
Plattenkalk	4	helle, graue, beschattetete und flechtenbewachsene Oberflächen der Plattenkalk-Einheit ohne Vegetationsbedeckung		
Infrastruktur	3	Straßen mit Asphaltbelag; Gebäude mit hoher Albedo (≈ Gestein); punktuelle Wasserflächen (z.B. Reservoir südöstlich von Anogia)		
Lockersediment / Boden	3	eisenoxidhaltige Sedimentakkumulationen mit zumeist rundem, oder länglichem Umriss; Fahrspuren innerhalb der Lockersedimente mit hohen Reflexionswerten (≠ Gesteinsoberflächen); helle Akkumulationen in Hohlformen im Bereich der Tripolitza-Einheit	Lockersediment	3
Wald / Baumbestände	3	Baumformationen ohne Strauchbestände, oft nur Einzelobjekte ("Pixelbäume") mit hoher Reflexion im NIR; besonnte Bereiche mit hohen Werten, beschattete Bereiche mit extrem niedriger Reflexion (anhand IR/R Ratio eindeutig als Baumbewuchs identifizierbar)	Wald	6
Macchie	3	Mischklasse aus baumförmigen Individuen (hohe Reflexion im NIR), Phryganabewuchs aus Zwergsträuchern und Dornpolstern mit geringerer Reflexion; zusätzliche Subklasse an beschatteten Hängen	Macchie	19
Phrygana	3	Strauchformationen ohne baumförmige Individuen, geringere Reflexionswerte als Wald, höhere Werte als Gras; in Gebirgslagen auch Dornpolstergewächse an Dolinenrändern	Phrygana	5
Grasvegetation	1	fleckenhafte Vorkommen in ausschließlicher räumlicher Verbindung mit Lockersedimenten, geringere Reflexionswerte als andere Vegetationsformationen aufgrund sommerlicher Trockenzeit	Gras	1

Quelle: Eigene Datenerhebung und Darstellung.

4.3.3 Prozessierung digitaler Geländemodelle

Die SRTM-Rohdaten (acht Einzelkacheln) wurden mit *3DEM* zu einem Mosaik zusammengeführt und in das UTM-System (WGS84) transferiert. Ein anschließendes *data patching* diente der Beseitigung fehlerhafter Bildpunkte (vgl. GOROKHOVICH & VOUSTIANIOUK 2006, LUEDELING et al. 2007). Als mitunter störend erwiesen sich die auf dem Gesamtbild relativ großflächig vorhandenen Meeresanteile. Radarungenauigkeiten durch gestörte Reflexion oder Wellenbewegungen führten dort zu beträchtlichen Fehlern mit extremen Höhenschwankungen. Stichprobenerhebungen auf dem eigentlichen Meeresspiegelniveau lagen zwischen −133 m und +4 m ü. M. Zur Behebung dieses Problems erfolgte die Erstellung eines Ausschnittes (*subset*), wobei möglichst große Meeresbereiche abgetrennt wurden. Im Gegensatz zu den SRTM-Daten konnte das Aster-DGM ohne Vorprozessierung genutzt werden.

Mit den *ArcGIS* Programmerweiterungen *spatial analyst* und *3D analyst* wurden digitale Analysen zur Ableitung topographischer Derivate beider Höhenmodelle durchgeführt. Über die Berechnung verschiedener Höhenniveaus konnte ein Satz von Isohypsen mit unterschiedlichem Basisabstand generiert werden (Einteilung in 100 m, 50 m, 20 m und 10 m Distanz). Ferner wurden beide DGM einer Hangneigungsanalyse unterzogen (Klassifikation in Gradwerte). Beide Raster wiesen eine hohe Anzahl anomaler Pixelwerte auf, die gemäß Geländekenntnis nicht mit den realen

Gegebenheiten des Reliefs korrelierten. Zur Behebung dieser Problematik verwendet man generell diverse Filtermethoden, die das Ausgangsbild glätten und Extremwerte eliminieren (SARRIS et al. 2005). Demgemäß wurde eine Post-Prozessierung über *majority-filtering* (3 x 3 Kernel; vgl. Kap. 4.3.3) und *mean-filtering* (3 x 3 Kernel; Betonung der Mittelwerte des Datenbestands) vollzogen. Die Neigungsverhältnisse wurden anschließend einer Legende entsprechend klassifiziert (s. Tab. 15, Annex). Da sich das Untersuchungsgebiet bezüglich seiner Reliefausstattung sowohl durch extrem steile Hanglagen kennzeichnet (v. a. Ostabdachung des Psiloritishauptkamms zur Nida-Ebene), als auch eine flache, plateauartige Stufung besitzt (Hochebenen von Zominthos und Embriskos), musste die Einteilung der Werte beiden Ausprägungen gerecht werden. Im Hinblick auf die beabsichtigte kartographische Darstellung der Befunde erfolgte ein Rückgriff auf allgemeine Richtlinien zur geomorphologischen Kartierung. Dabei wurde keine flachland- oder hochgebirgstypische Einteilung gewählt, sondern ein Mischsystem (vgl. GAISECKER et al. 1998, LESER & STÄBLEIN 1975), welches feine Unterschiede im flachen Gelände hinreichend berücksichtigt und gleichzeitig große Neigungswerte nicht pauschal generalisiert. Danach wurden die Hangneigungsparameter in zehn numerisch aufsteigende Klassen konvertiert. Um standörtliche Bedingungen und unterschiedliche Reliefeinheiten differenzieren zu können, wurden Exposition und Krümmungsgrad der Hänge anhand beider DGM berechnet. Zu Zwecken späterer Visualisierung wurde ein *hillshade* Raster generiert, welches einen imaginären, digitalen Schattenwurf bewirkt. Die hypothetische Illumination jedes einzelnen Bildpunktes diente der Erzeugung eines perspektivischen Eindrucks unter Annahme eines fiktiven Sonnenstandes im Südosten (Azimuth 135°) mit einem Einfallswinkel von 45°.

Mittels *hydrologic surface analysis* erfolgte in *ArcGIS* die Simulation des oberflächigen Abflussverhaltens im Untersuchungsgebiet. Über Füllung sogenannter *sinks* (Vertiefungen innerhalb des Reliefs) wurden die DGM geglättet, gefolgt von einer Berechnung von Abflussakkumulationsrastern, Einzugsgebieten und Wasserscheiden. Die dabei erzeugten Datensätze bildeten die Grundlage für eine Detektion von Flussnetzen (engl. *stream networks*), welche sowohl Tiefenlinien als auch Beckenstrukturen innerhalb der Höhendatensätze indizieren.

4.3.4 Karstmorphologische Formendetektion

Fernerkundung und GIS entwickelten sich in den letzten Jahren zum integralen Bestandteil geomorphologischer Untersuchungen, da sie einen synergetischen Ansatz für die Untersuchung von Landschaften und den zugehörigen Prozessen gewährleisten (WALSH et al. 1998, SMITH & CLARK 2005, NIKOLAKOPOULOS et al. 2006, BUBENZER & BOLTEN 2008). Auch in der Karstforschung wird die Anwendung computergestützter Verfahren immer populärer, wobei eine zunehmende Verwendung von Satelliten- und Luftbildern sowie digitalen Höhendaten erfolgt (z. B. FLOREA 2005, KOKALJ & OSTIR 2007, TÜFEKCI & SENER 2007). Dessen ungeachtet existieren bislang jedoch nur vereinzelte Fallstudien (z. B. SESÖREN 1986, ELKHATIB & GÜNAY 1993, ZBORAY et al. 2005, LITWIN & ANDREYCHOUK 2008), während Grundlagenforschung oder Entwicklung und Diskussion methodischer Ansätze weitgehend ausblieben. Als

Ursache sind zahlreiche technische und datenimmanente Probleme zu sehen, die eine effektive Verarbeitung und Automatisierung stark einschränken (s. Diskussion in SIART et al. 2009a). So lassen Satellitenbilder und digitale Geländemodelle trotz ihres stetig verbesserten Detailgrades noch immer keine Identifikation sehr kleiner Objekte und Strukturen zu und Formen des Mikroreliefs wie Schlucklöcher und Kleindolinen sind kaum lokalisierbar (GUTIÉRREZ et al. 2008). Die größte Schwierigkeit begründet sich jedoch durch die Tatsache, dass Karstphänomene weder durch spezifische spektrale Attribute noch durch eine einheitliche Spektralklasse charakterisierbar sind (SIART et al. 2008a; s. Abb. 10). Versuche spektraler Landoberflächenklassifikationen in Karstgebieten belegen eine fast unmögliche Trennung von Hohlformen, Vegetationseinheiten und anderen spektralen Oberflächentypen (LYEW-AYEE et al. 2007).

Aus diesen Gründen gilt es, die Lockersedimentfüllungen in meso- und makroskaligen Karstformen im Ida-Gebirge zu berücksichtigen (POSER 1976, HEMPEL 1991), die als indirekte oberflächige Indikatoren für Dolinen, Uvalas und Poljen fungieren. Derartige Akkumulationen zeichnen sich insbesondere durch ihren hohen Eisengehalt aus (EGLI 1993, DURN et al. 1999, EITEL 2006). Da Minerale wie Hämatit, Goethit und Magnetit charakteristische spektrale Attribute besitzen und demgemäß fernerkundlich identifiziert werden können (RAJESH 2004), kann für vorliegende Arbeit ein neuer und im Bereich der Karstforschung unbekannter Ansatz implementiert werden, der bislang eher im Rahmen von mineralogischer Prospektion oder in der Trockengebietsforschung eingesetzt wurde (s. SABINS 1999, WHITE et al. 2001, GUPTA 2003): Dabei lässt sich eine markante und bereits

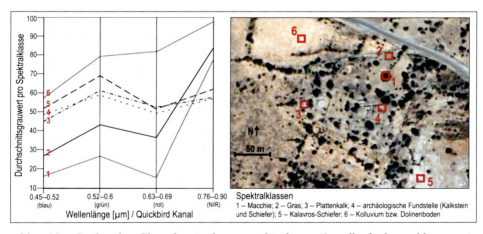

Abb. 10: Spektrale Charakteristika verschiedener Landbedeckungsklassen in Abhängigkeit von Quickbird-Kanälen. Der Ausschnitt mit Trainingsgebieten (rechts) zeigt das kleinräumige Mosaik benachbarter Oberflächentypen; die dazugehörigen Grauwertdiagramme (links) wurden zur Analyse der Klassentrennbarkeit generiert. Höhere Mittelwerte indizieren stärkere Reflexion (vertikale Achse). In Anbetracht einer potenziellen Wertespanne von 0–256 (Datentyp: unsigned 8 Bit) zeigt das Diagramm eine sehr enge Verteilung (ca. 10–100; Werte < 10 und > 100 nicht dargestellt), die eine genaue Trennbarkeit der Spektralklassen verhindert. Quelle: Eigener Entwurf.

4.3 EDV-gestützte Arbeiten

visuell deutlich erkennbare Differenzierung zwischen sedimentgefüllten, flachen Arealen und entblößtem Gestein ohne bzw. mit nur geringer Substratauflage in steileren Hanglagen ableiten. Gleichzeitig müssen solche spektralen Informationen stets mit topographischen Informationen verknüpft werden, denn eine umfassende computergestützte Identifikation von Landformen ist nur über eine Integration des Relieffaktors zu erreichen. Diese GIS-basierte Kombination von Satelliten- und Höhendaten, allgemein als Datenfusion bezeichnet, entwickelte sich im Laufe der vergangenen Jahre zu einem vielseitigen und effektiven Ansatz in der Geomorphologie (BOLTEN & BUBENZER 2006, MESEV & WALRATH 2007, DEMIRKESEN 2008). Trotz ihrer Popularität setzte man hybride Verfahren bislang noch nicht in der Karstforschung ein. Die im Rahmen vorliegender Arbeit angewandten Techniken werden auf entsprechende Weise somit erstmals kombiniert. Da in Zentralkreta zudem noch keine flächendeckenden karstmorphologischen Untersuchungen durchgeführt wurden, eignet sich die Region hervorragend für eine derartige Studie (zur ausführlichen methodischen Diskussion des angewandten Ansatzes und aller Prozessierungsschritte siehe SIART et al. 2009a).

Im Kontext der Datenverarbeitung wurde einleitend auf die Ergebnisse der Satellitenbildklassifikation zurückgegriffen. Da für die weiterführende Prozessierung lediglich die Spektralklasse „Boden- und Lockersediment" benötigt wurde, erfolgte deren Extraktion über die GIS-Funktion der *raster calculation*. Bei einer ersten Interpretation der Klassifikation konnten allerdings nur äußerst kleinflächige Sedimentakkumulationen identifiziert werden (z.T. Einzelpixel), die generell als Vorkommen von Bodensubstrat ohne zusätzliche Vegetationsbedeckung interpretiert werden mussten. Große, sedimentgefüllte Hohlformen wurden aufgrund ihrer mitunter starken Vegetationsbedeckung nicht in die Spektralklasse „Sediment" integriert. Eine ausschließliche Beschränkung auf Feinmaterialflächen im Rahmen der Detektion war demnach unzulässig. Da die Objektklasse „Grasvegetation" ausschließlich in räumlicher Vergesellschaftung mit Hohlformen auftritt, konnte sie im Rahmen der digitalen Analyse mit den Lockersedimenten zu einer gemeinsamen Kategorie zusammengefasst werden. Zu diesem Zweck erfolgte eine Reklassifikation der spektralen Haupttypen, wobei alle nicht weiter benötigten Gruppen ebenfalls vereinigt wurden. Eine *raster calculation* gestattete die räumliche Selektion von insgesamt 16267 Einzelobjekten (*pixel cluster* = Sedimentflächen).

Allerdings offenbarten sich dabei zahlreiche isolierte und mikroskalige Pixelhäufungen, die morphologisch eher dispers verteilte Bodenvorkommen darstellten, jedoch nicht den gesuchten Karsthohlformen entsprachen. Sie wurden über ein *majority-filtering* (7 x 7 Kernel) beseitigt. Gleichzeitig ließen sich hiermit eine Reduktion der Rasterkörnung und eine Generalisierung erzielen. Die Ausgabedatei wurde in das Vektorformat konvertiert, gefolgt von einer abschließenden Berechnung der Flächeninhalte aller Hohlformen (*area function*). Zur Auslese unrepräsentativer Polygone, die auf fehlklassifizierten sowie im Rahmen der Filterung nicht eliminierten Pixeln basierten, wurde im Kontext eines sekundären Selektionsverfahrens eine Größenauswahl vektorisierter Objekte vollzogen (Mindestfläche $>150\,m^2$). Da morphometrische Faktoren die räumliche Ausbreitung von Karstformen maßgeblich beeinflussen, wurden anschließend die Derivate des ASTER-DGM in die Analyse integriert (höherer Detailgrad als SRTM-Daten). Wie anhand mehrerer Studien zur

Verbreitung von Karstformen belegt werden kann, treten Karsthohlformen häufig in flachen Reliefeinheiten auf, wohingegen steilere Hänge aufgrund ihres geringeren Infiltrationspotenzials zu deren Entstehung ungeeignet erscheinen (STONE & SCHINDEL 2002, TÜFEKCI & SENER 2007). Tektonische Schwächezonen oder Altformen (Längstalzüge), die oftmals eine Bindung an schwach geneigte Reliefeinheiten besitzen, spielen aufgrund ihrer erhöhten Permeabilität ebenso eine wichtige Rolle bei der Kontrolle des Abflussverhaltens und verstärken somit Verkarstung in Gebieten mit geringer Inklination (FLOREA 2005). Demgemäß wurde ein hypothetischer Grenzwert von 7° Neigung gewählt, der das räumliche Vorkommen von Hohlformen in der GIS-Analyse einzuschränken verhalf. In Anbetracht der gewissen Ungenauigkeit digitaler Geländemodelle handelt es sich hierbei primär um einen Mittelwert, der keine fixe Linie darstellt, sondern eher einen potenziellen Grenzgürtel repräsentiert. Mittels *raster calculation* konnten die entsprechenden Areale lokalisiert und extrahiert werden, gefolgt von einer Transformation in Polygone.

Zur Spezifizierung der Detektionskriterien wurde außerdem die Nähe von Karsthohlformen zu Talzügen oder Beckenstrukturen angenommen, wobei topographisch konkave Lokalitäten mit höher liegender Umrahmung selektiert werden mussten. Gemäß gängiger GIS-Praxis wurden die relevanten Bereiche um Talböden und Tiefenlinien mit einer Pufferzone ausgewählt (s. FLOREA et al. 2002, GAO 2008). Somit konnte einerseits eine partielle Lageungenauigkeit von Dolinen innerhalb der Senken berücksichtigt werden und andererseits auch eine Einbeziehung tiefenlinienferner Zonen mit ähnlichen hydrologischen Charakteristika erfolgen (vgl. STONE & SCHINDEL 2002). Eine Maximaldistanz von 150 m zur nächstgelegenen Tiefenlinie begrenzte die im weiteren Verlauf zu untersuchenden Areale, innerhalb derer eine Hohlform vermutet wurde. Die Definition dieses theoretischen Abstands basierte auf visueller Interpretation: Bei Drapierung und Vergleich der Satellitenszenen mit den Derivaten beider DGM stellte sich ein räumlicher Versatz der Koordinaten um durchschnittlich 150 m heraus, der höchstwahrscheinlich auf dem Zusammenwirken immanenter Fehler beruhte (u. a. ungenaue Orthorektifizierung der DGM-Grundlage, unterschiedliche Auflösung der Modelle; SIART et al. 2009a). Dieser Befund deckt sich ferner auch mit den Ergebnissen von NIKOLAKOPOULOS et al. (2006), die einen Versatz von bis zu 400 m zwischen SRTM und ASTER-Daten konstatieren. Um beiden Geodatensätzen gerecht zu werden, war die Anwendung des Buffers zwingend erforderlich.

Neben den reliefabhängigen Variablen muss als grundlegende Voraussetzung für Verkarstungsprozesse ebenfalls eine gewisse Höhenlage über dem Grundwasserspiegel vorliegen. Daher wurde das ASTER-DGM in einzelne Höhenstufen unterteilt, wobei für nachfolgende GIS-Analysen eine Extraktion des Bereichs zwischen 800 und 1.600 m ü. M. erfolgte (höhenwärtige Abgrenzung des Untersuchungsgebietes). Nach Erstellung aller Ausgangsparameter (s. Tab. 6) wurde in einem finalen Analyseschritt die räumliche Korrelation zwischen den festgelegten Determinanten ermittelt. Die Datenverschneidung erfolgte über eine Selektion nach Lagekriterien in *ArcGIS*. Dank der Umwandlung in Polygone blieben die gesuchten Karsthohlformen der Ausgabedatei in ihrer klassifizierten Umrissform erhalten und konnten kartographisch exakt abgebildet werden.

4.3 EDV-gestützte Arbeiten

Tab. 6: Räumliche Variablen der GIS-basierten Karstformendetektion

Parameter	Eigenschaften	Format
fernerkundlich detektierte Oberflächenform	karstmorphologische Form bestehend aus Spektralklassen „Sediment" und „Grasvegetation" (Extraktion aus Satellitenbildklassifikation)	Raster / Vektor
Größe	Hohlform mit Mindestausmaßen von 150 m²	Vektor
Hangneigung	Gebiete mit maximaler Inklination von 7° (Gradwerte)	Raster / Vektor
Höhenlage	Höhengürtel zwischen 800 und 1.600 m ü. M. (Selektion aus DGM)	Raster / Vektor
Petrographie	Räumliche Verbreitung unterschiedlicher petrographischer Einheiten, klassifiziert in Serien des geologischen Deckenstapels	Vektor
Hydrologie	Tiefenlinie von Talverläufen und Beckenstrukturen (Derivat aus hydrologischer GIS-Analyse des Dränagesystems, Pufferzone in maximaler Distanz von 150 m zur Tiefenlinie)	Vektor

Quelle: Eigene Datenerhebung und Darstellung.

4.3.5 3D Visualisierung des oberflächennahen Untergrundes

Mittels *ArcMap* wurden die geophysikalischen Ergebnisse (ERT & SRT) verknüpft, wobei einleitend die GPS-Koordinaten aller Elektroden in die GIS-Datenbank integriert wurden. Im Rahmen einer Interpretation verschiedener Tiefenniveaus auf Basis von Widerstandswerten sowie Wellengeschwindigkeiten innerhalb der Tomogramme (s. Kap. 5.2) wurden Bereiche unterschiedlich mächtiger Verfüllung definiert (v. a. Lockersedimente in der Karsthohlform) und hinsichtlich ihrer Position bzw. Erstreckung an der Geländeoberfläche im GIS markiert (s. Abb. 11). Hierbei dienten Widerstände von $R > 1200\,\Omega m$ und seismische Wellengeschwindigkeiten von $v_p > 2000$ m/s als kritische Grenzwerte zur Identifikation des Tiefenniveaus zwischen Lockersediment und anstehendem Festgestein (HECHT 2007, SIART et al. 2010c). Jene Werte ließen sich eindeutig über einen Vergleich der tomographischen Ergebnisse mit den Erkenntnissen aus Standardinversionsverfahren ableiten, wie z. B. *intercept-time analysis* und *network raytracing* (HECHT 2001, SANDMEIER 2005, SANDMEIER & LIEBHARDT 2005). Ausgehend von den dabei erzeugten Lineamenten wurden die identischen Tiefenschichten durch Erzeugung von GIS-Polygonen zweidimensional verknüpft, mit einem Tiefwert versehen und unterschiedlich eingefärbt (maximale Tiefe der Verfüllung bis zum basalen Gesteinshorizont in m u. GOK). In Bereichen ohne geophysikalische Geländedaten wurden die Werte umliegender Profile räumlich extrapoliert. Anschließend erfolgte ein Transfer der Polygonfiles in die Software *Visual nature studio*, die eine digitale Modifikation des hoch aufgelösten Geländemodells (1,5 m) auf Grundlage der GIS-Dateien erlaubte (BRILMAYER BAKTI & SIART 2009). Die zuvor festgelegten Tiefenniveaus konnten digital aus dem DGM entfernt werden. Die modifizierte Oberfläche des neuen Geländemodells dokumentiert den ungefähren Grenzbereich zwischen lockersedimentärer Dolinenfüllung und darunterliegendem Kalkstein. Aufgrund der großflächigen Abdeckung der Hohlform durch geophysikalische Tomographien war eine detaillierte Modellierung des

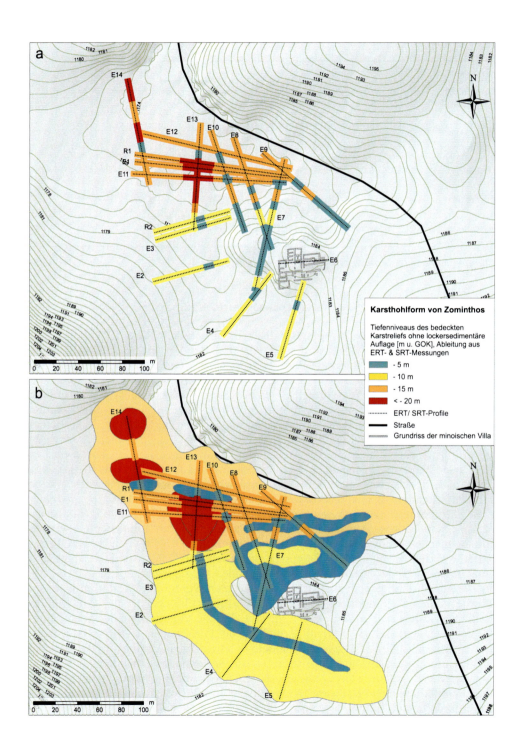

subkutanen Karstreliefs mitsamt meso- bis mikroskaligem Formenschatz möglich. Zur Visualisierung der Ergebnisse wurde das modifizierte DGM in das *.tif-Format überführt. Mit den Programmen *VNS* und *3D studio max* erfolgte eine Texturierung der modellierten Oberfläche (u. a. Farbgebung, Schattenwurf, Ausleuchtung; BRILMAYER BAKTI 2009).

Zusätzlich wurden perspektivische Blockbilder generiert, die eine Darstellung der Sedimenttomographien innerhalb ihres topographischen und geomorphologischen Umfeldes ermöglichten und somit ergänzende Interpretationsmöglichkeiten boten. Randliche Begrenzungen der Blockdiagramme in Form von Wänden, die entlang der Z-Achse des Geländemodells tiefenwärts extrudiert wurden, konnten abschließend mit den 2D Bilddateien der Sedimenttomographien texturiert werden. Ein Ausschnitt aus den Quickbird Daten wurden in *Erdas Imagine* farb- bzw. kontrastkorrigiert und über das DGM drapiert, um eine möglichst naturnahe Darstellung der Geländeoberfläche zu erreichen (zur ausführlichen methodischen Diskussion und allen Prozessierungsschritten s. SIART et al. 2010c).

4.3.6 Digitale geoarchäologische Landschaftsanalysen

Geographische Informationssysteme bilden dank ihrer vielseitigen Einsatzmöglichkeiten (s. Kap. 4.3.4) auch in den Altertumswissenschaften ein unverzichtbares Instrument. Bei der Erforschung archäologischer Fragestellungen mit Raumbezug (z. B. Analyse prähistorischer Mobilitäts- und Siedlungsmuster, Detektion von Fundstellen) werden zunehmend geowissenschaftliche Expertise und Methodenkenntnis herangezogen, um die entscheidenden naturräumlichen Steuergrößen für das Verhalten ehemaliger Kulturen definieren zu können. Wie anhand zahlreicher Studien belegbar, eignen sich hierfür vor allem Satellitenbilder und digitale Geländemodelle (ALTAWEEL 2005, BECK et al. 2007, HOWEY 2007). Allerdings erschwert die mangelnde Differenzierbarkeit von Landoberflächenklassen die Identifikation archäologischer Befunde, denn die spektralen Signaturen von Mauern oder Gebäuden und den umliegenden Gebieten sind meist nicht voneinander zu trennen (BOEHLER et al. 2004, ROWLANDS & SARRIS 2007). Gerade im Mediterranraum offenbart sich dieses Problem, da dort komplexe Landschaftsmuster mit einem kleinräumigen Wechsel der Oberflächenbedeckungen einhergehen (u. a. unmittelbar benachbarte Felsflächen, schüttere Vegetation und fleckenhafte Bodenvorkommen; s. Abb. 10 in Kap. 4.3.4). Da somit auch im Ida-Gebirge keine großflächig ausgerichtete Identifikation früh-

---

Abb. 11 (vorherige Seite): GIS-gestützte Übersichtskarte der Karstwanne von Zominthos mit unterschiedlichen Tiefenniveaus des bedeckten Karstreliefs. Anhand geophysikalischer Befunde wurde die Grenze zwischen lockersedimentärer Verfüllung und basalem Kalkstein ermittelt. Entsprechende Werte der einzelnen Profile wurden miteinander verknüpft und zwischenliegende Bereiche flächenhaft extrapoliert (a: erste Interpretationsstufe mit Tiefenbereichen auf Lineamenten; b: zweite Interpretationsstufe mit flächenhafter GIS-Interpolation). Zur visuellen Optimierung wurden die Polygone nach geomorphologischer Geländekenntnis randlich erweitert und geglättet. Quelle: Eigener Entwurf.

geschichtlicher Funde auf Basis von Multispektraldaten möglich ist, wird in der vorliegenden Arbeit ein Multikomponentenansatz mit satellitenbildgestützter Fernerkundung und zusätzlichen GIS-Applikationen angewandt. Der Fokus liegt dabei auf denjenigen Geofaktoren, die das bronzezeitliche Siedlungs- und Mobilitätsverhalten maßgeblich beeinflussten. Als Beitrag zur Rekonstruktion einer digitalen geoarchäologischen Landschaft von Zentralkreta mit dem Fundort Zominthos werden daher bronzezeitliche Infrastrukturen und deren Verlauf untersucht sowie die Verteilung potenzieller Nutzflächen zum Zeitpunkt der minoischen Besiedlung analysiert.

4.3.6.1 Detektion bronzezeitlicher Infrastrukturen in Zentralkreta

Die Analyse ehemaliger Infrastrukturen über Nutzung von *least-cost surfaces* zählt derzeit zu den populärsten Anwendungen im Bereich GIS-gestützter Archäologie (VAN LEUSEN 2002, MORGAN 2008). Eine Untersuchung minoischer Transitrouten in Zentralkreta auf Grundlage archäologischer Informationen zu bestimmten Fundorten (Gebäude, Nekropolen, Gipfelheiligtümer) bildet somit eine wichtige Komponente für das Verständnis ehemaliger Mensch-Umwelt-Interaktionen. Gerade weil jene Infrastrukturen als entscheidende Einflussgröße bei der Wahl von Siedlungsplätzen fungiert haben dürften (und vice versa), ist das Verkehrswegemuster von besonderem Interesse. Darauf aufbauend ist zu späterem Zeitpunkt eine Detektion potenzieller Nutz- und Siedlungsflächen möglich.

Gemäß aktueller GIS-Praxis (s. TOMKINS et al. 2004, HOWEY 2007) wurden *least-cost paths* unter Verwendung beider DGM und relevanter Punktlokalitäten berechnet. Die methodische Prozessierung basierte auf der Kalkulation aller Wegtrassen zwischen bestimmten archäologischen Lokalitäten (s. Tab. 7). Zur Validierung der Routen wurde eine Kosten-Distanz-Analyse durchgeführt. Grundsätzlich vermag dieser Rechenalgorithmus räumliche Verbindungen aufzuzeigen, die auf der Verknüpfung minoischer Knotenpunkte mit relativ geringem Kostenaufwand basieren. Ähnlich wie auch bei heutigen Infrastrukturplanungen ist davon auszugehen, dass die minoische Bevölkerung diejenigen Strecken wählte, die mit geringster Anstrengung zu überwinden waren. In diesem Kontext bietet sich eine *cost-weight analysis* an, bei der unter Verwendung eines Kostenrasters, welches Informationen über den Aufwand der Bewältigung einer definierten Strecke enthält, eine mehr oder weniger konzentrische Matrix zum Kostenaufwand berechnet wird.

Zur Durchführung wurden die reklassifizierten Hangneigungsderivate der DGM verwendet. Die zehn zuvor definierten Neigungsklassen (s. Tab. 15, Annex) entsprachen dem Aufwand für die Überwindung einer Strecke: Ein hoher Wert (z. B. 9 = 35°–45°) impliziert große Kosten, Areale mit niedriger Nummerierung sind hingegen einem geringen Aufwand gleichzusetzen und stehen demnach für eine größere ökonomische Rentabilität. Das ASTER-DGM wurde aufgrund seines besseren Detailgrades für die Region des Ida-Gebirges verwendet, die SRTM-Daten wurden für Zentralkreta genutzt (größere Abdeckung). Beide Datensätze konnten komplementär eingesetzt werden. In einem zweiten Schritt erfolgte die Berechnung der kürzesten Distanz zwischen minoischen Fundorten unter Berücksichtigung topographischer Parameter (zur methodische Diskussion s. SIART et al. 2008a).

4.3 EDV-gestützte Arbeiten

Tab. 7: Auswahl kartierter minoischer Fundorte auf Kreta und deren Charakteristika. Auf Basis vor Ort dokumentierter DGPS-Koordinaten konnten die archäologischen Lokalitäten in die GIS-Analyse integriert werden

Ort	Lage	Exposition	Funktion	Struktur	Epoche	Größe	Objekte	Geologie	Koordinaten UTM WGS 84
Agia Triada	Hang	W	Siedlung-Stadt	mehrere Gebäude	Neupalastzeit	> 100 m	ausgegrabene Befunde	Neogen / Quartär	298857 3881655
Amnissos	Küste	N	Landhaus	Einzelobjekt	Neupalastzeit	< 50 m	ausgegrabene Befunde	Neogen / Quartär	337068 3911247
Archanes	Tal	N	Siedlung-Stadt mit Palast	mehrere Gebäude	Neupalastzeit	> 100 m	ausgegrabene Befunde	Neogen / Quartär	332475 3900854
Idäische Grotte	Hang	O	Heiligtum	Einzelobjekt	k.A.	< 50 m	ausgegrabene Befunde	Plattenkalk	302241 3898262
Knossos	Tal	N	Siedlung-Stadt mit Palast	mehrere Gebäude	Vor- bis Neupalastzeit	> 100 m	ausgegrabene Befunde	Neogen / Quartär	333366 3907578
Kommos	Küste	W	Siedlung-Stadt	mehrere Gebäude	Neupalastzeit	> 100 m	ausgegrabene Befunde	Neogen / Quartär	295698 3876876
Phaistos	Gipfel	S	Siedlung-Stadt mit Palast	mehrere Gebäude	Alt- bis Neupalastzeit	> 100 m	ausgegrabene Befunde	Neogen / Quartär	300639 3880845
Koumasa	Hang	N	Nekropole	mehrere Gebäude	Vor- bis Altpalastzeit	< 25 m	ausgegrabene Befunde	Tripolitza-Flysch	312790 3875499
Sklavokambos	Tal	N	Siedlung-Landhaus	Einzelobjekt	Neupalastzeit	< 50 m	z.T. ausgegrabene Befunde	Tripolitzakalk	314333 3907644
Tilissos	Tal	O	Siedlung-Stadt	mehrere Gebäude	Neupalastzeit	> 100 m	ausgegrabene Befunde	Neogen / Quartär	320139 3908007
Zominthos	Plateau	N	Siedlung-Landhaus	mehrere Gebäude	Neupalastzeit	< 50 m	z.T. ausgegrabene Befunde	Plattenkalk	307768 3902717

Quelle: Eigene Datenerhebung und Darstellung.

4.3.6.2 Archäologische Fundstellenanalyse im Ida-Gebirge

Die Frage nach einer Regelmäßigkeit in der räumlichen Anordnung bronzezeitlicher Nutz- und Siedlungsflächen sowie nach zusätzlichen, bislang nicht dokumentierten Fundorten wurde über den Ansatz eines *predictive modelling* untersucht (SIART et al. 2008a). Generell versteht man hierunter die GIS-basierte Erstellung eines Vorhersagemodells für unbekannte, archäologisch interessante Orte und die Analyse von Siedlungspräferenzen ehemaliger Kulturen (POSLUSCHNY 2002). Der eigentliche Modellierungsprozess basiert entweder auf einem bereits existenten Muster oder auf Vermutungen über menschliche Verhaltensweisen. In der vorliegenden Arbeit erfolgte die Untersuchung einer maximal möglichen Anzahl verfügbarer Umweltparameter mit geographischen Informationssystemen. Das Zominthos-Plateau diente dabei als zentraler Referenzpunkt im Hinblick auf eine naturräumliche Ausstattung (*inductive model*), doch zielen die Untersuchungen nicht auf die konventionelle *prediction theory* ab, welche in der Archäologie bereits seit Langem und äußerst kontrovers diskutiert wird (VAN LEUSEN 2002). Es handelt sich vielmehr um ein *predictive modelling* aus geowissenschaftlicher Perspektive und den Versuch der Verknüpfung geographischer und archäologischer Datensätze (SIART & EITEL 2008). Als wesentliche Kriterien zur Detektion minoischer Wirkungsstätten im Psiloritismassiv lassen sich mehrere entscheidende Faktoren ausmachen (s. Tab. 8). Hierzu zählen insbesondere die räumliche Nähe zu einem landwirtschaftlich nutzbaren Gebiet (Ackerbau, Hortikultur und Viehzucht), die Verfügbarkeit einer ausreichend großen Fläche zur Bewirtschaftung, die Existenz einer adäquaten Wasserversorgung, möglichst geringe Hangneigung des Geländes sowie eine verkehrsgünstige Lage mit guten und schnellen Verbindungsmöglichkeiten für Personen- und Warenverkehr.

In Analogie zur karstmorphologischen Analyse wurden die Ergebnisse der Satellitenbildklassifikation auch für die digitalen geoarchäologischen Untersuchungen verwendet. Besondere Aufmerksamkeit galt dabei den potenziellen landwirtschaftlichen Nutzflächen, die im Rahmen der fernerkundlichen Arbeitsschritte über den indirekten Indikator der Spektralklasse „Boden und Lockersediment" erfasst wurden. Eine gezielte Auswahl der Hohlform-Polygone wurde in Abhängigkeit ihrer Größe durchgeführt, wobei ein theoretischer Grenzwert von 10.000 m^2 als Untergrenze für eine landwirtschaftlich rentabel zu bewirtschaftende Fläche diente. Zur Berücksichtigung der räumlichen Nähe zu einer Wasserversorgung (Quellen) wurde im Rahmen der GIS-Analyse eine Extraktion der petrographischen Hauptverwerfung aus der zuvor vektorisierten geologischen Karte vollzogen (wasserstauender Horizont über den Kalavros-Schiefern mit Quellaustritt). Um die entsprechenden Lineamente wurde eine Pufferzone von 300 m errechnet, die einen für anthropogene Aktivitäten geeigneten Bereich im Umfeld der Quellen definiert. Zur Berücksichtigung des Faktors „Hangneigung" wurde ein hypothetischer Grenzwert von 7° auf Grundlage des gefilterten ASTER-DGM-Derivats festgelegt. Über eine *raster calculation* konnte eine Selektion aller Flächen mit geringer Inklination durchgeführt werden, Gebiete mit höheren Neigungswinkeln wurden dabei aufgrund ihrer mangelnden Eignung für ökonomische Inwertsetzung ausgeschlossen. Die Auswahl eines zuvor festgelegten Höhengürtels diente der Integration des Höhenfaktors im *predictive modelling*. Da sich das Arbeitsgebiet durch mehrere Hochebenen charakterisiert, erfolgte eine Auswahl der Gebiete zwischen 1.000 und 1.500 m ü. M. (*raster calculation*). Jene Areale repräsentieren ferner auch genau diejenigen Höhenstockwerke, die entlang der Strecke von Anogia zur Nida-Hochebene durch das Ida-Gebirge durchquert werden mussten und folglich bereits im zweiten vorchristlichen Jahrtausend von den Minoern erschlossen waren (SIART et al. 2008a). Abschließend wurde eine Pufferzone um die potenziellen Verbindungswege berechnet. Sie definiert einen Bereich entlang der Infrastrukturen, in dem die Anlage einer Siedlung oder die Existenz archäologisch interessanter Funde plausibel erscheint. Ein maximaler Grenzwert von 500 m ermöglichte dabei die Abgrenzung derjenigen Flächen, die im Kontext der Fundstellendetektion in Betracht gezogen werden müssen.

Nach Erstellung aller Ausgangsparameter wurde in einem finalen Analyseschritt der räumliche Zusammenhang zwischen den Einflussfaktoren untersucht, wobei eine GIS-gestützte Selektion in Form einer Layer-Verschneidung erfolgte (zur methodischen Diskussion und allen Prozessierungsschritten s. SIART et al. 2008a).

4.3 EDV-gestützte Arbeiten

Tab. 8: Räumliche Determinanten zur Detektion potenzieller bronzezeitlicher Nutz- und Siedlungsflächen

Parameter	Eigenschaften	Format
fernerkundlich detektierte Oberflächenform	räumliche Nähe zu Karsthohlformen, maximal 500 m Entfernung (karstmorphologische Form bestehend aus Spektralklassen „Sediment" & „Grasvegetation", Extraktion aus Satellitenbildklassifikation)	Raster / Vektor
Größe	Hohlform mit Mindestausmaßen von 10.000 m^2	Vektor
Hangneigung	Gebiete mit maximaler Inklination von 7° (Gradwerte)	Raster / Vektor
Höhenlage	Höhengürtel zwischen 1.000 und 1.500 m ü. M. (Selektion aus DGM)	Raster / Vektor
Petrographie	räumliche Nähe zu geologischer Störung mit maximal 300 m Entfernung (Hauptverwerfung, Vektorisierung aus geologischer Karte)	Vektor
Least-cost Infrastruktur	Lage innerhalb einer Pufferzone im Abstand von 500 m zu minoischen Verbindungswegen	Vektor

Quelle: Eigene Datenerhebung und Darstellung.

5 Ergebnisse der GIS-Studien, Laboranalysen und Geländearbeiten

Die Ergebnispräsentation erfolgt maßstabsabhängig, wobei einleitend regionale Aspekte zum karstmorphologischen Formenschatz im Untersuchungsgebiet dargelegt werden. Es folgen eine Betrachtung von Karstformen und deren sedimentärer Verfüllung auf dem Zominthos-Plateau sowie eine abschließende Dokumentation der digitalen geoarchäologischen Befunde sowohl im lokalen als auch im überregionalen Kontext.

5.1 Verbreitung und geomorphologische Charakteristika von Karstformen im Umfeld von Zominthos

Der Karstformenschatz bildet eine der entscheidenden Steuergrößen für die geomorphodynamischen Prozesse im Ökosystem des Ida-Gebirges. In diesem Kontext fungieren insbesondere die zahlreichen Lösungshohlformen als wichtige Sedimentfallen. Sie beeinflussen den Materialhaushalt der Region nachhaltig und bedingen weitreichende Konsequenzen für Bodenbildung, Vegetationsbewuchs, hydrologische Gegebenheiten und anthropogene Landnutzung. Allerdings besteht dabei weder ein flächendeckender Zusammenhang, noch handelt es sich um ein Phänomen von gleichmäßigem räumlichen Ausmaß. Zudem konnten bislang keine umfassenden Aussagen zur Verbreitung der Karstformen getroffen werden. Zur Rekonstruktion der Mensch-Umwelt-Geschichte unter Berücksichtigung aller geoökologischen und archäologischen Befunde bedarf es daher einer detaillierten Diskussion der karstmorphologischen Charakteristika sowie einer Analyse lokaler Unterschiede.

Die zu diesem Zweck durchgeführten GIS-basierten Analysen (s. Kap. 4.3.4) liefern einen digitalen Karstdatensatz aus 144 automatisch klassifizierten Hohlformen. Die Evaluation der Ergebnisse belegt die Detektierbarkeit makro- bis mesoskaliger Dolinen und Karstwannen, während Kleinformen (Durchmesser < 10 m) im Rahmen der Prozessierungskette unberücksichtigt blieben (zur ausführlichen Diskussion s. SIART et al. 2009a). Um die Vollständigkeit der Kartierung zu gewährleisten, musste eine ergänzende Vektorisierung nicht erfasster Dolinen auf Basis der Quickbird-Kacheln vollzogen werden. Nach visuell-gestützter Digitalisierung von 177 mikroskaligen Hohlformen im Untersuchungsgebiet wurde der gesamte Ergebnisbestand der semi-automatischen Objektdetektion in Form einer karstmorphologischen Karte zusammengeführt (s. Abb. 12).

Die geographische Verteilung des Karstformenschatzes muss unter besonderer Berücksichtigung petrographischer und morphometrischer Gesichtspunkte analysiert werden. GIS-basierte Abfragen und eine statistische Evaluation (u. a. Anzahl von Objekten, Größe, Höhenlage) belegen diesbezüglich die Dominanz der Dolinen in der Tripolitza-Einheit (66 %), während nur ein Drittel auf die ebenfalls extensiv anstehende Gesteinsvarietät des Plattenkalks entfällt. Dessen ungeachtet ist das durchschnittliche räumliche Ausmaß der Dolinen innerhalb des Plattenkalks deutlich größer (s. Tab. 9). Hingegen sind große Hohlformen (Uvalas, Karstwannen) vorwiegend in der Plattenkalk-Einheit lokalisiert und nur 8 % aller Objekte liegen im Bereich der Tripolitzaserie.

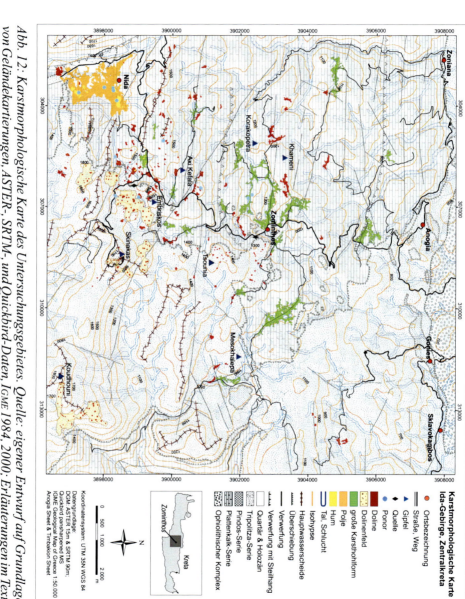

Abb. 12: Karstmorphologische Karte des Untersuchungsgebietes. Quelle: eigener Entwurf auf Grundlage von Geländekartierungen, ASTER-, SRTM-, und Quickbird-Daten, IGME 1984, 2000; Erläuterungen im Text.

5.1 Verbreitung und geomorphologische Charakteristika der Karstformen

Tab. 9: Verbreitung und Größe von Karstformen hinsichtlich petrographischer Unterschiede. Kleinformen dominieren im Tripolitzakalk, Großformen treten v. a. im Plattenkalk auf (s. auch Abb. 12). Ausnahmen bilden Objekte im Grenzbereich beider Gesteinsserien (Übergangszone). Die kleinere Durchschnittsfläche der Dolinen im Tripolitzakalk beruht auf einer schnelleren und tiefer greifenden Verkarstung jener Einheit, während Lösungsprozesse im Plattenkalk eher flächenhaft erfolgen.

	prozentualer Anteil der Objekte nach petrographischer Lage (Absolutwerte in Klammern)			& Dolinengröße
	Plattenkalk	Tripolitzakalk	Übergangszone	Gesamt
Dolinen	30 (87)	66 (195)	4 (12)	100 (294)
große Hohlformen	88 (23)	8 (2)	4 (1)	100 (26)
Polje	100 (1)	- (0)	- (0)	100 (1)
Durchschnittsfläche pro Doline (m²)	3365	1006	3515	1807

Quelle: Eigene Datenerhebung und Darstellung.

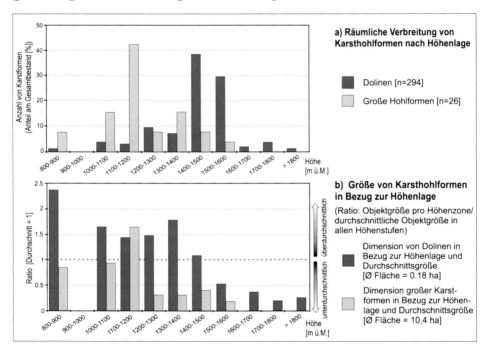

Abb. 13: Räumliche Verbreitung von Karstformen im Bezug auf Höhenlage und Objektgröße. Ein höhenwärtiger Wandel (a) sowie überdurchschnittliche Flächenausmaße in niedrigeren Gebirgslagen sind nachweisbar (b; Ratiowert 1: arithmetisches Mittel aller Formen einer Kategorie in allen untersuchten Höhenlagen). Kleine Dolinen treten vorwiegend in höher gelegenen Regionen auf, große Hohlformen (z. B. Karstwanne von Zominthos) finden sich hauptsächlich in mittleren Gebirgslagen. Fehlende Werte zwischen 900 und 1.000 m ü. M. beruhen auf einer Absenz jeglicher Objekte. Quelle: Eigene Datenerhebung und Darstellung.

Das auffälligste Merkmal der räumlichen Verteilung stellt der höhenwärtige Wandel des Formenschatzes dar (s. Abb. 13): Mit zunehmender Höhenlage ist eine signifikante Zunahme kleiner Hohlformen zu verzeichnen, wobei nahezu 70% aller Objekte zwischen 1.400 und 1.600 m ü. M. auftreten. Gleichzeitig nimmt die Durchschnittsgröße der Dolinen in höheren Lagen immer stärker ab. Die größten Formen finden sich vorwiegend in den tieferen Regionen des Arbeitsgebietes zwischen 1.100 und 1.200 m ü. M., zu denen insbesondere das Plateau von Zominthos zählt (SIART et al. 2009a). Die Ursachen dieser deutlichen Ungleichverteilung liegen in einer Faktorenkombination aus sich verändernden klimatischen Schwellenwerten, lokaler Tektonik, lithologischen und topographischen Unterschieden sowie verschiedenen hydrologischen Abflussmustern begründet (zur detaillierten Diskussion s. Kap. 6.1).

5.2 Geophysikalisch-geometrische Eigenschaften der Karsthohlformen

Da die Karstformen bei Zominthos überdurchschnittlich große Ausmaße besitzen, sind gerade dort die besten Voraussetzungen zur Entstehung sedimentärer Geoarchive gegeben. Im Kontext landschaftsgeschichtlicher Untersuchungen können die Mächtigkeit der Verfüllung sowie die subkutane Struktur der Dolinen wertvolle Hinweise auf die Art, Intensität und Frequenz der ehemaligen geomorphodynamischen Prozesse liefern. Da bislang keine Informationen über die geometrischen Eigenschaften der Karstarchive vorliegen, wurde am Beispiel der Hohlform von Zominthos eine Prospektion des oberflächennahen Untergrundes vollzogen (s. Abb. 14).

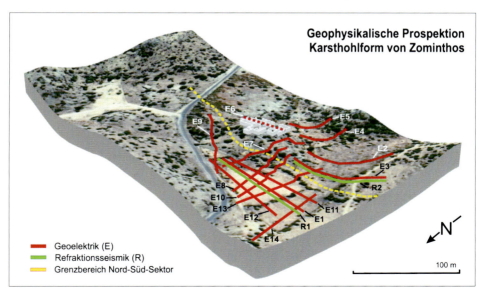

Abb. 14: Lage der geophysikalischen Transekte unter Berücksichtigung des nördlichen und südlichen Sektors im Karstsystem von Zominthos (gelbe Linie: Grenzbereich beider Sektoren; Modell der minoischen Villa in Grau). Quelle: Eigener Entwurf.

5.2 Geophysikalisch-geometrische Eigenschaften der Karsthohlformen

Die geophysikalische Sondierung gliedert sich in zwei räumlich getrennte Areale – einen nördlichen und einen südlichen Sektor. Zur besseren Veranschaulichung der Ergebnisse erfolgt eine synoptische Betrachtung der geoelektrischen (engl. *electrical resistivity tomography, ERT*) und refraktionsseismischen Datensätze (engl. *seismic refraction tomography, SRT*). Alle nachfolgend genannten Tiefenangaben beziehen sich auf das Niveau der Geländeoberkante (m u. GOK).

5.2.1 Sedimenttomographien des nördlichen Sektors

Um die Mächtigkeit der lockersedimentären Füllungen zu bestimmen, wurde das Geoelektrikprofil E1 mit einer Gesamtlänge von 150 m im nördlichen Bereich der Hohlform von Zominthos gemessen (100 Elektroden; Abstand: 1,5 m; s. Abb. 14). Ein RMS-Fehler von 2,1 % (*root mean square error*; Angabe der Differenz zwischen Rohdaten und den durch Transformation neu berechneten Werten des Tomogramms) belegt die gute Qualität der Messung. Einzelne Farbabstufungen der Tomographie bzw. deren Pseudosektion repräsentieren unterschiedliche Widerstandswerte und liefern Informationen über die Eigenschaften des oberflächennahen Untergrundes, wie z. B. die Zusammensetzung der Sedimente (Abb. 15). Die Ergebnisse zeigen stark variierende Widerstände im Untergrund, wobei drei charakteristische Lagen identifiziert werden können (s. Tab. 10): Niedrige Werte im oberflächennahen Bereich (R < 250 Ωm) indizieren eine massive, mitunter bis zu 10 m mächtige Verfüllung mit feinkörnigem Substrat. Eine Erhöhung der Widerstände erfolgt mit zunehmender Tiefe, wo Messwerte zwischen 250 und 1.200 Ωm auf sich verändernde Substratcharakteristika verweisen und in Analogie zu den Befunden von ROTH et al. (2002) einen Übergangsbereich mit gröberen Korngrößen darstellen. Entsprechende Sedimente treten teilweise bis in Tiefen von über 20 m auf. An der Basis des Profils finden sich die höchsten Widerstandswerte (R > 1.200 Ωm), die als Festgestein interpretiert werden müssen (vgl. GREINWALD & THIERBACH 1997; AHMED & CARPENTER 2003, GIBSON et al. 2004). Im Hinblick auf die zwischenlagernde Schicht mittlerer Widerstände gilt es, mehrere Aspekte zu berücksichtigen: Einerseits ist von einer gleichzeitigen Existenz grober Klasten und feinkörniger Substrate auszugehen, wobei genetisch vor allem allochthoner Eintrag im Zuge verstärkter geomorphodynamischer Aktivität zu veranschlagen ist. Auch ZHOU et al. (2000) verweisen in ihren ERT-Profilen auf oberflächennahe Bereiche hoher Widerstände, die von relativ niedrigen Widerständen umschlossen werden und interpretieren diese als Kalksteinfragmente in einer Matrix aus feinkörnigem Substrat. Andererseits kann es sich auch um einen Teilbereich des ehemals anstehenden Festgesteins handeln, der intensiver Verwitterung unterlag und in-situ vollkommen zerrüttet wurde (Zersatzzone oder Epikarst; EPA 2002, FORD & WILLIAMS 2007). Zahlreiche Spalten und Lösungshohlformen wurden dabei mit Lockermaterial verfüllt und rufen demnach niedrigere Widerstände hervor, als massives unverwittertes Carbonatgestein (LEUCCI & DE GIORGI 2005). Die genaue Bestimmung eines der beiden Phänomene ist nicht möglich, vielmehr ist eine gleichzeitige Existenz von kolluvialem Grobmaterial und Kalksteinzersatz anzunehmen.

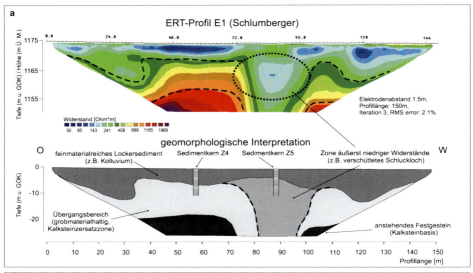
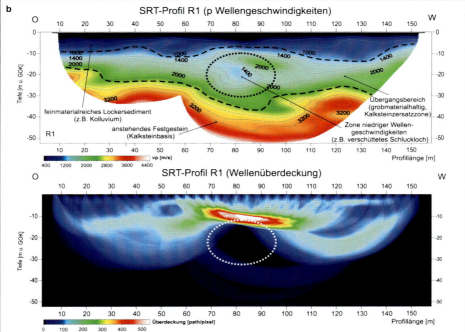

Abb. 15: *ERT-Profil E1 mit geomorphologischer Interpretation (a) und parallel laufendes SRT-Transekt R1 (b). Erkennbar sind die Dreigliedrigkeit des Untergrundes, die mächtige lockersedimentäre Auflage und die Existenz eines Paläoschlucklochs (Ellipse, Profilmitte). Quelle: Eigener Entwurf; SRT-Datenprozessierung: S. Hecht).*

Abgesehen vom dreigliedrigen Aufbau des Dolinenkörpers fällt ein Abschnitt äußerst niedriger Widerstände bei ungefähr 80 m Profillänge auf. Offensichtlich ist die dortige Vertikalstruktur auf einer Tiefe von mindestens 25 m mit Feinmaterial verfüllt und eventuell stark wassergesättigt (Paläoschluckloch, griech. *katavothra*; s. WALTHAM et al. 2005) – ein Indiz für intensive subkutane Dränage. Mangels ausreichender Tiefenpenetration der Schlumberger-Konfiguration konnte die Grenze zum Anstehenden hier nicht exakt bestimmt werden.

Das SRT-Profil R1, welches in einem Meter Abstand parallel zu E1 gemessen wurde, erlaubt den direkten Vergleich beider geophysikalischer Methoden und gewährleistet die komplementäre Interpretation jeweiliger Ergebnisse (s. Abb. 15). Die Tomographie weist niedrige P-Wellengeschwindigkeiten (vp < 1.000 m/s) in den obersten 8–10 m auf, welche feinkörniges Lockersubstrat anzeigen. Dieses liegt einer mächtigen Übergangszone mit Geschwindigkeiten zwischen 1.000–2.000 m/s auf. Die hierbei erreichten Mächtigkeiten von bis zu 25 m (Untergrenze bei 20–35 m) verdeutlichen das stark undulierende subkutane Relief. Der basale Refraktor – die unverwitterte, massive Basis der Hohlform – besteht aus kompaktem Carbonatgestein (Plattenkalk) und charakterisiert sich durch Werte von über 2.000 m/s (s. Tab. 10). In Analogie zu Profil E1 lässt sich in der Mitte der Messung eine Tiefenstruktur mit niedrigen Geschwindigkeitswerten erkennen, die als intensive Verwitterungszone mit massiver Feinmaterialverfüllung interpretiert werden muss. Die Existenz eines Messartefakts kann hingegen ausgeschlossen werden, da der Überdeckungsgrad der Wellen innerhalb der Struktur annähernd Null ist. Grundsätzlich sind Artefakte in

Tab. 10: Übersicht über die Schichten des oberflächennahen Untergrundes auf Basis der ERT- und SRT-Befunde (E1 und R1; s. Abb. 15). Die synoptische Interpretation ergibt eine dreigliedrige Differenzierung des Sedimentkörpers und belegt die hohe Konformität beider Prospektionsmethoden. Da sich die Grenzbereiche zwischen zwei unterschiedlichen Widerstands- bzw. Geschwindigkeitsmedien mitunter durch starke Undulationen auszeichnen, werden die Tiefenwerte gegebenenfalls unter Angabe von Variationsbereichen ausgewiesen (kursiv). Die Daten dienen als Grundlage für die GIS-gestützte 3D Visualisierung des subkutanen Karstreliefs (s. Kap. 5.4).

Schicht Nr.	ERT-Profil E1		SRT-Profil R1		Synoptische Interpretation	Interpretation für GIS-Prozessierung / Visualisierung im 3D Modell
	Widerstand (Ωm)	Tiefe (m u. GOK)	Geschwindigkeit (m/s)	Tiefe (m u. GOK)		
1	0–250	0–10 *bzw.* 0 bis > 24	0–1000	0 bis ~10	Lockersediment (Kolluvium) *bzw.* feinmaterialverfülltes Schluckloch	Dolinenfüllung / nicht berücksichtigt, digital extrahiert
2	250–1200	10–20	1000–2000	10–20 *bzw.* 10 bis ~35	Übergangs-/ Zersatzzone (Detritus, Kolluvium) *bzw.* tiefenwärtiges Ausgreifen der Zersatzzone	Dolinenfüllung / nicht berücksichtigt, digital extrahiert
3	> 1200	> 20	> 2000	> 20 *bzw.* >35	anstehendes Festgestein (PK, KAL) *bzw.* lokale Konkavität des Anstehenden	Obergrenze des Festgesteins / verschüttetes Karstrelief

Quelle: Eigene Datenerhebung und Darstellung.

SRT-Datensätzen zwar auch durch eine geringe Wellendichte im Bereich niedriger Geschwindigkeiten gekennzeichnet, doch ist die dabei erzielte Laufzeitüberdeckung deutlich höher als bei echten Strukturen wie in Profil R1 (SHEEHAN et al. 2005, DOLL et al. 2006). Die niedrigen Wellengeschwindigkeiten lassen demnach eine längliche subkutane Hohlform vermuten (verschüttetes Schluckloch), eingebettet in eine Matrix von ca. 1.400–2.000 m/s. Die Existenz einer Höhle ist auszuschließen. Beide Aspekte lassen sich durch einen Vergleich und eine integrale Interpretation mit ERT-Profil E1 belegen, wo an gleicher Stelle Widerstandswerte unter 250 Ωm gemessen wurden. Im Falle einer unverfüllten Hohlform wären stattdessen extrem erhöhte bis nahezu unendlich hohe Widerstände zu erwarten (VOUILLAMOZ et al. 2003, EL-QADY et al. 2005). Die linsenförmige Zone hoher Wellengeschwindigkeiten (v_p > 2.000 m/s) rechts oberhalb der Katavothra ist als Felsvorsprung zu interpretieren, der in R1 randlich erfasst wurde, im Parallelprofil E1 jedoch nicht auftritt. Die Befunde belegen die große Heterogenität des Subreliefs mit seinen kleinräumig wechselnden Formen.

Zur Bestimmung der räumlichen Ausdehnung erwähnter Tiefenstrukturen erfolgte die Messung des ERT-Profils E11 parallel zu E1 und R1 in einem Abstand von 15 m (Schlumberger-Konfiguration; Gesamtauslage 150 m; 100 Elektroden; Abb. 16). Die dritte Iteration zeigt einen hohen RMS-Fehler (40,6 %), was höchstwahrscheinlich auf die im Gegensatz zu E1 stark unterschiedlichen Witterungsbedingungen zurückzuführen ist (Starkregenverhältnisse mit potenziellem Einfluss auf die Elektrodenankopplung). Punktuelle und gleichzeitig signifikant erhöhte Widerstände im Bereich des oberflächennahen Feinmaterials, welche im Parallelprofil E1 jedoch fehlen, sind als größere Steinfragmente bzw. Blöcke zu interpretieren, die in Anlehnung an WALTHAM et al. (2005) als *floaters* bezeichnet werden können (s. Kap. 6.2). Sowohl ein natürlicher als auch ein anthropogener Ursprung ist denkbar. Die darunterliegenden und extrem mächtigen Lockersedimente (R < 150 Ωm) lassen eine In-situ-Genese der Fragmente (evtl. als Residualprodukte größerer, zusammenhängender Kalksteinplatten) kaum plausibel erscheinen. Zur Verifizierung wurden Bohrstocksondierungen durchgeführt (2 m Gestänge), wobei in Beprobungstiefen von ca. 1,5 m ein nicht zu durchteufender Gesteinshorizont erreicht wurde. Die hohen oberflächennahen Widerstandswerte sind somit keine Messartefakte. Da das Profil in unmittelbarer Nähe des minoischen Siedlungskomplexes aufgenommen wurde, ist eine bronzezeitliche Anlage denkbar (z. B. Ackerrandbegrenzung, Grabeneinfassung).

Entscheidend für die lokalen geomorphologischen Zusammenhänge ist jedoch die trotz hohen Gesamtfehlers repräsentative Gesamtstruktur von E11, welche den dreigliedrigen Aufbau des oberflächennahen Untergrunds in E1 bestätigt. Lediglich basal wird die von der mächtigen Zersatzzone überlagerte Festgesteinsgrenze erreicht. Hingegen tritt die tief verfüllte Hohlform wieder deutlich durch eine enge vertikale Scharung der Widerstands-Isolinien in Erscheinung (Paläoschluckloch), was in Ergänzung zu den anderen Tomographien einen wichtigen Hinweis auf das ehemalige Dränagesystem der Karsthohlform von Zominthos liefert.

Das dritte Ost-West-Profil, Transekt E12 (s. Abb. 16), unterscheidet sich von E1 und E11 vor allem durch seine geringmächtige Lockersedimentauflage. Zweifellos wurde hier der Randbereich der subkutanen Hohlform erfasst. Stark schwankende Widerstandswerte indizieren in Form auffallender Vertikalstrukturen die heterogene Morphologie sowie die Undulationen des Anstehenden. Das Fehlen des großen

5.2 Geophysikalisch-geometrische Eigenschaften der Karsthohlformen

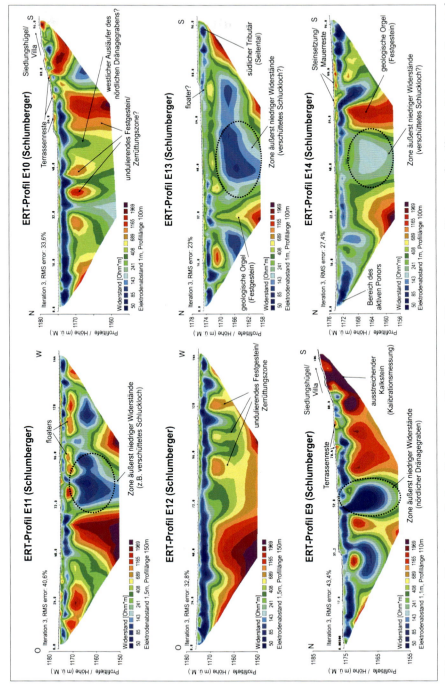

Abb. 16: ERT-Profile des nördlichen Sektors von Zominthos (Erläuterungen im Text; zur detaillierten Interpretation und Beschreibung von Transekt E13 siehe auch Abb. 19).

Schlucklochs der parallelen Profile lässt auf eine Lage der Katavothra in relativer Nähe zur Siedlung von Zominthos schließen.

Die ERT-Tomographie E9 (s. Abb. 16) wurde im östlichen Bereich des Nordsektors aufgenommen und ist insbesondere in methodischer Hinsicht von Bedeutung. Das südliche Ende der Auslage (Schlumberger-Konfiguration; Gesamtlänge 110 m; Elektrodenabstand 1,1 m; 100 Elektroden) wurde bewusst bis in die oberflächlich ausstreichenden Plattenkalke und Kalavros-Schiefer gemessen. Somit können die absoluten Widerstandswerte für Kalkstein eindeutig identifiziert und zur Eichung anderer ERT-Profile verwendet werden. Bereits Messwerte um 1.000 Ωm repräsentieren demgemäß das anstehende Festgestein. Auffällig ist eine tiefe, rinnenartige Hohlform in der Profilmitte (bei 53 m Profillänge), die in Anbetracht ihrer niedrigen Widerstände eine massive Feinmaterialfüllung besitzen muss. Im oberflächennahen Untergrund wird sie beiderseits bei ca. 4 m u. GOK von Zonen höherer Werte begrenzt. Da E9 eher im Randbereich der Karsthohlform liegt, ist die horizontale Auflage von feinkörnigem Lockersediment nur etwa 5 m mächtig und wird bereits in geringerer Tiefe von einer Zersatzzone mit gröberen Korngrößen unterlagert.

Der Profilschnitt E7, gemessen auf einer Gesamtlänge von 120 m mit 1,2 m Elektrodenabstand (100 Elektroden), diente der Sondierung des Übergangsbereiches zwischen dem Siedlungshügel von Zominthos und der angrenzenden Karsthohlform (s. Abb. 17). Die Tomographie ermöglicht somit eine geomorphologische und eine geoarchäologische Interpretation, wird an dieser Stelle jedoch nur in erstgenanntem Kontext diskutiert (Ergebnispräsentation im Hinblick auf Mensch-Umwelt-Interaktion in Kap. 5.3). Die Messung erfolgte aufgrund der Profilerstreckung im

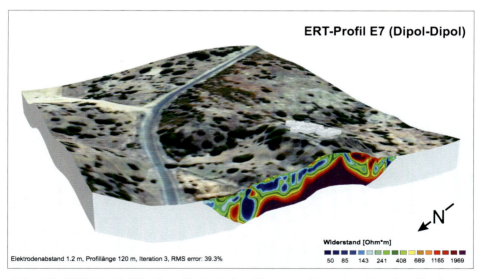

Abb. 17: ERT-Profil E7. Der Verlauf der Tomographie schneidet den Siedlungshügel von Zominthos in nordsüdlicher Achse (zur Interpretation s. Abb. 20). Quelle: Eigener Entwurf, verändert und ergänzt nach BRILMAYER BAKTI 2009; Datengrundlage: 1,5 m DGM; Textur: Quickbird & Modell der minoischen Villa.

Umfeld der archäologischen Ausgrabung mittels Dipol-Dipol-Konfiguration. Das Tomogramm zeigt eine starke Differenzierung des oberflächennahen Untergrundes mit niedrigen Widerstandswerten in geringen Tiefen (R < 100 Ωm; Feinmaterial) und extrem erhöhten Widerständen an der Basis (R > 1.000 Ωm; Festgestein). Von besonderem Interesse ist eine vertikale Tiefenstruktur mit äußerst niedrigen Messwerten im nördlichen Abschnitt, die beiderseits durch hohe Widerstände in blockförmiger Ausrichtung begrenzt wird.

In Analogie zu Profil E9 handelt es sich um eine Rinne von vermeintlich natürlicher Anlage, welche sich hier vom Ostrand der Hohlform ausgehend nach Westen fortsetzt. Vor allem die Lage der grabenartigen Vertiefung im zentralen bzw. nördlichen Bereich beider Tomographien deutet auf einen räumlichen Zusammenhang hin. Zusätzlich wird diese Vermutung auch durch ERT-Profil E8 gestützt, welches ebenfalls die Existenz der Grabenstruktur im Nordsektor aufweist, insbesondere in absoluter räumlicher Verlängerung nach Westen (zur detaillierten Diskussion von E8 s. Kapitel 5.3). Gleiches gilt für Transekt E10, das eine – wenn auch nur in Ansätzen erkennbare – vertikale Eintiefung in Form einer Rinne mit niedrigen Widerstandswerten indiziert (s. Abb. 16).

Zur Sondierung des westlichen Bereiches innerhalb des Nordsektors wurden die Tomographien E13 und E14 mittels Schlumberger-Konfiguration gemessen (s. Abb. 16). Das Transekt E13 schneidet auf einer Gesamtlänge von 100 m die Profile E1, E11 und E12 (100 Elektroden im 1 m Abstand). Die Messausrichtung wurde so gewählt, dass insbesondere die Zone des großen subkutanen Schlucklochs inmitten der rezenten Hohlform prospektiert werden konnte und erstmals ein mehrdimensionales Bild davon fassbar war. Das Ergebnis bestätigt die vorausgegangenen Befunde, insbesondere die massive Verfüllung der Doline mit feinkörnigem Material im zentralen Bereich der Tomographie bis an die Untergrenze der Messung (R < 100 Ωm, mindestens 17 m mächtige Lockersedimente). Bei ca. 30 m Profillänge ändert sich das subkutane Relief jedoch deutlich, wobei eine zur Geländeoberfläche aufreichende Vertikalstruktur (geologische Orgel bzw. Zinne) das Paläoschluckloch im Norden begrenzt. Diese Tatsache erklärt schließlich die bereits erwähnten, hohen Wellengeschwindigkeiten des refraktionsseismischen Transekts R1 westlich oberhalb der Katavothra: R1 liegt etwas nördlich von E1 und schneidet die Hohlform (und somit auch Profil E13) in ihrem nördlichsten Randbereich bei 35 m Profillänge (s. Abb. 14). Dabei wurden einzelne Felsvorsprünge der angrenzenden geologischen Orgel im Tomogramm erfasst. WALTHAM et al. (2005) beschreiben derartige Simse (engl. *cantilevers*) als charakteristische Phänomene im überdeckten Karst.

Das nördliche Ende des Profils E13 (s. Abb. 16) lässt massive Feinmaterialmengen vermuten, jedoch mit Ausnahme einer linsenförmigen oberflächennahen Zone hoher Widerstände, die ebenso anhand von E12 verifiziert werden konnte (Profillänge 90 m; R > 1.000 Ωm). Es handelt sich nicht um ein Messartefakt, sondern um einen Teil eines lotrecht zur Profilebene verlaufenden Festgesteinsvorsprungs. Auffällig ist ferner der südliche Profilabschnitt, der an seiner Basis hohe Widerstandswerte von R > 1.000 Ωm aufweist. Annähernd gestuft in Form einer subkutanen Treppe steigt das Anstehende vom Schluckloch empor, bildet ein kleines Plateau und führt schließlich bis in den oberflächennahen Untergrund am Südende des Transekts (ca. 5 m u. GOK). Die Katavothra stellt somit keine isolierte Struktur dar, sondern repräsentiert den zentralen Bestandteil eines unterirdischen Gerinnesystems mit Tributären sowohl aus südlicher als auch östlicher Richtung. Das subkutane Festgesteinsrelief von E13 stimmt hier außerdem mit der oberflächlichen Topographie überein, die sich durch einen treppenartigen Anstieg in Form einer Geländekante von 2 m Höhe nach Süden parallel zum Verlauf der Festgesteinsgrenze auszeichnet (s. Abb. 16 und 19).

Im Hinblick auf das rezente Relief von Zominthos liegt das ERT-Profil E14 im tiefsten Bereich der Karsthohlform, wo sich auch das aktive Ponor der Hohlform befindet (s. Abb. 14). Es wurde am Nordende der Tomographie in Ansätzen erfasst. Das Ergebnis der Messung bestätigt die vorherigen Befunde, insbesondere die starke Heterogenität der unterirdischen Topographie (s. Abb. 16). Trotz der im Vergleich zu anderen Transekten leicht erhöhten Widerstandswerte nahe der Oberfläche (R bis 250 Ωm) ist von einer relativ feinkörnigen Matrix in Form von Lockersedimenten auszugehen. In auffälliger vertikaler Ausrichtung begrenzen zwei Erhebungen des Anstehenden eine weitere zentrale Tiefenstruktur mit signifikanter feinsedimentärer Verfüllung: Es handelt sich hierbei sehr wahrscheinlich um ein zweites subkutanes Schluckloch, dessen Untergrenze nicht erfasst wurde. Die enge Scharung der Isolinien mitsamt ihrer auffallend vertikalen Ausrichtung lässt eine große Tiefe der Hohlform vermuten. In diesem Kontext gilt zu berücksichtigen, dass sich die verwendete Schlumberger-Konfiguration eher zur Identifikation horizontaler Strukturen eignet, während die Sensitivität für vertikale Widerstandsveränderungen im Vergleich zur Dipol-Dipol-Anordnung gering ist (EL-QADY et al. 2005, SOUPIOS et al. 2007). Eine Überbetonung der lateralen Differenzierung des Profils ist somit unwahrscheinlich, was die Existenz einer zweiten Katavothra aus methodischer Sicht noch bestärkt. Der gesamte Untergrund des nördlichen Sektors ist demnach von einem engmaschigen Entwässerungsnetz durchzogen, das seinerseits die anthropogene Landnutzung zur Bronzezeit und die Bedeutung der Karstwanne als Gunststandort beeinflusst haben dürfte. Im südlichen Bereich des Profils finden sich erhöhte Widerstandswerte an der Profiloberfläche, die als anthropogene Mauerreste bzw. Steinsetzungen zu interpretieren sind. Generell ist das verschüttete Relief hier wesentlich heterogener und die Feinmaterialverfüllung konzentriert sich auf schlottenartige Einbuchtungen, die von höheren Widerstandswerten umgeben sind (R > 400 Ωm; Detritus und Teile des Anstehenden).

Die Tomographie E14 belegt in Analogie zu E1 und E13 die starken Unterschiede zwischen rezenter Geländeoberfläche und Topographie des bedeckten Karstsystems. Diejenigen Bereiche, in denen das Anstehende am tiefsten liegt (m u. GOK), stimmen keineswegs mit den tiefsten Punkten des oberflächlich sichtbaren Reliefs überein – ein Aspekt mit weitreichenden Folgen, insbesondere für die Beprobung von sedimentären Geoarchiven. Ein völlig andersartiges geomorphologisches Erscheinungsbild der Karstwanne während des mittleren Holozäns und möglicherweise auch zum Zeitpunkt der minoischen Besiedlungsphase ist anzunehmen. Demnach basiert die Hohlform von Zominthos auf einem komplizierten Dränagesystem, das sich entgegen der oberflächig sichtbaren Mesoform aus mehreren verschütteten Subsystemen zusammensetzt. Sehr wahrscheinlich entstand es aus der Vereinigung mehrerer Kleinformen (Lösungsdolinen). Die stark undulierende Festgesteinsgrenze ist mit teils gröberen, teils feineren Sedimentkomponenten verzahnt und umfasst eine Vielzahl unmittelbar benachbarter Mikrokarstformen (u. a. Karren, Orgeln, Rinnen, Felsriegel; EPA 2002).

5.2.2 Sedimenttomographien des südlichen Sektors

Ähnlich wie der nördliche Bereich der Karsthohlform zeichnet sich auch der südliche Sektor durch eine talartige Geomorphologie mit einer Akkumulation von lockersedimentärem Material aus. Dennoch steht der Aufbau des oberflächennahen Untergrunds in auffälligem Kontrast zu den nördlichen Profilen, wobei sich das aufliegende Feinmaterial gemäß Transekt E3 (s. Abb. 18) durch vergleichsweise höhere Widerstandswerte (R < 400 Ωm) und wesentlich geringere Mächtigkeiten auszeichnet (ca. 5 m). Das Profil (Schlumberger-Konfiguration; Gesamtlänge: 75 m; Elektrodenabstand: 1 m) verläuft im Übergangsbereich beider Sektoren und zieht sich vom westlichen Hangfuß des Siedlungshügels von Zominthos quer durch den südlichen Tributär der Hohlform (s. Abb. 14). Eine Zone aus Detritus und basalem Festgestein steht hier in relativ geringen Tiefen an. Sie ist von weitaus homogenerer Ausprägung als im Nordsektor, da charakteristische Vertikalstrukturen fehlen (Schlotten, Orgeln, etc.). Im östlichen Bereich der Tomographie lässt sich eine wannenartige Vertiefung erkennen, die am Siedlungshügel von Ausläufern des dort ausstreichenden Plattenkalks (bronzezeitlicher Steinbruch) und in der Profilmitte durch oberflächennahe hohe Widerstände begrenzt wird (Geröll und Steinblöcke). Die Befunde von E3 decken sich absolut mit den Ergebnissen von E13 (s. Abb. 19): Im Schnittbereich beider Tomographien (E3 bei ca. 35 m; E13 bei ca. 95 m) kann die Basis des Kalksteins in einer Tiefe von etwa 5 m unter lockersedimentärer Feinmaterialauflage identifiziert werden.

Das SRT-Profil R2 wurde in einem horizontalen Abstand von 4 m parallel zu E3 gemessen (Gesamtlänge: 100 m; s. Abb. 18). Die Tomographie besitzt eine ähnliche Untergrundstruktur wie R1, bestehend aus drei Geschwindigkeitsmedien: feinkörnige oberflächennahe Sedimente (0–5 m), eine intermediäre Übergangszone (5–10 m) sowie abschließendes Festgestein (> 10–12 m). Allerdings ist der basale Refraktor weniger tiefliegend als im nördlichen Sektor. Sowohl die Geschwindigkeitswerte (v_p > 2500 m/s) als auch die Laufzeitüberdeckung (Wellendichte > 150 p/p) indizieren in Übereinstimmung mit E3 eine scharfe Grenze zwischen Lockersediment und Fels ohne jegliche Form von Artefakten, Hohlformen oder Schlucklöchern (s. Abb. 18). Die Befunde von R2 zeigen eine deutliche Zone hoher P-Wellengeschwindigkeiten nahe der Geländeoberkante, doch steigt die Wellendichte im Gegensatz zu R1 mit zunehmender Profiltiefe an und lässt die eindeutige Identifikation der Festgesteinsgrenze zu. Hingegen stimmt das SRT-Profil R1 mit diesem Schema nur im Bereich westlich des verfüllten Paläoschlucklochs überein. Dort basiert die niedrige Laufzeitüberdeckung innerhalb der Tiefenstruktur auf den im Gegensatz zur Durchquerung der Hohlform schnellen Wellenwegen darüber bzw. darunter. Sie werden durch den randlichen Anschnitt der geologischen Orgel aus massivem Kalkstein hervorgerufen (s. auch Diskussion zu E13; Kap. 5.2.1).

Das ERT-Profil E2 (Länge: 75 m; Elektrodenabstand: 1 m; 75 Elektroden; s. Abb. 14 und 18), gemessen in einem Abstand von 75 m südlich von E3, stützt die Befunde vorheriger Transekte ohne jegliche Auffälligkeiten. Ein konformes Bild liefert E4 (Schlumberger-Konfiguration, Gesamtlauslage: 75 m; 100 Elektroden), wobei auch hier eine deutliche Differenzierbarkeit zwischen basalem Detritus bzw. Festgestein und oberflächennahen Lockersedimenten besteht (s. Abb. 18). Fast auf der gesamten

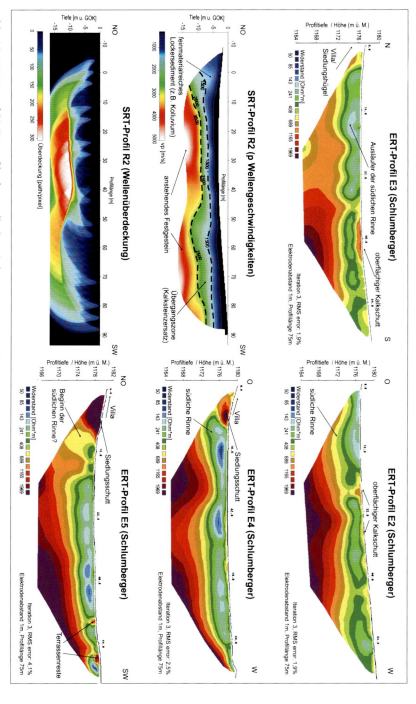

Abb. 18: ERT- und SRT-Profile des südlichen Sektors von Zominthos. Quelle: Eigener Entwurf; SRT-Prozessierung: S. Hecht.

5.2 Geophysikalisch-geometrische Eigenschaften der Karsthohlformen

Profillänge ist der südliche Tributär der Karsthohlform mit bis zu 8 m mächtigem Lockermaterial verfüllt. Dennoch zeigt die Tomographie zwei Besonderheiten: Einerseits ist das östliche Ende des Profils von extrem hohen Widerstandswerten unmittelbar an der Geländeoberfläche gekennzeichnet, die einer Zone niedriger Widerstandswerte horizontal auflagern. Andererseits fällt ein gewisser Anstieg der Festgesteinsgrenze von Osten bis in etwa einem Drittel der Profillänge auf. Nach geomorphologischer Interpretation sind die hohen Widerstände als anthropogener Siedlungsschutt zu deuten, der möglicherweise als ehemalige Begrenzung des Gebäudekomplexes einen randlichen Dränagegraben oder Wasserlauf kanalisierte (s. auch Kap. 5.3, ERT-Profil E7). Die Erhebung des Anstehenden in Richtung Profilmitte bildet wahrscheinlich die gegenüberliegende, siedlungsabgewandte Seite der Rinne in Form einer gleithangartigen Böschung.

Am östlichen Ende des Trockentals wurde Profil E5 mit einer Schlumberger-Konfiguration gemessen (Elektrodenabstand: 1 m; 75 Elektroden; Abb. 18). Die Struktur des oberflächennahen Untergrundes gleicht E2, E3 und E4 vollkommen. Auffällig sind die hohen Widerstandswerte zu Profilbeginn (Siedlungsschutt) sowie eine muldenartige Eintiefung mit niedrigeren Messwerten in unmittelbarer Nähe. Zwar ist Letztgenannte von geringerer Ausprägung als bei Profil E4, doch stützt sie die Vermutung eines kleinen Entwässerungsgrabens. Die punktuell erhöhten oberflächennahen Widerstände im westlichen Abschnitt stellen anthropogene Mauerreste jüngeren Alters dar. Sie wurden im Rahmen von Geländebegehungen identifiziert.

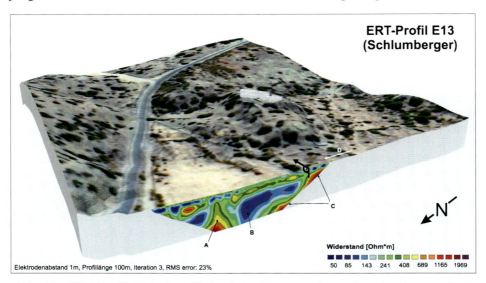

Abb. 19: ERT-Profil E13. Der Verlauf der Tomographie schneidet das nördliche Becken der Karsthohlform. Das subkutane Schluckloch (B) wird von einer Zinne (A) und einem Anstieg der Festgesteinsgrenze (C) in südlicher Richtung begrenzt. (D: südlicher Tributär der Hohlform; Pfeilsignatur: Schnittpunkt von E13 und E3). Quelle: Eigener Entwurf, verändert und ergänzt nach BRILMAYER BAKTI 2009; Datengrundlage: 1,5 m DGM; Textur: Quickbird & Modell der minoischen Villa.

5.3 Geophysikalische Prospektion im archäologischen Grabungsareal

Um die ehemaligen Mensch-Umwelt-Interaktionen im Kontext der landschaftsgeschichtlichen Rekonstruktion hinreichend berücksichtigen zu können, wurden auf dem Siedlungshügel von Zominthos und im Bereich des ausgegrabenen Zentralgebäudes Sondierungen durchgeführt (*on-site*). Die gemessenen ERT-Profile erfassen teilweise auch das nähere Umfeld der archäologischen Grabung (Karsthohlform) und liefern wichtige Informationen über die einstige Größe des Gebäudekomplexes, die Art der bronzezeitlichen Landnutzung sowie die Zerstörung und endgültige Aufgabe der Villa. Eine direkte Verknüpfung von archäologischen Befunden und geomorphologischen Erkenntnissen zugunsten einer synoptischen Diskussion wird somit erstmals möglich.

Das mittels Dipol-Dipol-Konfiguration gemessene ERT-Transekt E7 (Gesamtlänge: 120 m; Elektrodenabstand 1,2 m; 100 Elektroden; zur Lage s. Abb. 14) gibt einen Querschnitt durch den gesamten Siedlungshügel von Zominthos wieder und ist durch auffällige Strukturen im oberflächennahen Untergrund gekennzeichnet (s. Abb. 20). Der rapide Anstieg der Widerstandswerte bis über 1.000 Ωm weist auf anstehendes Festgestein bzw. dessen Verwitterungsprodukt und/oder potenzielle Mauerreste (enge Scharung der Isolinien). Niedrige Widerstände nahe der Geländeoberkante dokumentieren hingegen eine signifikante Verfüllung mit feinkörnigem Lockersubstrat (R < 100 Ωm), intermediäre Messwerte (~200–600 Ωm) werden sehr wahrscheinlich durch eine Mischung aus Feinmaterial und archäologischen Relikten bedingt. Im Sinne einer geoarchäologischen Interpretation sind mehrere Mauern (z.T. als Versturzmasse) zu vermuten, die alle ein auffällig einheitliches Höhenniveau besitzen (ca. 3 m u. GOK). Die geomorphologisch-topographische Situation deutet sowohl im Norden als auch im Süden auf eine Entwässerungsrinne hin, insbesondere aufgrund der Begrenzung des Siedlungskomplexes durch einen Bereich hoher Widerstände (evtl. randliche Mauer eines Kellers oder Erdgeschoss eines bislang unbekannten Gebäudes). Der sich unmittelbar daneben anschließende und mit Feinmaterial verfüllte Graben wird auf siedlungsdistaler Seite von einer auffälligen Vertikalform begrenzt (R > 1.000 Ωm). Eine ausschließlich natürliche Anlage ist unwahrscheinlich, vielmehr könnte die Vertikalstruktur ebenfalls als Mauer interpretiert werden. Im basalen Bereich des Transekts zeigen hohe Widerstandswerte eindeutig den Festgesteinsuntergrund an – ein Befund, der in Referenz zur Kalibrationsmessung E9 (s. Kap. 5.2) als gesichert gelten muss. Der Verlauf des Anstehenden steigt mit Annäherung zur Profilmitte und erreicht im südlichen Drittel seinen oberflächennächsten Bereich in ca. 2 m Tiefe. Auch das Südende der Messung zeigt mehrere Auffälligkeiten, so beispielsweise eine Zone hoher Widerstände an der Geländeoberfläche. Sie sind als Anhäufung von Steinplatten und Quadern anthropogenen Ursprungs zu deuten. Tiefer liegende Feinmaterialakkumulationen belegen in Analogie zur Nordflanke eine massive Aufschüttung und Verfüllung des Siedlungshügels. Zwei Vertikalstrukturen bei 100 und 110 m Profillänge, davon eine bis zur Oberfläche durchreichend, die im gleichen Höhenniveau wie die nördlichen Strukturen liegen (um 3 m u. GOK), sind wahrscheinlich Teil der Bebauung von Zominthos. Das Südende der Tomographie zeichnet sich durch einen massiven Rückgang der Widerstandswerte aus. Wenn auch nur in Ansätzen von E7 erfasst, handelt es sich

5.3 Geophysikalische Prospektion im archäologischen Grabungsareal

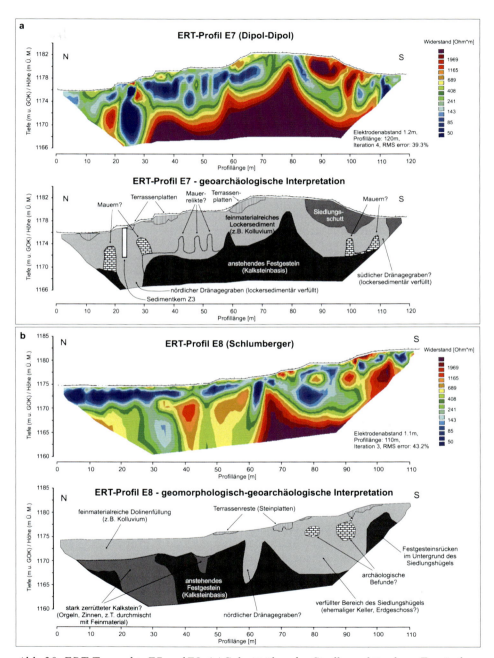

Abb. 20: ERT-Transekte E7 und E8. (a) Schnitt über den Siedlungshügel von Zominthos. (b) Westliches Parallelprofil im Übergang vom Siedlungshügel zur Karsthohlform (zur Lage s. Abb. 14; zur Bohrung Z3 s. Kap. 5.5.2). Quelle: Eigener Entwurf.

hierbei wohl um einen zweiten, den Siedlungshügel flankierenden Dränagegraben. Dieser Abschnitt, der topographisch im südlichen Seitental der Karsthohlform endet, korreliert lagetechnisch absolut mit den Befunden der ERT-Transekte E2, E3, E4 und E5, die alle eine kleine Rinnenstruktur in Siedlungsnähe indizieren. Bei den hohen Widerständen an der Oberfläche handelt es sich um jüngere Terrassenreste (Kalksteinplatten, v. a. im Norden). Zur Überprüfung der Befunde von E7 wurde auf Basis der Tomographie die geeignetste Archivposition für eine Rammkernsondierung ausgewählt (Bohrung Z3; s. Abb. 20). Sie befindet sich im Bereich mächtigster Sedimentakkumulationen innerhalb der nördlichen Grabenstruktur.

Auch das ERT-Profil E8 (Gesamtlänge: 110 m; Elektrodenabstand: 1,1 m; 100 Elektroden, s. Abb. 20) diente der Sondierung des Grabungsareals inklusive einer Erfassung des Übergangsbereichs zur nördlichen Karsthohlform (s. Abb. 14). Das mittels Schlumberger-Konfiguration gemessene Transekt weist in Analogie zu E7 und E9 eine massive sedimentäre Auffüllung im südlichen Teil des Siedlungshügels auf. Die fast 10 m mächtigen Lockersedimente werden basal durch die hohen Widerstandswerte des Kalksteins begrenzt ($R > 1.200\,\Omega m$). Zusätzlich finden sich linsenförmige Bereiche höherer Messwerte, die aufgrund unterliegender Zonen extrem niedriger Widerstände ($R < 100\,\Omega m$) wohl auf anthropogenen Ursprung zurückzuführen sind. Die nördliche Begrenzung des archäologischen Areals bildet eine Vertikalstruktur, die unmittelbar an die Entwässerungsrinne angrenzt (elliptische Form, auffällig niedrige Messwerte). Im Bereich der eigentlichen Karsthohlform sind die Strukturen des ERT-Profils deutlich heterogener, doch ist eine oberflächennahe Schicht feinkörnigen Lockermaterials von mindestens 6 m Mächtigkeit auszumachen. Teilweise von Vertikalstrukturen hoher Widerstände flankiert (Zinnen des Anstehenden oder Kalksteindetritus), reicht die Zone niedriger Widerstände mitunter bis zur Basis des Profils (~15 m u. GOK). Zwar gilt es den erhöhten RMS-Fehler von 43,2 % zu berücksichtigen, doch beruhen vereinzelte strukturelle Unterschiede zwischen E7 und E8 sehr wahrscheinlich auf den jeweils unterschiedlichen Messverfahren: Während die Dipol-Dipol-Konfiguration von E7 eine erhöhte Sensitivität für vertikale Widerstandsveränderungen aufweist, ermöglicht die Schlumberger-Auslage von E8 eher die Identifikation horizontaler Strukturen. Die Ausprägung tatsächlicher Vertikalstrukturen (z.B. Dränagegraben) dürfte in E8 daher teilweise unterdrückt worden sein, was die höheren Widerstände in größerer Profiltiefe erklären würde.

Zur Prospektion des Inneren des minoischen Zentralgebäudes wurde das ERT-Transekt E6 mit Dipol-Dipol-Konfiguration gemessen (s. Abb. 21). Der Einsatz von 100 Elektroden in einem Abstand von jeweils 0,5 m ermöglichte eine besonders hochauflösende Sondierung des Grabungsareals. Die Widerstandswerte der Tomographie indizieren die Basis des Anstehenden in Tiefen zwischen 1 und 4 m ($R > 1.200\,\Omega m$). Auffällig ist die mächtige Verfüllung des Gebäudes mit relativ feinem Lockermaterial ($R < 150\,\Omega m$), das durch vertikal zur Oberfläche hinaufreichende Strukturen unterbrochen wird. Die Befunde lassen eine recht gute Verknüpfung mit den bisherigen archäologischen Ergebnissen zu, wobei sich vor allem das im Bereich der Frontfassade identifizierbare Bodenniveau des Erdgeschosses am Fuße bis zu 3 m hoher Kalksteinmauern bestätigt sieht. Zwei vertikale Lineamente höheren Widerstands in der Profilmitte ($R > 500\,\Omega m$) stellen die Verlängerung des Korridors

5.3 Geophysikalische Prospektion im archäologischen Grabungsareal

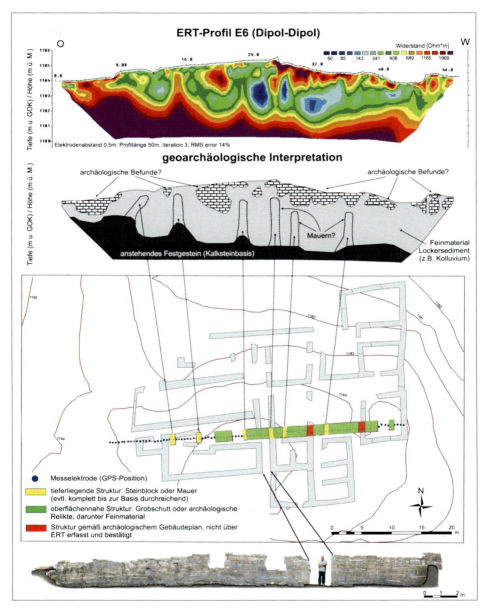

Abb. 21: ERT-Profil E6 im Inneren des Zentralgebäudes von Zominthos mit Interpretationsskizze. Die starken Widerstandsunterschiede weisen auf mächtiges basales Feinmaterial mit aufliegenden archäologischen Befunden aus eventuell zwei verschiedenen Siedlungsphasen hin. Vertikalstrukturen höherer Widerstände sind als Mauern zu deuten. Quelle: Eigener Entwurf; Aufnahme der Fassade: D. Panagiotopoulos.

im teilweise freigelegten Eingangsbereich der Villa dar. Demgemäß müssen weitere Vertikalstrukturen ähnlicher Form (u.a. bei Profillänge 15, 22 und 36 m) ebenfalls als verschüttete Mauern interpretiert werden. Sie wurden im Kontext der archäologischen Kartierung bislang noch nicht aufgenommen und erfordern daher eine Modifikation des Grundrissplans. In der westlichen Profilhälfte schließt sich mit hoher Wahrscheinlichkeit ein einzelner großer Raum an, der durch seine starke Verfüllung mit Lockermaterial in Erscheinung tritt (niedrige Ωm-Werte). Zwei der darin vermuteten Mauern (s. archäologischer Gebäudeplan in Abb. 21) sind gemäß Tomographie E6 nicht bis zur Basis durchreichend und repräsentieren eventuell Teile eines höheren Stockwerkes. Fraglich erscheint allerdings das deutliche oberflächennahe Vorkommen hoher Widerstandswerte (R > 1.000 Ωm). Wie im Rahmen der Geländebegehung dokumentiert, handelt es sich um Schieferplatten bzw. Kalksteinblöcke ehemaliger Mauern der ersten Etage. Dieser Befund lässt sich jedoch nur schwer mit der archäologischen Zerstörungshypothese von Zominthos durch ein einzelnes Erdbeben vereinbaren: Sofern seismische Wellen die Vernichtung der Villa verursachten, müssten jene massiven Steinfragmente an der Basis des Gebäudes liegen (ca. 3 m u. GOK). Stattdessen findet sich eine inverse Lagerung, die aus geomorphodynamischer Perspektive nur durch eine Siedlungsaufgabe, eine darauf folgende Verfüllung der Mauerreste mit Feinmaterial (z.B. aufgrund von Erosionsprozessen) und einen anschließenden Versturz oberer Stockwerke verursacht worden sein kann.

Die Ergebnisse belegen das große Potenzial zukünftiger Grabungen in Zominthos. Wahrscheinlich liegt eine ältere Siedlungsschicht mit Gebäuderesten im Untergrund verdeckt. Für die neupalastzeitliche Villa wurde der Siedlungshügel wohl in größerem Umfang aufgeschüttet, um v. a. nach Westen hin eine größere Plattform zu schaffen.

5.4 Das subkutane Karstrelief im dreidimensionalen Kontext: eine erste Synthese der geophysikalisch-GIS-gestützten Analyse

Die geophysikalische Prospektion im Umfeld der Siedlung von Zominthos ermöglicht die Rekonstruktion der Geomorphodynamik und der Verfüllung der Karstformen. In Verbindung mit Bohrkernanalysen liefert sie wichtige Hinweise auf die ehemalige Topographie bzw. auf natürliche und anthropogen verstärkte Sedimentumlagerungen als Zeugen vergangener Mensch-Umwelt-Interaktionen. In Anbetracht der Ergebnisse zeigt sich insbesondere im nördlichen Sektor von Zominthos eine signifikante Heterogenität des verschütteten Karstreliefs, die sich in einer Vielzahl von Mikro- bis Mesoformen wie Karren, Orgeln, Zinnen oder Karstgassen ausdrückt (BRILMAYER BAKTI & SIART 2009, SIART et al. 2010c). Eine Untersuchung und Ableitung der subkutanen Topographie ausschließlich auf Basis der Oberflächengestalt ist nicht möglich und auch die Zusammenhänge zwischen den einzelnen Tomographien zeigen sich erst in räumlicher Darstellung. Unter Berücksichtigung aller ERT- und SRT-Befunde lässt sich ein relativ präziser Grenzbereich zwischen den oberflächennahen Lockersedimenten und dem unterliegenden Festgestein bzw. dessen Zersatzprodukten ableiten. Die entsprechenden Tiefenwerte des Anstehenden, welche mit GIS extrapoliert und im hochauflösenden Geländemodell digital ausgehoben wurden, ermöglichen erstmals die dreidimensionale Modellierung der Karsthohlform (s. Abb. 22).

5.4 Das subkutane Karstrelief im dreidimensionalen Kontext 77

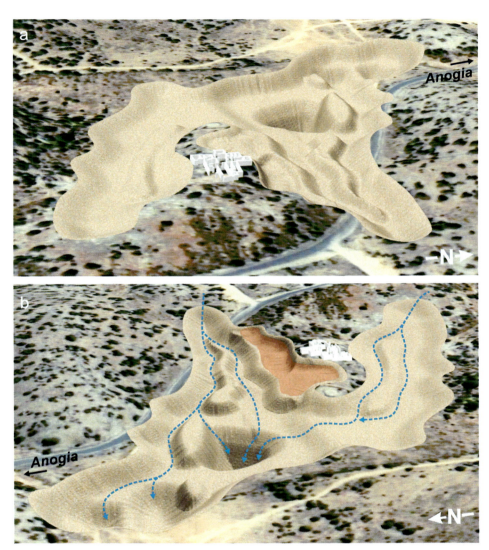

Abb. 22: Perspektivische Blockbilder des subkutanen Karstreliefs von Zominthos, modelliert auf Basis von ERT- und SRT-Tomographien. Die visualisierte Oberfläche (braune Textur) zeigt den ungefähren Verlauf der Festgesteinsgrenze unterhalb der sedimentären Verfüllung mitsamt starker Reliefierung, v. a. im nördlichen Sektor (a: Blick nach NW). Weite Bereiche des Siedlungshügels wurden evtl. kolluvial und/oder anthropogen verschüttet (rotes Polygon, Abb. b). Die Dränagegräben münden im zentralen Abschnitt des Nordsektors in ein großes verfülltes Schluckloch (Maßstab: Durchmesser des Schlucklochs ca. 30 m; blaue Pfeile: potenzielles subkutanes Hauptdränagenetz). Quelle: Eigener Entwurf, verändert und ergänzt nach BRILMAYER BAKTI 2009; Datengrundlage: 1,5 m DGM; Quickbird MS, Modell der minoischen Villa.

Sie gestatten die Visualisierung des charakteristischen Formenschatzes und geben Anhaltspunkte für frühere Landoberflächen. Nach Entfernung der pedosedimentären Verfüllung und der darunterliegenden Zersatzzone dokumentiert das Modell schließlich den Verlauf der basalen Kalksteinoberfläche. Im Nordsektor können dabei mehrere tiefer liegende Rinnen ostwestlicher Ausrichtung identifiziert werden, wobei die siedlungsnähere der beiden zeitweise als anthropogener Be- bzw. Entwässerungsgraben fungiert haben dürfte. Die Existenz der Gräben lässt sich auf jedem der gemessenen ERT-Transekte nachweisen und vermag somit zweifelhafte Einzelbefunde oder Messartefakte zu widerlegen. Beide Rinnen werden durch einen Anstieg der Festgesteinsgrenze mit länglicher Ausrichtung voneinander getrennt (subkutane Schwelle bzw. Felsriegel).

Die Synopse der Tomographien des südlichen Sektors lässt auf ein sedimentverfülltes tributäres Seitental der Karsthohlform von Zominthos schließen. In einem der tiefsten Punkte der heutigen Hohlform mündet es subkutan in das Hauptbecken der Karstwanne. Sowohl die beiden nördlichen Gräben, als auch die südliche Entwässerungsrinne fließen dort zusammen und führen gemeinsam in eines der großen Schlucklöcher (Paläoschluckloch), wie sie auch WALTHAM et al. (2005) für bedeckte Karstsysteme beschreiben. Ihr jeweiliger Ursprung liegt im Bereich von Schichtquellen oberhalb der lokal ausstreichenden Kalavros-Schiefer im Südosten von Zominthos.

Die minoische Villa befindet sich somit in einer ausgeprägten Spornlage, beiderseits umschlossen von vermeintlichen Wassergräben. Dennoch besteht rezent kein Zusammenhang zwischen der verfüllten Katavothra und dem aktiven Ponor im Nordwesten der Hohlform, da an der Geländeoberfläche weder Kanten, noch treppenartige Absätze oder Stufen auf subkutane Nachsackungen (Suffosion; s. VERESS 2009) oder erhöhte Wasserwegsamkeit hinweisen, wie beispielsweise in einem der parallelen Trockentäler südlich von Zominthos (s. Kap. 2.4). Stattdessen kommt es im Norden der Karstform bei winterlichen Regenfällen zur Bildung eines kleinen stehenden Gewässers (griech. *loutsa*, kleiner Teich; s. VAN ANDEL 1998) und zum Abfluss des Wassers entlang der Grenze zwischen Lockersediment und anstehendem Plattenkalk.

Die oberflächenhafte Entwässerung im rezenten Relief der Hohlform, welche anhand eines hydrologischen GIS-Algorithmus aus dem digitalen Geländemodell berechnet wurde (*hydrologic surface analysis*), bestätigt in Grundzügen die subkutane Wasserwegsamkeit (s. geophysikalische Prospektion) und verweist auf eine Kongruenz zur unterirdischen Dränagerichtung. Die Geometrie und die Weiterbildung des bedeckten Reliefs dürften jedoch kaum durch die subkutane Wasserabfuhr beeinflusst werden, stattdessen sind Kryptokarstprozesse als formendes Agens anzunehmen.

5.5 Aufbau und Zusammensetzung der Sedimentfüllungen

Die Präsentation der sedimentologischen Befunde gliedert sich in Sondierungen im Bereich der eigentlichen Karstform (*off-site*) und in Untersuchungen im archäologischen Grabungsareal (*on-site*). Die geborgenen Sedimentkerne werden separat hinsichtlich ihrer mineralogischen sowie geochemischen Eigenschaften vorgestellt. Um eine ganzheitliche Dokumentation zu gewährleisten, erfolgt zu Beginn jedes Unterkapitels eine graphische Darstellung der Befunde unter spezieller Berücksichtigung des gesamten Tiefenprofils der Kerne. Alle genannten Tiefenangaben beziehen sich auf das Niveau der Geländeoberkante (m u. GOK), mineralogische Abkürzungen erfolgen nach SIIVOLA & SCHMID (2007). Ergänzend zu den Rammkernsondierungen wird abschließend auf die Resultate der zur Provenienzbestimmung analysierten Kalksteinproben eingegangen.

5.5.1 Sedimente der Karsthohlform (off-site)

Die Sedimente der verfüllten Karsthohlform von Zominthos wurden im Rahmen von drei Bohrungen sondiert (Z4, Z5, Z6). Entsprechende Beprobungslokalitäten befinden sich in linearer Anordnung. Ausgehend vom östlichen Rand der Karsthohlform hin zur Dolinenmitte im Bereich des tiefsten rezenten Oberflächenpunktes bilden sie eine Sequenz im Abstand von ca. 150 m (s. Abb. 23).

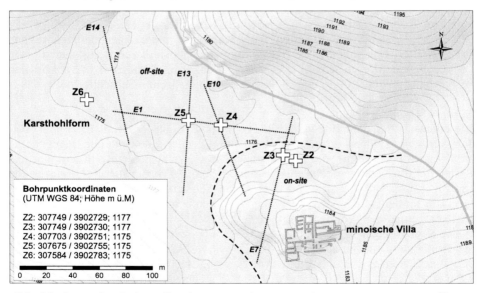

Abb. 23: Lage der Bohrstellen bei Zominthos (gepunktete Linien: ERT-Profile mit Bezug zu den Rammkernsondierungen). Bohrkern Z1 (hier nicht dargestellt) wurde in 0,5 m Abstand zu Z4 entnommen und gleicht diesem stratigraphisch vollkommen, weshalb im Folgenden auf eine Ansprache verzichtet wird. Quelle: Eigener Entwurf.

5.5.1.1 Bohrung Z4

Der Sedimentkern Z4 (1.175 m ü. M.) wurde westlich von Zominthos bis in eineTiefe von 10 m erbohrt (s. Abb. 23 und 24). Die Auswahl des Beprobungspunktes erfolgte auf Basis des ERT-Transekts E1 (s. Abb. 20), welches bei einer Profillänge von 56 m eine oberflächennahe Feinmaterialakkumulation vermuten lässt (s. Kap. 5.2.1).

Magnetische Suszeptibilität
Die potenzielle Magnetisierbarkeit von Z4 erlaubt eine Einteilung des Kerns in drei Hauptabschnitte (s. Abb. 24): Der oberflächennahe Bereich ist bis ca. 2 m durch deutlich erhöhte Suszeptibilitätswerte charakterisiert. Eine verstärkte Existenz ultrafeiner ferrimagnetischer Körner ist zu vermuten (v.a. Magnetit, Maghemit; ~0,02 µm; OLDFIELD 1991, BROWN 2009). Sie dienen als Indikatoren für pedogenetische Prozesse, die unter relativ warmen und feuchten Klimabedingungen ablaufen und das Meßsignal deutlich erhöhen (ELLWOOD et al. 2004, YIM et al. 2004). Ferner können sowohl hohe Tonanteile als auch hohe Humusgehalte zur Retention magnetischer Partikel führen (HANESCH et al. 2007; s. hierzu C_{tot}-Analysen in Kap. 5.5.1.1).

Ab etwa 2 m (zweiter Abschnitt) erfolgt ein signifikanter Wechsel zu niedrigeren Werten, der mit einem Farbwechsel zu eher rötlichem Lockermaterial einhergeht. Sedimente mit erhöhten Goethitanteilen charakterisieren sich grundsätzlich durch eine etwas stärkere Magnetisierbarkeit als hämatitreiche Straten (MAHER 1998).

Bedingt durch die hohe Korngrößenabhängigkeit der Messung, die mit einer Abnahme des Signals bei zunehmender Partikelgröße einhergeht (DEARING 1999), treten im grobmaterialreichen Liegenden des Kerns (dritter Abschnitt, 8–10 m) die geringsten Suszeptibilitätssignale auf. Da Kalzit aufgrund seiner diamagnetischen Eigenschaften eine quantitative Verdünnung magnetisierbarer Komponenten von Lockersubstraten verursacht (GHILARDI et al. 2008), erfolgt mit Erreichen der basalen Festgesteinshorizonte in Z4 ein Rückgang der magnetischen Suszeptibilität.

Korngrößenanalyse
Die Eigenschaften des Feinbodens bilden ein wichtiges Kriterium für die Unterscheidung einzelner Bodensedimente, weshalb im Folgenden eine generelle Bezugnahme auf Korngrößen ≤2 mm erfolgt (Angaben in Gewichtsprozent). Sofern gröbere Bestandteile auftreten, werden entsprechende Werte im Bezug auf den Gesamtboden genannt (kurz: %^{GB}). Ergänzend dienen das Schluff-Ton-Verhältnis (kurz: UTV; Indikator für bodenbildende Prozesse) und der Feinheitsgrad (kurz: FG) zur besseren Differenzierung der Sedimentlagen.

Die Korngrößenanalyse von Z4 zeigt eine äußerst heterogene Zusammensetzung des Feinbodens mit Sandgehalten von 5 bis 68 %, Schluffanteilen von 17 bis 55 % und Tongehalten zwischen 15 und 44 % (s. Abb. 24 und Tab. 16, Annex). Auch die Kieskomponenten schwanken stark (0–43 %^{GB}). Das durchschnittliche Schluff-Ton-Verhältnis des Kerns von 1,3 lässt auf eine sehr schwache autochthone Verwitterung sowie eine nur geringfügige In-situ-Bildung des Sedimentkörpers schließen.

Stratigraphisch lässt sich der Kern in drei Hauptabschnitte untergliedern, wobei unterhalb des nur geringfügig ausgeprägten Oberbodens (4 cm; 10 YR 4/4) bis in eine Tiefe von 2 m extrem feines Substrat dunkelbrauner Färbung (10 YR 4/3) mit

5.5 Aufbau und Zusammensetzung der Sedimentfüllungen

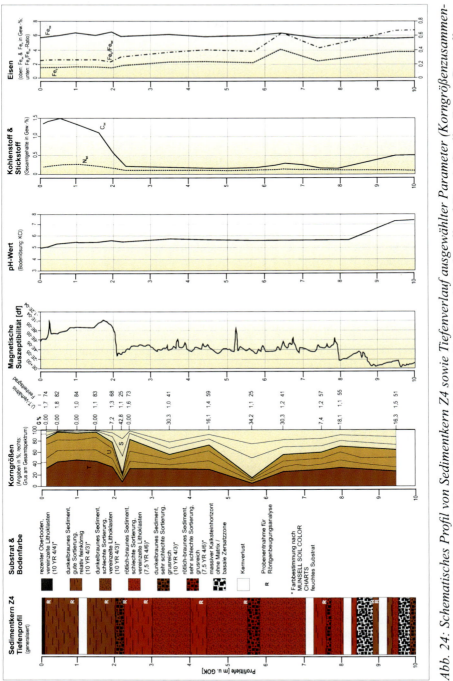

Abb. 24: Schematisches Profil von Sedimentkern Z4 sowie Tiefenverlauf ausgewählter Parameter (Korngrößenzusammensetzung, magnetische Suszeptibilität, pH-Wert, Gehalte an Kohlenstoff, Stickstoff und Eisen). Quelle: Eigene Darstellung.

hohen Schluffanteilen und auffällig niedrigen Sandmengen auftritt (s. Abb. 29). Mit zunehmender Tiefe ist dabei eine Zunahme des Tongehaltes feststellbar, was auf Illuviationserscheinungen hindeutet. Einen zusätzlichen Hinweis auf leichte Bodenbildungsprozesse und somit auf eine rezente geomorphodynamische Stabilitätsphase liefert die Kombination aus relativ niedrigem Schluff-Ton-Verhältnis (1–1,7) und erhöhtem Feinheitsgrad (68–84).

Einhergehend mit einem Farbwechsel zu eher rötlich-braun erscheinendem Substrat (7,5 YR 4/6) bei 2,1 m steigen die Korngrößenmittelwerte innerhalb des zweiten Profilabschnittes deutlich an. Lockersedimente mit auffallend schlechter Sortierung bilden den Hauptteil des Kerns bis in eine Tiefe von 8,5 m. Häufige Wechsellagerungen aus grushaltigen Schichten und feineren Lagen lassen auf große Unterschiede des zugrunde liegenden geomorphodynamischen Prozessgeschehens schließen. Das Fehlen sehr feiner Straten und erhöhte Sandanteile deuten auf vergleichsweise starke Erosions- und Akkumulationsphasen mit nur kurzen zwischenzeitlichen Stabilitätsphasen hin.

Der dritte Teil des Profils (8,5–10 m) besteht überwiegend aus groben Kalksteinschichten. Lediglich bei 8,9 und 9,5 m finden sich schmale zwischenlagernde Bänder von dunkelbrauner Farbe (10 YR 4/3; Residuallehm).

Röntgendiffraktometrische Befunde
Die mittels Röntgenbeugungsanalyse bestimmte Zusammensetzung der Ton- und Schlufffraktion von Z4 (s. Abb. 25) weist im Tiefenprofil eine generelle Homo-genität mit nur geringfügigen Variationen vereinzelter Spurenkomponenten auf (zur semiquantitativen Bestimmung s. Tab. 18, Annex). Dreischichttonminerale, insbesondere Muskovit und Illit, die anhand der Peaks bei 10,1 Å (8,7° 2θ), 5 Å (17,7° 2θ) sowie 4,5 Å (19,8° 2θ) identifiziert wurden, nehmen die größten Anteile ein. Zusatzbehandlungen wie Ethylenglykolisierung und Glühen bei 550° C erbrachten keine Veränderungen des Beugungsverhaltens. In Anbetracht der scharfen Ausprägungsform der Reflexe handelt es sich um Muskovit lithogenen Ursprungs bzw. um nur mäßig verwitterte Intermediärformen.

Quarz ist im Großteil aller Proben zu finden (Beugungsmaximum bei 4,26 Å bzw. 20,85° 2θ). Zwar sind entsprechende Signale meist deutlich schwächer als die der anderen Minerale, doch können aufgrund der maximalen Winkelöffnung von 21,99° 2θ und einem dadurch bedingten Fehlen von Reflexen höherer Ordnung keine eindeutigen quantitativen Aussagen getroffen werden. Auffällig ist Probe Z4-8,9 m, deren röntgenographische Analyse das ausschließliche Vorkommen von Quarz und Glimmern aufweist. Das weißlich bis hellgrau gefärbte Substrat muss aufgrund seiner Feinsedimentkomposition als physikalisch stark verwitterter, chemisch jedoch noch kaum angelöster Gesteinsdetritus interpretiert werden (Tripolitzakalk). Im Gegensatz hierzu ist Probe Z4-4,3 m vollkommen frei von Quarz. Sehr wahrscheinlich dürfte das Mineral eher in den gröberen Korngrößenfraktionen des Präparats auftreten, bedingt durch eine geringere physikalische Verwitterung des Horizonts.

Chloritminerale, die sich anhand der charakteristischen Basisreflexreihenfolge bei 14,2 Å (6,2° 2θ), 7,1 Å (12,4° 2θ) und 4,7 Å (18,7° 2θ) identifizieren lassen (Yeo et al. 1999), konnten in untergeordneten Anteilen oder als Spurenkomponenten gemessen werden. Die Glühbehandlung bei 550° C führte zu einer deutlichen Verstärkung des

001-Reflexes bei gleichzeitiger Auslöschung der höheren Ordnungen (s. Abb. 25). In Kombination mit der auffällig scharfen Ausprägungsform der Beugungsmaxima kann daher auf primäre, eisenreiche Chlorite lithogenen Ursprungs geschlossen werden (vgl. STONE & WEISS 1955). Die Existenz detritischer Chloritkomponenten lässt sich zudem auf Grundlage von Z4-8,96 m nachweisen, einer pulverartigen Probe aus dem Oberflächenbereich eines makroskopisch nur geringfügig verwitterten Klasten (Plattenkalk), die neben Chlorit lediglich Glimmer- und Quarzpeaks aufweist. Der Befund unterscheidet sich signifikant von Z4-8,9 m (s. Abb. 25): Diese in nur 6 cm Abstand und ebenfalls aus einem Kalksteinbruchstück entnommene Probe enthält kein Chlorit. Folglich ist der basale Kernbereich aus unverwittertem Carbonatdetritus weder als einheitlicher Horizont, noch als das eigentliche Anstehende zu interpretieren. Es handelt sich entweder um eine Zersatzzone unterschiedlicher, lokal ausstreichender Gesteinsserien oder um eine Zwischenlage aus großen Blöcken.

Minerale der Kaolinitgruppe wurden in nahezu allen Proben aus Z4 identifiziert, insbesondere auf Grundlage der Extinktion der 7,15 Å (12,3° 2θ) und 4,1 Å (21,3° 2θ) Reflexe bei Glühbehandlung um 550° C (vgl. JASMUND & LAGALY 1993). Sofern jedoch, wie im Falle vorliegender Sedimente, Kaolinit und Chlorit gleichzeitig innerhalb eines Präparats vermutet werden, ist eine röntgenographische Trennung beider Minerale aufgrund von Überlagerungseffekten äußerst problematisch (vgl. BISCAYE 1964). Eine Differenzierung wird deshalb generell über eine Behandlung mit Salzsäure vollzogen, die eine Auslöschung der Interferenzen des Vierschichtsilikats bewirkt, sofern es sich um eine magnesiumarme trioktaedrische Varietät handelt (HILLIER 2003). In Vorgriff auf Kap 5.5.2.2 sei hier auf eine HCl-Anwendung an Präparaten aus Zominthos verwiesen, die eine Zerstörung des gesamten Chloritbestandes verursachte – in Anlehnung an RÜGNER (2000) ein Beleg für den hohen Fe^{2+}-Gehalt der Minerale. Hingegen blieben die beiden Peaks bei 7,15 Å und 4,1 Å erhalten und belegen eindeutig das Kaolinitvorkommen in den beprobten Sedimenten. Insgesamt ist für Z4 eine Dominanz von Kaolinit über Chlorit zu beobachten. Die Herkunft des Zweischichttonminerals kann grundsätzlich lithogen oder pedogen bedingt sein (MARTÍN-GARCÍA et al. 1998), doch ist eine Kaolinisierung der Bodensedimente von Zominthos aufgrund starker Muskovit- und Quarzgehalte auszuschließen (hohe Si-Verfügbarkeit). Es handelt sich demnach um einen allochthonen Eintrag, sehr wahrscheinlich sogar um äolische Einträge aus nordafrikanischen Regionen (vgl. PYE 1992, NIHLÉN & OLSSON 1995).

Die gelegentlich auftretenden Interferenzen bei 14,4 Å und deren deutliche Verschiebung zu größeren Glanzwinkeln nach dem Glühen belegen das Vorkommen von Vermikulit. Sie nehmen jedoch nur untergeordnete Anteile ein. Da Vermikulite unter subtropischen Verwitterungsbedingungen in mäßig saurem Milieu vorwiegend aus der Zerstörung primärer Chlorite hervorgehen (MACLEOD 1980, SCHEFFER & SCHACHTSCHABEL 2002), ist ihr Ursprung sehr wahrscheinlich pedogener Art.

Ferner enthalten die Proben aus Z4 schwach definierte Wechsellagerungsminerale, die unscharfe Beugungsmaxima und ein Hintergrundrauschen zwischen 10 und 14 Å (8,7–6,3° 2θ) hervorrufen. Aufgrund ihres chlorit- und vermikulitähnlichen Beugungsverhaltens ist von einem Zwischenstadium einer Umwandlungssequenz auszugehen (Chlorit-Vermikulit; s. VELDE & MEUNIER 2008). Sie sind jedoch lediglich in Spuren nachweisbar und werden von Reflexen anderer Minerale überlagert.

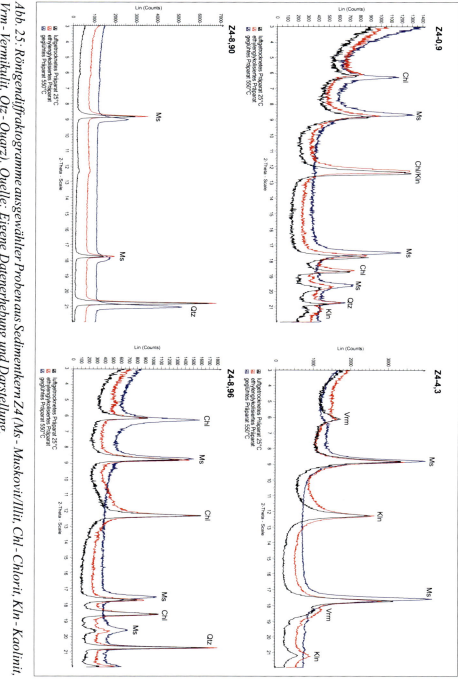

Abb. 25: Röntgendiffraktogramme ausgewählter Proben aus Sedimentkern Z4 (Ms - Muskovit/Illit, Chl - Chlorit, Kln - Kaolinit, Vrm - Vermikulit, Qtz - Quarz). Quelle: Eigene Datenerhebung und Darstellung.

Geochemische Eigenschaften
Die pH-Werte des Kerns liegen zwischen 5,1 und 7,4, wobei erst mit Zunahme grobkörnigen Kalksteinmaterials im Liegenden ein Anstieg der Alkalinität konstatiert werden kann (s. Abb. 24). Hinsichtlich des Gesamtkohlenstoffgehaltes sind die oberflächennahen Horizonte durch auffällig erhöhte Werte gekennzeichnet. Hingegen liegen unterhalb von 2,2 m deutlich geringere C_{tot}-Gehalte vor (Gesamtspektrum: 0,08–1,52 Gew.-%; s. Tab. 16, Annex). Die binominale Ausprägung deutet auf Bodenbildungsprozesse nahe der Geländeoberfläche hin, wobei die Humifizierung der Grasvegetation für eine stetige Zufuhr organischen Kohlenstoffs sorgt. Mineralischer Eintrag ist auszuschließen ($C_{tot}=C_{org}$; $CaCO_2$-Bestimmung mit HCl: c0). Der Anstieg an der Basis des Kerns beruht auf einer massiven Anreicherung von Kalksteindetritus und somit anorganischem Kohlenstoff. Die Stickstoffgehalte erreichen 0,04–0,21 % des Probengewichts und korrelieren mit Gesamtkohlenstoff. Eine grundsätzlich starke organische Bindung von Stickstoff in Oberböden (SCHEFFER & SCHACHTSCHABEL 2002) sowie Zugewinne durch Düngungseffekte (FRIEDEL & LEITGEB 2003) aufgrund intensiver Tierhaltung in der Karsthohlform von Zominthos sind hierfür verantwortlich. Ab 2,2 m nimmt Stickstoff einen unauffälligen Verlauf um die Nachweisgrenze ein. Die Totalgehalte von Schwefel fallen durchweg gering aus (0,01–0,07%). Die hohen Niederschlagsmengen im Arbeitsgebiet dürften zu einer Auswaschung leicht löslicher Sulfate führen und eine Anreicherung verhindern.

Die Messung der Spurenelemente belegt relativ moderate Gesamtgehalte und nur geringe Schwankungen (s. Tab. 16, Annex). Mit durchschnittlichen 1,27% (10,1 mg/g) fällt K_{tot} des Kerns genau in den von SCHEFFER & SCHACHTSCHABEL (2002) genannten charakteristischen Wertebereich für Böden von 0,2–3,3%. Mg_{tot} beläuft sich im Mittel auf 0,9%. In genetischer Hinsicht ist der Großteil beider Elemente mineralischen und vor allem silikatischen Quellen innerhalb der Dolinensedimente zuzuschreiben, wobei insbesondere Glimmer, Illite und Kalifeldspäte im schlecht sortierten Mineralboden für eine Lieferung von Kalium verantwortlich sind. Stark verwit-terungsanfällige Schwerminerale wie Pyroxene und Amphibole bedingen hingegen eine verstärkte Bereitstellung von Magnesium und Kalium. Die Cadmiumgehalte liegen bei durchschnittlich 2 mg/kg und sind im Bezug auf gängige Richtwerte als erhöht zu erachten (unbelastete Böden: <0,5 mg/kg; SCHEFFER & SCHACHTSCHABEL 2002). Mitunter werden Spitzenwerte von 4,1 mg Cd/kg erreicht (s. Tab. 16, Annex). Da je nach geologischem Ausgangsmaterial durchaus auch Cd_{tot}-Gehalte von >3 mg/kg auftreten können (MERIAN 1991), ist eine lithogene Quelle zu vermuten. In Verbindung mit einer starken Cadmium-Sorptionsfähigkeit von Fe- und Mn-Oxiden (MCKENZIE 1972, BELLANCA et al. 1996) führte sie bei gleichzeitig erhöhten pH-Werten zur Anreicherung im Sedimentkörper. Ferner wurden in Z4 leicht erhöhte Zinkgehalte gemessen (Ø 190 mg/kg; vgl. unbelastete Böden: 10–80 mg/kg), die positiv mit Cadmium korrelieren. Der Gesamtgehalt an Eisen erreicht im Profilverlauf durchschnittlich 6% (48 mg/g) und zeigt fast keine Variabilität zwischen den einzelnen Horizonten (s. Abb. 25). Er korreliert deutlich mit den für Pedosedimente in subtropischen Klimaten typischen Fe_{tot}-Anteilen (DURN et al. 1999). Der Gehalt freien Eisens ist hingegen weitaus geringer (Ø Fe_d 2,2%; 17,4 mg/g) und liegt deutlich unter den üblichen Mengen dithionitlöslichen Eisens mediterraner chromic Luvisols (s. BRONGER & BRUHN-LOBIN 1997, GONZÁLEZ MARTIN et al. 2007).

Fazit
Unter Berücksichtigung aller Befunde belegt der Bohrkern Z4 die deutliche Dreigliederung des Sedimentkörpers der Karstform. Im oberflächennahen Bereich (0–2,1 m) deutet eine einsetzende pedogenetische Überprägung auf rezente Stabilitätsbedingungen im geomorphodynamischen System hin, doch fehlen eindeutig differenzierbare Horizonte. Der größte Teil des Sedimentkörpers (2,1–8,3 m) besitzt eine sehr schlechte Sortierung und eine fehlende Stratifizierung. Bodenbildende Prozesse sind nicht nachweisbar. Es handelt sich fast durchweg um die kolluvial eingetragenen, ehemaligen Böden der umliegenden Hänge. Gerade der hohe Grobmaterialgehalt und die äußerst geringe mineralogisch-geochemische Variation im mittleren Kernabschnitt dokumentieren die Existenz einer ehemals starken Erosionsdynamik im Untersuchungsgebiet. Sehr wahrscheinlich entstand die mächtige Verfüllung der Hohlform in einer einzigen Phase, ohne dass zwischen den Sedimentationsprozessen längere Zeiträume mit pedogener Überprägung der Schüttungen lagen. Die Kalksteinklasten im basalen Profilabschnitt (8,3–10 m) sind entweder als ein lokales Verwitterungsprodukt des Anstehenden oder als allochthoner Detritus zu interpretieren, nicht jedoch als die eigentliche Festgesteinsbasis.

5.5.1.2 Bohrung Z5

Der Sedimentkern Z5, erbohrt auf 1.175 m ü. M. im zentralen Bereich des Nordsektors (s. Abb. 23), erreicht eine Gesamttiefe von 10 m. Die Auswahl der Lokalität erfolgte unter Zuhilfenahme des ERT-Transekts E1 (s. Abb.15), wobei auf einer Profillänge von 85 m die bestmögliche Archivposition vermutet wurde (subkutanes Schluckloch). Insgesamt belegt der Kern die deutliche Untergliederung der sedimentären Karstfüllung in mehrere Hauptabschnitte, wie sie bereits am Bohrpunkt Z4 sichtbar wurde.

Magnetische Suszeptibilität
Aufgrund des Feinmaterialreichtums weist die magnetische Suszeptibilität im oberflächennahen Bereich bis 2,5 m erhöhte Werte auf, doch finden sich gelegentliche Signaleinbrüche, die durch besonders grobmaterialhaltige Horizonte hervorgerufen werden (s. Abb. 25). Innerhalb des sich tiefenwärts anschließenden Abschnittes bis 5 m pendelt sich die Kurve auf deutlich niedrigere Werte ein, bedingt durch die vornehmlich grushaltigen Straten. Auffällig ist der unmittelbar oberhalb des markanten Farbwechsels von bräunlichem zu rötlicherem Substrat auftretende Peak bei 5,3 m, dessen Magnetisierbarkeit nahezu dem Dreifachen seiner angrenzenden Horizonte entspricht. Ein Zusammenhang mit einer feinen Korngrößenzusammensetzung ist nicht feststellbar. In Anbetracht seiner bräunlich-schwärzlichen Verfärbung ist eine lokale Anreicherung von ferrimagnetischen Partikeln sowie Manganoxiden zu vermuten (paramagnetische Eigenschaften von MnO; Svoboda 2004), die die erhöhten Suszeptibilitätswerte verursacht. Gleiches gilt für zwei weitere Peaks bei 7,4 m und 8,7 m. Ähnlich wie bei Z4 finden sich erhöhte Messwerte in dunkelbraunen Horizonten und eine verringerte Magnetisierbarkeit in rötlicheren Schichten (magnetische Suszeptibilität Goethit > Hämatit). Zwar wird dieser Effekt durch den Einfluss der Korngrößenzusammensetzung überlagert, doch muss die mineralogische

Komposition als zweite Steuergröße für die Intensität der Magnetisierbarkeit erachtet werden. Im dritten Kernabschnitt unterhalb von 5,3 m verläuft die Messkurve bei relativ geringen Werten eher schwach oszillierend und erreicht mit den basalen Kalksteinlagen ihre Nachweisgrenze (diamagnetische Eigenschaften von Calcit).

Korngrößenanalyse
Der Tiefenverlauf des Kernprofils Z5 charakterisiert sich durch auffällige Schwankungen in der Korngrößenzusammensetzung (Ton: 11–41%, Schluff: 16–54%, Sand: 15–73%, Grus: 0,7–41%^{GB}; s. Abb. 25 & Tab. 16, Annex). Das hohe durchschnittliche Schluff-Ton-Verhältnis (1,5) impliziert in Kombination mit erhöhten Anteilen an Grobkomponenten eine geringe autochthone Verwitterungsintensität und einen starken externen Materialeintrag.

Unter einem geringmächtigen Oberboden (5 cm; 10 YR 4/4) schließen sich bis 5,3 m dunkelbräunliche Schichten mit äußerst uneinheitlicher Sortierung an (10 YR 4/3). Hierbei treten einerseits erhöhte Tongehalte bei gleichzeitig geringen bzw. fehlenden Grusbestandteilen auf, andererseits finden sich sehr grobmaterialreiche Horizonte, die einen starken allochthonen Materialeintrag belegen (FG: 26–45; UTV: 0,9–1,9). Innerhalb des ersten Profilmeters ist eine deszendente Tonzunahme feststellbar, was auf Lessivierungsprozesse hindeutet. Auffällig ist die deutliche Wechsellagerung von dunklen Groblagen und dünneren, hellbraunen Feinmaterialschichten (10 YR 6/6) mit hohen Schluffanteilen, wie z. B. bei 2,87 m, 3,74 m oder 4,73 m. Letztere sind nahezu grusfrei, jedoch auch deutlich tonärmer als die sie umgebenden Straten.

Der darunter liegende Profilabschnitt (5,3–8 m) weist eine Homogenität und eher rötlich-braune Sedimente (7,5 YR 4/6) ohne nennenswerte interne Differenzierung auf. Die Ablagerungen sind von einer annähernden Gleichverteilung der Komponenten gekennzeichnet und stehen somit in starkem Kontrast zum Kerntop. Zwischenlagernde Feinmaterialbänder fehlen und die Mächtigkeit des Abschnitts lässt auf eine einzige Akkumulationsphase oder ein kurzzeitiges Ereignis mit massiver Kolluviation schließen.

Zwischen 8 und 10 m folgen wiederum den oberflächennahen Horizonten ähnelnde Straten, was sich in einer stärkeren Heterogenität der Korngrößen sowie der Einschaltung heller Feinmaterialbänder mit erhöhten Schluffgehalten bis 50% äußert. In 9,8 m Tiefe wurde eine Kalksteinschicht erreicht, die unter Berücksichtigung von E1, E11 und E13 (s. Abb. 15 und 16) nicht als das eigentliche Anstehende zu interpretieren ist, sondern eher als einzelnes Gesteinsartefakt.

Röntgendiffraktometrische Befunde
Die röntgenographisch analysierte Schluff- und Tonfraktion von Z5 (s. Tab. 18, Annex) besteht vorwiegend aus Glimmermineralen (Muskovit und Illit), deren scharfe Reflexmorphologie für eine lithogene Provenienz spricht (vgl. Kap. 5.5.1.1). In allen Proben konnte Quarz nachgewiesen werden, doch lassen sich deutliche quantitative Unterschiede beobachten. Einerseits tritt das Mineral als Hauptkomponente auf (große Peakhöhe), andererseits jedoch auch nur in Spuren. Im Gegensatz zu Z4 ist Chlorit in Z5 eines der vorherrschenden Silikate (lithogene, eisenreiche Varietät; s. SIART et al. 2010a). Zweischichttonminerale der Kaolinitgruppe finden sich in allen Präparaten (zur Identifikationsproblematik von Chlorit und Kaolinit s. Kap. 5.5.1.1).

Sowohl eine lithogene als auch äolische Herkunft sind anzunehmen. Lediglich in den chloritfreien Proben konnte Vermikulit identifiziert werden, dessen Herkunft auf pedogenetische Prozesse zurückzuführen ist (in-situ oder präerosiv; vgl. VELDE & MEUNIER 2008). Wechsellagerungsminerale, die schwach ausgeprägte Beugungszacken und ein erhöhtes Hintergrundsignal zwischen 14 und 10 Å hervorrufen (z. B. Corrensit oder Chlorit-Vermikulit-Wechsellagerung), finden sich in Z5 nur in Spuren.

Hinsichtlich des Mineralbestandes der Schluff- und Tonfraktion von Z5 lassen sich insgesamt nur geringfügige Veränderungen feststellen. Ein großer Teil der identifizierten Minerale wurde sehr wahrscheinlich im Rahmen der Bodenbildung an den umliegenden Hängen gebildet, bevor eine Umlagerung in die Karsthohlform erfolgte.

Geochemische Eigenschaften
Die Azidität des Bodenmilieus liegt zwischen pH 5,1 und 6,8 (mäßig bis schwach sauer; s. Abb. 26). Oberflächennah finden sich in Z5 die niedrigsten Werte, gefolgt von einem Anstieg bei 3,74 m und einer kontinuierlichen Oszillation um pH 6,1 bis zur Basis. Eine Korrelation zwischen pH-Werten und makroskopisch unterschiedlichen Straten ist nicht feststellbar. Die C_{tot}-Gehalte erreichen oberflächennah erhöhte Werte bis 1,2 Gew.-%, wobei mit zunehmender Profiltiefe eine stetige Abnahme erfolgt ($C_{tot}=C_{org}$; Remineralisierung organischer Substanz; s. Kap. 5.5.1.1). Eine Ausnahme bildet der markante Anstieg im mittleren Profilabschnitt auf Werte bis 1,4 Gew.-%, der auf eine lokale Anreicherung anorganischen Kohlenstoffs zurückzuführen ist (sandreiches Feinmaterialband mit Calcitkristallen; s. Tab. 16, Annex). Die Gesamtgehalte an Stickstoff (Ø: 0,07 Gew.-%) sind oberflächennah leicht erhöht, erreichen sonst jedoch nur sehr geringe Werte. Eine Korrelation mit organischem Kohlenstoff wird durch eine N-Bindung in Huminstoffen und durch Düngungseffekte bedingt (Weidewirtschaft). Die gemessenen Schwefelmengen bleiben mit durchschnittlich 0,03 Gew.-% nahe der Nachweisgrenze. Nur innerhalb des ersten Profilmeters können leicht erhöhte S_{tot}-Gehalte gemessen werden (organische Bindung im C-reicheren Kerntop, vgl. Kap. 5.5.1.1).

Spurenelemente wie Kalium und Magnesium wurden lediglich in geringen Mengen identifiziert (Ø K_{tot}: 1,06 %; Ø Mg_{tot}: 1,03 %; s. Tab. 16, Annex). Die Cadmiumgehalte belaufen sich auf durchschnittlich 1,04 mg/kg. Größere Mengen treten in den tiefsten Profilbereichen auf (9,42 m: 2,5 mg/kg). Eine Korrelation mit Zink ist nachweisbar, dessen Anteile ebenfalls leicht erhöht sind und im Mittel ca. 140 mg/kg erreichen. Das durchschnittliche Zn/Cd-Verhältnis, welches als Indikator für den Reifezustand von Sedimenten gesehen werden kann, belegt mit einem Wert von 157 nur schwache pedogenetische Prozesse (typisches Zn/Cd-Mengenverhältnis in Böden = 100; SCHEFFER & SCHACHTSCHABEL 2002). Im Kontext verstärkter Bodenbildungsprozesse erfolgt eine generelle Abnahme entsprechender Werte (relative Cd-Anreicherung im Vergleich zu Zn). Auffällig sind die hohen Fe_{tot}-Anteile um 6 % (48 mg/g). Hingegen fallen die Fe_d-Gehalte deutlich geringer aus (Ø: 1,7 %), was im Zusammenhang mit einem sehr geringen Fe_d/Fe_{tot}-Verhältnis von durchschnittlich 0,29 auf fehlende Bodenbildungsprozesse hindeutet. Ein schwacher Verwitterungsgrad primärer eisenreicher Silikate ist anzunehmen.

5.5 Aufbau und Zusammensetzung der Sedimentfüllungen

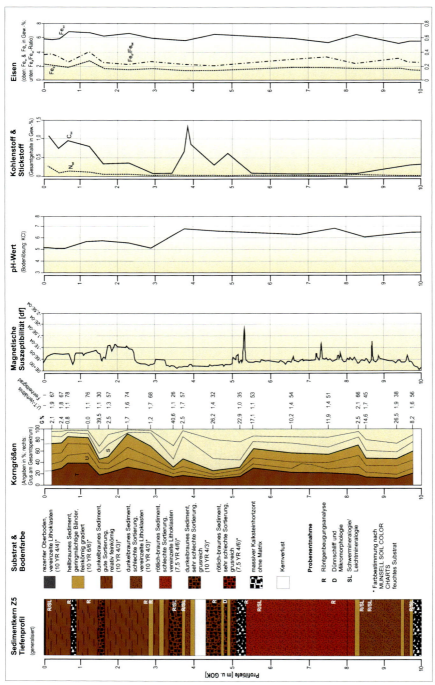

Abb. 26: Schematisches Profil von Sedimentkern Z5 sowie Tiefenverlauf ausgewählter Parameter (Korngrößenzusammensetzung, magnetische Suszeptibilität, pH-Wert, Gehalte an Kohlenstoff, Stickstoff und Eisen). Quelle: Eigene Darstellung.

Schwermineralzusammensetzung
Im Gegensatz zu Z4 wurden die Sedimente des Kerns Z5 einer schwermineralogischen Untersuchung unterzogen. Die Befunde belegen stark schwankende Anteile an der Feinsandfraktion (0,5–7 Gew.-%, s. Abb. 27). Über durchlichtmikroskopische Auszählung und röntgenographische Analysen wurden die Minerale Ferrokarpholith, Muskovit, Turmalin, Rutil, Brookit, Anatas, Alumosilikate (Sillimanit & Andalusit), Epidot, Klinopyroxen (Augit, Diopsid), Orthopyroxen (Enstatit, Hypersthen), Zirkon, Spinell, Granat, Na-Amphibol (Glaukophan, Riebeckit), Chlorit, Topas, Allanit und Titanit bestimmt (HOLZHAUER 2008). Im Rahmen der begleitenden REM-EDX-Analyse konnten zusätzlich Chloritoid, Paragonit, Monazit, Danburit und Xenotim in Spuren bzw. in geringeren Anteilen identifiziert werden. Zudem finden sich verwachsene Mineralaggregate, z. B. Rutil mit Quarz und Chloritoid. Hohe Opakgehalte wie in Z5-8,3 m (75,3 %) werden durch residuale Oxidbeläge auf Kornoberflächen und Minerale wiecc Hämatit oder Ilmenit bedingt. Auffällig ist die massive Häufung von Mineralen nicht-carbonatigen Ursprungs, die allochthonen Liefergebieten entstammen müssen.

Die quantitative Verteilung einzelner Minerale im Tiefenprofil erweist sich als relativ ausgeglichen, was mit der meist ähnlichen Korngrößenzusammensetzung (schlechte Sortierung) und der nur schwach ausgeprägten Horizontierung des Kerns korreliert. Ferrokarpholith, der in Zentralkreta ausschließlich innerhalb der Phyllit-Quarzit Einheit nachgewiesen werden konnte und somit als höchst diagnostisch zu erachten ist (DE ROEVER 1951 & 1977, SEIDEL 1978), erreicht die größten Anteile. Da phyllitische und quarzitische Gesteine im Umfeld von Zominthos fehlen, muss es sich um ein reliktisches oder aus externer Quelle eingetragenes Mineral handeln. Auch Hellglimmer, Turmalin, Rutil und Anatas sind zahlreich vertreten – ein Trend,

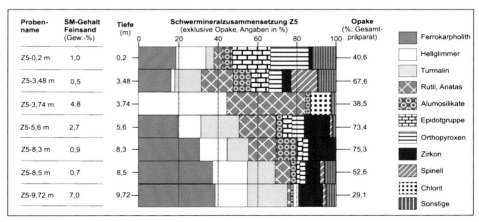

Abb. 27: Schwermineralogische Befunde aus Z5 nach durchlichtmikroskopischer Auszählung (Gesamtgehalt und Opakanteil in %). Typisch kolluviale Horizonte weisen große Mengen allochthoner Minerale auf, u. a. in tiefen Profilbereichen. Hingegen besitzt Z5-3,74 m aufgrund eines starken lokalen Sedimenteintrags eine varietätenarme Zusammensetzung. Quelle: Eigene Darstellung, verändert und ergänzt nach HOLZHAUER 2008.

5.5 Aufbau und Zusammensetzung der Sedimentfüllungen

Tab. 11: Mikrosonden- und rasterelektronenmikroskopische EDX-Analysen ausgewählter Schwerminerale aus Z5 (Angaben in Gewichtsprozent, Sortierung nach Mineral; Am - Natriumamphibol, Chl - Chlorit, Cld - Chloritoid, Cpx - Klinopyroxen, Ep - Epidot, Fcp - Ferrokarpholith, Glas - vulkanogenes Glas, Grt - Granat, Ms - Muskovit, Opx - Orthopyroxen, Pg - Paragonit, Rt - Rutil, Spl - Spinell, Tur - Turmalin, Zrn - Zirkon; Ursprungsgesteinseinheit: PK - Plattenkalk, PQ - Phyllit-Quarzit, TK - Tripolitzakalk, OPH - Ophiolithkomplex, V - vulkanogen). Die Analyse der Chemismen erlaubt eine Herkunftsbestimmung der Minerale und liefert somit Hinweise auf den Ursprung der Karstsedimente von Zominthos. Auffällig sind die deutlichen chemischen Unterschiede bei Pyroxenen bzw. Spinellen sowie die Existenz vulkanogener Gläser. Starke ortsfremde Stoffeinträge aus regionalen und überregionalen Quellen im östlichen Mediterranraum sind demnach zu veranschlagen.

Mineral	Am	Chl	Cld	Cpx	Cpx	Ep	Fcp	Glas	Glas	Grt	Ms	Opx (Fe)	Opx (Mg)	Opx (Mg)	Pg	Rt	Spl (Al)	Spl (Al)	Spl (Cr)	Tur	Zrn
Probe Nr.	9b	B5-231	B1-121	1-16	Px2_3	B5-222	B2-141	1-1	1-16	B5-229	B3-173	1-1	B2-136	2-14	B3-165	B3-167	B6-276	Px2-16	B5-254	B4-197	B5-255
Kern Tiefe (m)	ZS 0,1–0,3	ZS 8,5	ZS 0,2	ZS 0,1–0,3	ZS 3,6–3,9	ZS 8,5	ZS 3,74	ZS 0,1–0,3	ZS 0,1–0,3	ZS 8,5	ZS 5,6	ZS 0,1–0,3	ZS 3,74	ZS 3,6–3,9	ZS 5,6	ZS 5,6	ZS 9,72	ZS 3,6–3,9	ZS 8,5	ZS 8,3	ZS 8,5
Methode	ESMA	ZS	ESMA	ESMA	ESMA	ESMA	ESMA	ESMA	ESMA	ESMA	ESMA	ESMA	ESMA	ESMA	ESMA	REM	ESMA	ESMA	ESMA	ESMA	REM
Herkunft	PQ	PK, PQ	PQ	OPH, V	OPH, V	PQ, OPH,	PQ	V	V	OPH	PK, PQ, TK, OPH	OPH, V	OPH, V	OPH, V	PQ, OPH,	PK, PQ	OPH	OPH	OPH	PK, PQ, OPH	PK, PQ, OPH
SiO$_2$	44,22	37,62	24,40	52,15	52,75	37,35	38,58	74,62	75,48	39,58	48,18	52,96	56,68	53,77	49,22	0,00	0,04	0,04	0,02	36,62	31,72
TiO$_2$	2,84	0,00	0,02	0,21	0,41	0,04	0,15	0,27	0,31	0,09	0,11	0,15	0,15	0,43	0,01	99,93	0,08	0,63	0,11	0,07	0,00
Al$_2$O$_3$	10,19	21,93	40,14	1,00	2,36	22,04	32,17	19,89	14,00	22,67	35,00	0,40	1,20	1,49	39,46	0,00	28,05	58,40	0,22	31,08	0,00
Cr$_2$O$_3$	0,03	0,00	0,00	0,00	0,42	0,01	0,04	0,00	0,03	0,04	0,04	0,02	0,01	0,03	0,03	0,00	39,58	0,45	54,84	0,06	0,00
Fe$_2$O$_3$	0,00	0,00	0,00	0,00	1,03	14,13	0,00	0,00	1,97	0,21	0,18	0,00	0,00	0,00	0,49	0,00	1,52	7,05	13,00	0,00	0,00
FeO	12,78	19,38	25,16	10,81	5,83	0,00	9,93	1,98	0,06	0,14	0,93	24,03	3,71	17,66	0,00	0,00	16,49	14,75	25,29	0,29	0,00
MnO	0,28	0,00	0,30	0,70	0,21	0,11	0,11	0,09	0,29	0,01	0,00	1,19	0,72	0,51	0,29	0,00	0,08	0,04	1,04	0,00	0,00
MgO	13,14	20,27	2,33	13,19	16,47	0,09	7,36	0,32	1,50	0,01	00,90	19,81	36,18	24,23	0,02	0,00	12,80	0,00	3,27	10,69	0,00
CaO	11,26	0,00	0,00	20,55	20,90	23,60	0,00	1,43	3,24	37,67	0,02	1,22	1,01	1,73	6,59	0,00	0,00	17,38	0,00	0,04	0,00
Na$_2$O	2,30	0,00	0,01	0,36	0,27	0,02	0,01	4,17	3,14	0,01	1,16	0,02	0,01	0,04	1,04	0,00	0,00	0,01	0,00	2,70	0,00
K$_2$O	0,44	0,00	0,01	0,00	0,01	0,00	0,01	3,22	3,14	0,01	7,64	0,00	0,00	0,00	0,00	0,00	0,00	0,00	0,00	0,02	67,7
ZrO$_2$	N/A	N/A	N/A	N/A	N/A	N/A	N/A	N/A	N/A	N/A	N/A	N/A	N/A	N/A	N/A	N/A	N/A	N/A	N/A	N/A	N/A
H$_2$O	0,00	0,00	7,22	0,00	0,00	1,86	11,52	0,00	0,00	0,00	4,55	0,00	0,00	0,00	4,80	0,00	0,00	0,00	0,00	3,60	0,00
Total	97,48	99,20	99,59	98,97	100,65	99,24	99,87	100,00	100,00	100,41	98,71	99,86	99,67	99,59	101,95	99,93	98,64	98,75	97,78	85,18	99,42

Quelle: Eigene Darstellung; Mineralformelberechung: H.P. Meyer, Institut für Geowissenschaften, Universität Heidelberg.

der sich vom Top des Kerns bis zur Basis zunehmend verstärkt (s. Abb. 27). Besondere Aufmerksamkeit verdient die Probe Z5-3,74 m (Feinmaterialband), die sich im Gegensatz zu den schlecht sortierten Horizonten durch eine auffällige Häufung von Muskovit, Rutil, Anatas und Chlorit auszeichnet. Das Fehlen von Ferrokarpholith, Spinell, Zirkon, Epidot und Turmalin bewirkt eine relative Mineralarmut, die auf eine geringere Anzahl potenzieller Lieferquellen hinweist. Zudem deutet das exklusive Auftreten von Chlorit in Form von Sandpartikeln angesichts der hohen Verwitterungsanfälligkeit des Minerals (BATEMAN & CATT 2007) auf ein eher schwaches Verwitterungsstadium und somit ein chlorithaltiges Gestein hin, welches im Umfeld der Hohlform ansteht (z.B. lokaler Kalkstein). Grobmaterialhaltige Horizonte wie Z5-5,6 m zeichnen sich stattdessen durch eine deutlich heterogenere Schwermineralkomposition aus, was durch starke lokale Umlagerungsprozesse bedingt wurde (Kolluviation und unterschiedliche Provenienzen).

Um Substrate lokalen Ursprungs von regionalen und überregionalen Materialeinträgen in die Hohlform zu trennen, wurden die Chemismen ausgewählter Körner aus den REM-Präparaten mittels Mikrosonde analysiert (s. Tab. 11 & Tab. 20, Annex). Insbesondere Klino- und Orthopyroxene, die verschiedene Varietäten in Form eisenreicher sowie magnesiumreicher Minerale bilden, entstammen unterschiedlichen Liefergebieten (u. a. ophiolithische Gesteine, externer Sedimenteintrag aus distalen und/oder vulkanischen Quellen). Auch die analysierten Spinelle sind als unterschiedliche Typen vertreten, die alle ultramafischen Gesteinen (KOEPKE 1986, KOEPKE et al. 2002) und somit den Ultrabasiten der kretischen Ophiolithkomplexe entstammen müssen. Besondere Beachtung verdienen Minerale mit Siliziumgehalten von über 70 % bei gleichzeitigen Aluminiumanteilen von 12–15 %. Sie wurden lediglich in Z5-0,2 m und in ausschließlicher Verwachsung mit Orthopyroxenen vorgefunden (s. Abb. 45, Annex). Ihre chemische Zusammensetzung entspricht vulkanogenen Gläsern. Da Vulkanismus auf Kreta ausgeschlossen werden kann, müssen sie über äolische Transportmechanismen aus ortsfremden Quellen in die lokalen Sedimente eingetragen worden sein.

Leichtmineralspektrum
Die analysierte Leichtmineralkomposition (angeschliffene REM-Präparate) besteht überwiegend aus Quarzen mit untergeordneten Anteilen von Feldspäten (Albit) und Muskoviten (z. T. als Mineralaggregate). Eine hohe Variabilität von Kornmorphologie und Erhaltungszustand ist feststellbar (z. B. juvenile Quarze ohne Verwitterungsspuren, angewitterte und fast vollständig dissoziierte Kornvarietäten), was eine starke Durchmischung der Sedimente anzeigt.

Im Rahmen der mikrotexturiellen Untersuchung von Quarzen aus Z5 (REM-EDX-Analyse, goldbedampfte Proben) konnten mehrere verschiedene Kornvarietäten identifiziert werden, die sowohl Aufschluss über die unterschiedliche Herkunft der Lockermaterialakkumulationen geben, als auch über unterschiedliche geomorphodynamische Prozesse im Zuge der Sedimentation (s. Tab. 19, Annex). Es finden sich (1) Körner mit idiomorpher Topographie, (2) hypidiomorphe Quarze mit partiell glatter Oberfläche und gelegentlichen Mikrotexturen sowie (3) xenomorphe Minerale mit rauer Oberfläche und teilweise weiteren, sich überlagernden Überprägungen (SIART et al. 2010a).

5.5 Aufbau und Zusammensetzung der Sedimentfüllungen

(1) Nahezu unverwitterte, idiomorphe Körner mit trigonaler Kristallsymmetrie (s. Abb. 28) sind nach MAHANEY et al. (1991) als Verwitterungsprodukt des Anstehenden zu erachten. Das Fehlen sämtlicher Mikrotexturen deutet auf eine Herkunft aus dem unmittelbaren Umfeld der Karsthohlform hin. Während die fast unversehrten Minerale nur in den oberflächennäheren Profilbereichen auftreten, finden sich fortgeschrittene Verwitterungsstadien vorwiegend in tieferen Profilbereichen. In quantitativer Hinsicht spielen idiomorphe Quarze jedoch nur eine untergeordnete Rolle (< 10 % des Gesamtspektrums).

Abb. 28: Rasterelektronenmikroskopische Quarzaufnahmen aus Z5 (Sekundärelektronen-Modus). Die über Mikrotexturen bestimmbare Herkunft der Körner ist überwiegend autochthon, doch finden sich auch äolisch eingetragene Minerale. (a) Idiomorphes Korn mit leichten Verwitterungsspuren. (b) Hypidiomorph-gerollter Quarz als Indikator für tektonischen Stress. (c) Hypidiomorphes Korn mit Lösungsdepression. (d) Gleitflächenquarz mit conchoidalen und getreppten Schlagmarken. (e) Quarz mit slickensides und Bruchstrukturen. (f) Äolisch transportierter, xenomorpher Quarz. (g) Äolisch eingetragener Quarz, polyzyklisch verwittert (Lösungsformen, Bruchkanten). (h) Juveniles, xenomorphes Korn mit Bruch- und Lösungsstrukturen. (j) Übersichtsdarstellung verschiedener Quarztypen mit Dominanz polyzyklisch verwitterter Körner und idiomorphem Quarz (Mitte). Quelle: Eigene Datenerhebung und Darstellung.

(2) Quarze mit hypidiomopher Gestalt kennzeichnen sich v. a. durch eine irreguläre Kristallform (s. Abb. 28). Ihre mitunter kugelartig gerundete Oberfläche weist auf tektonische Aktivität hin, wie sie für Störungszonen charakteristisch ist (engl. *rolled grains*; MAHANEY 2002). Gleiches gilt auch für hypidiomorphe Körner, die nicht vollkommen deformiert wurden und durch Abschleifen ein diagnostisch glänzendes Aussehen erlangten (Gleitflächenkörner, engl. *slickenside grains*). Ihr Ursprung kann nur auf eine der metamorph überprägten Gesteinseinheiten zurückgeführt werden (Plattenkalk, z. T. auch Tripolitzakalk). Hypidiomorphe Quarze treten eher als Neben- oder Spurenkomponente auf und stellen somit nur einen geringen Anteil am leichtmineralogischen Gesamtspektrum. Eine Korrelation zwischen größerer Profiltiefe und einer zunehmenden Anzahl von Mikrotexturen ist nicht nachweisbar.

(3) Die dritte Hauptklasse von Quarzen ist xenomorpher Art und besitzt eine stark verwitterte Oberflächenstruktur (Abb. 28). Einige Körner sind durch eine gerundete bis vollkommen runde Morphologie sowie eine Außenschicht aus mechanisch aufgerichteten Schuppen gekennzeichnet (engl. *upturned plates*). Die Plättchen wurden teilweise deutlich aus ihrer Umgebung herauspräpariert und belegen eine derart starke physikalische Einwirkung auf das Mineral, wie sie nur äolische Transportmechanismen verursachen können (s. KRINSLEY & DOORNKAMP 1973, CATER 1984, PRIORI et al. 2008). Durch Kollision einzelner Körner wird während des atmosphärischen Transportes sowohl eine Zurundung von Ecken und Kanten, als auch ein Absplittern einzelner Domänen verursacht (ABD-ALLA 1991, BUBENZER & HILGERS 2003). Gelegentlich weisen die Körner zusätzliche Spuren einer In-situ-Verwitterung auf, u. a. Bruch- und Abrasionsstrukturen. Nach quantitativen Schätzungen dürfte sich der Anteil äolisch transportierter Quarze jedoch auf maximal 2 % des untersuchten Gesamtspektrums belaufen. Der weitaus größere Teil xenomorpher Quarze, der sich durch glatte Oberflächen und markante Bruchstrukturen auszeichnet (engl. *fracture faces*), steht primär in Verbindung mit mechanisch-physikalischen Verwitterungsprozessen. Solche unbeeinträchtigten Kornpartien lassen auf ein relativ juveniles Entwicklungsstadium und ein nahe gelegenes Liefergebiet schließen (LE RIBAULT 1977, GEORGIEV & STOFFERS 1980). Zusätzlich treten vollkommen formlose Körner mit rauer Oberfläche und polygenetischen Texturen auf, deren Genese im Kontext massiver physikalischer und chemischer Verwitterung zu sehen ist. Mit Ausnahme äolischer Körner stellen xenomorphe Quarze den Großteil des gesamten Spektrums aller Präparate (ca. 85–90 %).

Besondere Beachtung verdienen die Befunde unter sedimentologischen Gesichtspunkten: Zwar wurden sowohl schlecht sortierte Gruslagen (u. a. Z5-5,6 m) als auch feinmaterialhaltige, gradierte Horizonte (u. a. Z5-3,67 m) beprobt, doch zeigen sich im Hinblick auf die Quarzkornmorphologie keine nennenswerten Unterschiede zwischen beiden Sedimenttypen. Die Leichtmineralanalyse belegt daher eine weitgehende Homogenität im Tiefenprofil der Karstfüllungen (Durchmischung, Kolluviation).

Mikromorphologische Befunde
Zur detaillierten Charakterisierung der unterschiedlichen Sedimentlagen erfolgte eine mikromorphologische Dünnschliffanalyse. Das untersuchte Präparat (kurz: Z5-DS; 4,67–4,79 m; s. Abb. 26 und 29) umfasst eines der geringmächtigen Feinmaterialbänder, welches sowohl im Top als auch basal von äußerst grobkörnigem

5.5 Aufbau und Zusammensetzung der Sedimentfüllungen

Substrat begrenzt wird. Letztes ist aufgrund sehr schlechter bis fehlender Sortierung als typisch kolluvialer Bereich zu interpretieren, der als repräsentativ für den überwiegenden Anteil der Dolinensedimente gesehen werden kann. Neben Feingruspartikeln und feindispersen Tonkomponenten (Matrixton) treten insbesondere Quarze in regelloser Anordnung und in verschiedensten Ausprägungen auf (morphologisch, mikrokristallin und verwitterungstechnisch unterschiedliche Klassen). Während gelegentliche intrakristalline Deformationsmechanismen auf metamorphe Ursprungsgesteine hinweisen (z. B. Phyllit-Quarzit-Serie), entstammen große Quarzkörner mit geringfügigen Verwitterungsspuren nahegelegenen Quellen (u. a. Hornsteinlagen der Plattenkalke). Glimmer sind mitunter zahlreich, doch unregelmäßig verteilt. In hohen Anteilen finden sich opake Minerale wie Eisenoxide und Hydroxide, deren Größe von der Nachweisgrenze (~2 µm; z. T. feindispers) bis zu sandkorngroßen Konkretionen reicht (Bohnerze). Letztgenannte sind Relikte ehemaliger Bodenbildungen und somit präkolluvialer Natur. In Anlehnung an die geochemischen Befunde handelt es sich dabei sowohl um primäre, gesteinsbürtige Oxide (kristallin), als auch um sekundäre pedogene Phasen (amorph). Die schwermineralogische Zusammensetzung besteht vorwiegend aus Ferrokarpholith, Muskovit, Turmalin, Rutil, Alumosilikaten und Epidot, was auf verschiedene petrologische Liefergebiete hinweist.

Als komplett gegensätzlich erweist sich die Feinmaterialakkumulation in der Mitte des Dünnschliffs: In scharfer Abgrenzung zu den heterogenen Sedimentlagen fällt insbesondere die deutlich geringere Korngröße auf, die mit einer sehr guten Sortierung und Stratifizierung des Materials einhergeht. Zudem sind mehrere *fining-upward* Sedimentzyklen erkennbar, die nach ZILBERMAN et al. (2000) als Anzeiger für fluviale Prozessdynamik über kurze Distanz innerhalb der Karsthohlform und eine wiederholte graduelle Stabilisierung geomorphodynamischer Aktivitätsereignisse zu sehen sind. Die gröberen Partien der fluvialen Bänder sind matrixfrei und besitzen eine horizontale Einregelung von Quarz, Glimmer, Feldspat, Kalzit, Rutil, Anatas und Chlorit. Letzterer konnte in der Sand- und Schlufffraktion der kolluvialen Horizonte mikromorphologisch nicht nachgewiesen werden. Seine massive Häufung in der Sandfraktion der Bänder deutet auf eine kurze Transportdistanz oder einen Eintrag jüngeren Datums hin (geringe Verwitterungsresistenz). Im Vergleich zu den schlecht sortierten Sedimentschichten des Bohrkerns fehlen in den Bandstrukturen Minerale wie Spinell, Ferrokarpholith, Zirkon, Epidot und Turmalin.

Aus mikromorphologischer Perspektive ist der Dünnschliff in Z5 höchst interessant, da er die zwei grundsätzlichen lokalen Sedimenttypen enthält (fluviales Feinband und Kolluvium), die sich sowohl hinsichtlich ihrer Sortierung, als auch ihrer Korngrößenkomposition deutlich voneinander unterscheiden. Die mineralogische Vielfalt sowie die vollkommen verschiedenen Ausprägungsformen einzelner Körner dokumentieren eindeutig den polygenetischen Habitus der Sedimente von Zominthos.

Fazit
Unter Berücksichtigung aller Befunde lässt sich auch Z5 in mehrere Hauptabschnitte unterteilen und bestätigt damit den mehrgliedrigen Aufbau des Sedimentkörpers bei Z4. Der oberflächennahe Bereich (~1,5 m) zeigt eine rezente Stabilitätsphase an, wobei verstärkte autochthone Verwitterungsbedingungen zu

einer leichten pedogenetischen Überprägung des Lockersubstrats führten. Dennoch ist die Herkunft des Materials wie die des restlichen Kerns kolluvialen Prozessen zuzuschreiben. Im Vergleich zu Z4 besitzt Z5 jedoch eine komplexere Stratifizierung (v. a. 1,5–5,3 m). Die Schichtgrenzen verlaufen deutlich schärfer und lassen auf mehrere Wechsel im geomorphodynamischen System schließen (Aktivitätsphasen mit Eintrag groben Materials, Stabilitätsphasen mit Feinmaterialakkumulation). Eine Besonderheit bilden die zwischenlagernden Feinmaterialstraten innerhalb der oberen Kernhälfte, die auf oberflächenhafte, lineare Abflussereignisse hinweisen. Aus geomorphologischer Sicht liegt der Bohrpunkt genau in der Mitte des verschütteten Paläoschlucklochs. Abfließendes Wasser sammelte sich dort und bildete im Rahmen von Kolmatierungsprozessen ein episodisches, stehendes Gewässer,

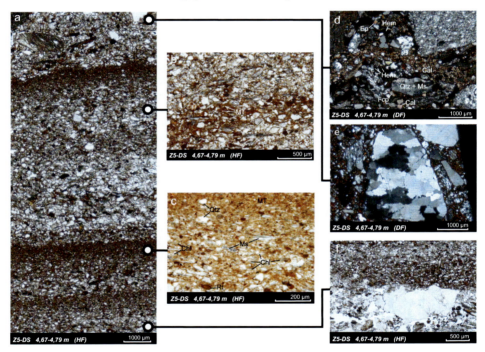

Abb. 29: Mikromorphologische Dünnschliffaufnahmen aus Z5. Die Abbildungen zeigen die zwei charakteristischen Sedimenttypen der Karstfüllung (Kolluvium, fluviale Feinlagen) und dokumentieren die unterschiedlichen geomorphodynamischen Regimes bei Zominthos (DF/HF-Dunkel-/Hellfeldaufnahme, Cal-Kalzit, Chl-Chlorit, Ep-Epidot, Fcp-Ferrokarpholith, Hem-Hämatit, Ms-Muskovit, MT-Matrixton, Qtz-Quarz, Rt-Rutil). (a) Abfolge fluvialer Bänder mit fining-upward Zyklen. (b) Grober Horizont der Bandsequenz mit Einregelung von Mineralen. (c) Feines, alluviales Band mit Laminationstextur. (d) Schlecht sortiertes Kolluvium mit Eisenkonkretionen. (e) Metamorpher Quarz mit intrakristalliner Deformation im Kolluvium. (f) Scharf definierter Grenzbereich zwischen basalem Kolluvium und alluvialem Substrat im Hangenden. Quelle: Eigene Datenerhebung und Darstellung.

gefolgt von gradierter Sedimentation. Trotz allem sind auch in Z5 große Profilbereiche vollkommen unstratifiziert (z. B. 5,3–8,3 m) und somit eindeutig kolluvialer Art, was sich neben der mikromorphologischen Interpretation insbesondere auch durch magnetische, röntgenographische, geochemische sowie schwer- und leichtmineralogische Parameter belegen lässt. Spuren einer Paläobodenbildung sind nicht feststellbar. Die uneinheitlich aufgebaute Basis des Kerns (Abschnitt unterhalb von 9,8 m) entspricht trotz ihres Grobmaterialreichtums wahrscheinlich nicht der eigentlichen Festgesteinsbasis, sondern einer Zersatzzone aus Kalksteinklasten.

5.5.1.3 Bohrung Z6

Der Sedimentkern Z6 (1.175 m ü. M.) wurde im westlichen Bereich der Karsthohlform bis zu einer Tiefe von 10 m erbohrt (s. Abb. 23). Es handelt sich um die am weitesten vom Siedlungsplatz Zominthos und den umliegenden Hängen entfernte Bohrlokalität, die mithilfe des ERT-Transekts E14 ausgewählt wurde (~30 m Abstand zum Bereich größtmöglicher Verfüllung, zweites subkutanes Schluckloch; s. Abb. 19 und 21). Eine Grobgliederung des Kerns kann in Analogie zu den Bohrungen Z4 und Z5 in mehrere makroskopisch unterschiedliche Profilabschnitte erfolgen.

Magnetische Suszeptibilität
Die potenzielle Magnetisierbarkeit von Z6 zeichnet sich durch hohe Werte im oberflächennahen Feinmaterialbereich bis ca. 1,1 m aus (s. Abb. 30). Einhergehend mit einem auffälligen Farbwechsel von bräunlichen zu rötlichen Horizonten nehmen die Signale deutlich ab. Ein Zusammenhang zwischen verschiedenen Fe-Oxiden und magnetischer Suszeptibilität ist gnachweisbar (s. Kap. 5.5.1.1). Mit dem Übergang zu gröberen sowie schlechter sortierten Straten ab 3 m lässt sich eine starke Oszillation der Werte beobachten. Unterhalb von 7 m nimmt die Suszeptibilität bei steigender Korngröße ab. Vereinzelte Peaks, wie z. B. in 3,6 m Tiefe, basieren entweder auf den makroskopisch erkennbaren Mangankonkretionen, die aufgrund ihrer paramagnetischen Eigenschaften erhöhte Messwerte verursachen, oder auf einer lokalen Anreicherung ferrimagnetischer Partikel. Der nahezu vollständige Rückgang der Signale im Bereich der Maximaltiefe von 10 m wird durch das Erreichen der basalen Kalksteinzersatzzone bedingt.

Korngrößenanalyse
Die Korngrößenzusammensetzung des Feinbodens von Z6 charakterisiert sich durch wechselnde Sandanteile von 4 bis 55 %, Schluffgehalte zwischen 25 und 57 % und Tonkomponenten von 16 bis 51 %. (s. Abb. 40 und Tab. 16, Annex). Auffällig stark schwanken ebenfalls die gemessenen Kiesgehalte (0–46 %^{GB}).

Die Dreigliederung des Kerns beginnt im oberflächennahen Bereich mit einem nur geringmächtigen Oberboden (4 cm; 10 YR 4/4) sowie sehr feinkörnigem Material bis in etwa 3,1 m Tiefe (Grusanteil max. 3,6 %^{GB}). Bis 0,5 m ist außerdem eine Zunahme des Tongehaltes auf 51 % feststellbar, die Illuviationsprozesse anzeigt. Trotz eines signifikanten Farbwechsels von dunkelbraunem Material (10 YR 4/3) zu eher rotbraun getönten Straten (7,5 YR 4/6) in 1,1 m u. GOK ändert sich die Korngrößenzusammensetzung nicht. Im zweiten Profilabschnitt (3,1–9 m), der von einem Übergang zu wesentlich gröberen Substraten gekennzeichnet ist, finden sich häufig wechselnde, hellbraune Feinmateriallagen mit erhöhten Schluffanteilen (10 YR 6/6; Feinheitsgrad: 61–67; Schluff-Ton-Verhältnis: 1,2–1,3) sowie sehr schlecht sortierte Grobmaterialhorizonte mit Sandgehalten bis über 50 % und Gruskomponenten bis 40 %^{GB}. Die auffällige Abfolge geringmächtiger Straten dokumentiert eine stark schwankende Intensität von Erosions- und Akkumulationsprozessen, wobei die deutlichsten Korngrößen-unterschiede in unmittelbar benachbarten Bereichen auftreten (s. Kap. 5.5.1.2).

Erst unterhalb von 9 m setzt mitsamt einem Übergang zu dunkelbraunen Farbtönen (10 YR 4/3) wieder eine Korngrößenzunahme ein (steigende Sand- und sinkende Tongehalte). Der basale Horizont aus Kalksteinbruchstücken entspricht in Analogie zu den Off-site-Kernen Z4 und Z5 höchst wahrscheinlich nicht dem Anstehenden, sondern einer Zersatzzone.

Röntgendiffraktometrische Befunde
Die Ergebnisse der röntgendiffraktometrischen Analysen belegen nur minimale Unterschiede im Tiefenverlauf des Profils (s. Tab. 18, Annex). Im Vergleich zu allen anderen Bohrkernen dominieren Minerale der Kaolinitgruppe. Ferner stellen Glimmer eine Hauptkomponente in Z6 (lithogener Ursprung). In allen Proben konnten hohe Quarzanteile identifiziert werden, die in weitaus deutlicherem Maße in Erscheinung treten als in Z4 oder Z5. Demnach ist für die Sedimente in Z6 eine leicht veränderte Provenienz zu vermuten, die beispielsweise durch eine verstärkte Schüttung der hornsteinführenden Lagen des Plattenkalks bedingt wurde. Primärer Chlorit tritt in den Proben nur als Nebenkomponente auf (zur Unterscheidung von Kaolinit s. Kap. 5.5.1.2). Vereinzelt finden sich Wechsellagerungsminerale mit chloritähnlichem Verhalten (Übergangsminerale innerhalb der Umwandlungssequenz von Chlorit zu Vermikulit; s. Kap. 5.5.1.1), hingegen fehlt Vermikulit vollkommen.

Geochemische Eigenschaften
Innerhalb des Profils treten pH-Werte von 4,0 bis 7,4 auf (s. Abb. 30). Oberflächennah findet sich ein stark saures Milieu, gefolgt von einem leichten Anstieg mit zunehmender Tiefe. Erst am basalen Ende des Kerns schließt sich ein Wechsel zu basischen Bedingungen an (Horizont aus Kalksteinklasten). Die C-Gesamtgehalte erreichen im ersten Profilmeter mit 1,7 Gew.-% die höchsten Werte, nehmen darunter jedoch signifikant ab (s. Abb. 30 und Tab. 16, Annex). Eine leichte Pedogenese im Bereich des Kerntops ist feststellbar (C_{tot}=C_{org}; s. Kap. 5.5.1.2). Eine Zunahme von C_{tot} an der Basis deutet auf anorganischen Kohlenstoff hin (Carbonatbruchstücke). Die oberflächennah leicht erhöhten Stickstoffwerte beruhen auf Dünge- und Beweidungseffekten, doch fällt N_{tot} mit durchschnittlich 0,06 Gew.-% insgesamt sehr gering aus. Die gemessenen Schwefelgehalte liegen durchweg an der Nachweisgrenze (Ø: 0,03 Gew.-%) und zeigen keine Auffälligkeiten. Die Konzentration der Spurenelemente Kalium und Magnesium (s. Tab. 16, Annex) ist in Z6 geringer als in den anderen Kernen und erreicht im Durchschnitt K_{tot}-Werte von 1,07 % (8,6 mg/g) bzw. Mg_{tot}-Werte von 0,46 % (3,6 mg/g). Die Cadmiumgehalte belaufen sich auf durchschnittlich 1,9 mg/g und zeichnen sich durch mäßige Schwankungen im mitt-

5.5 Aufbau und Zusammensetzung der Sedimentfüllungen

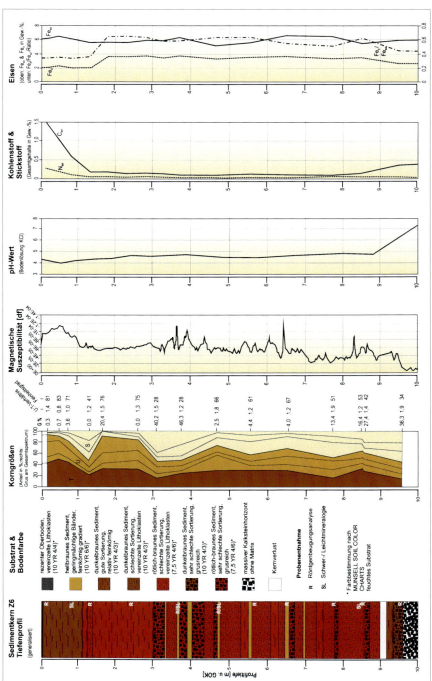

Abb. 30: Schematisches Profil von Sedimentkern Z6 sowie Tiefenverlauf ausgewählter Parameter (Korngrößenzusammensetzung, magnetische Suszeptibilität, pH-Wert, Kohlenstoff und Stickstoff, Eisengehalten). Quelle: Eigene Darstellung.

leren und tiefsten Profilbereich aus. Ein lithogener Ursprung des Schwermetalls ist zu vermuten (s. Kap. 5.5.1.2). Cadmium korreliert leicht mit den Gesamtgehalten an Zink, dessen Anteile ebenfalls ein etwas erhöhtes Wertespektrum erreichen (Ø: 150 mg/kg). Die Gesamteisengehalte sind auffällig hoch und betragen im Mittel 5,9 % (46,8 mg/g). Zwar ist die Menge freien Eisens in allen Horizonten geringer, doch unterscheidet sich Z6 aufgrund seines höheren Fe_d-Durchschnitts von 3,02 % merklich von den anderen Kernen. Dies bedingt wiederum ein höheres Fe_d/Fe_{tot}-Verhältnis (0,52), welches einen verstärkten Umsatz von primärem zu pedogenem Eisen belegt. Auffällig ist der Anstieg von Fe_d in ca. 1,5 m (s. Abb. 30), der mit einer rückläufigen magnetischen Suszeptibilität und einem Farbwechsel zu röt-licheren Straten einhergeht. Im Falle erhöhter Gehalte an freiem Eisen wäre jedoch theoretisch auch eine stärkere Magnetisierbarkeit zu erwarten gewesen (Anstieg der Signalstärke durch bodenbildende Prozesse und damit verbundener Bildung von Fe_d, z. B. Goethit). Da die hohen, oberflächennah auftretenden Anteile ultrafeiner ferrimagnetischer Partikel wie Magnetit im Kontext einer Dithionitanwendung jedoch nicht aufgeschlossen werden können (s. COURCHESNE & TURMEL 2008), nimmt Fe_d hier trotz starker Magnetisierbarkeit des Kerns geringere Werte ein. In den rotbraunen Straten (v. a. Hämatit) kann hingegen mehr freies Eisen gelöst werden, was letztlich einen gegenläufigen Tiefentrend verursacht. Eine pedogenetische Überprägung ist hier jedoch nicht bzw. nur in ganz geringem Maße zu veranschlagen (schwächere Suszeptibilitätssignale, keine Ferrimagnete).

Schwermineralzusammensetzung
Der prozentuale Schwermineralanteil an der beprobten Feinsandfraktion beläuft sich auf 1,8 bis 3 Gew.-%. (s. Abb. 31). Durchlichtmikroskopisch und röntgenographisch wurden Ferrokarpholith, Hellglimmer, Turmalin, Rutil, Brookit, Anatas, Alumosilikate (Disthen, Sillimanit und Andalusit), Epidote (Epidot und Klinozoisit), Klinopyroxen (Augit, Diopsid), Orthopyroxen (Enstatit, Hypersthen), Spinell, Granat, Na-Amphibol, Zirkon, Biotit und Pumpellyit identifiziert (HOLZHAUER 2008). Stets treten hohe Opakanteile auf (zur Opazitätsproblematik s. Kap. 5.5.1.2). Mittels begleitender REM-EDX-Analysen konnten zusätzlich die Minerale Chloritoid, Danburit, Paragonit, Ilmenit und Hämatit detektiert werden.

Deutlich verändert sich der Anteil von Hellglimmern, die oberflächennah besonders zahlreich vertreten sind. Die Probe Z6-4,63 m (lehmiges Feinband; Pendant zu 3,3 m und 3,72 m) weist als einziger Horizont höhere Alumosilikat- und Epidotkomponenten auf, während Muskovit fehlt. Typisch kolluviale Kernbereiche mit hohen Gruskomponenten besitzen stets eine ähnliche Schwermineralkomposition sowie -verteilung (z. B. Z6-3,67 m und Z6-8,51 m). Ihre mineralogische Heterogenität deutet auf mehrere unterschiedliche Liefergebiete hin und indiziert den starken Eintrag allochthonen Materials in die Karsthohlform. Zwar besitzen die zwischenlagernden rötlich-braunen Feinmaterialstraten leicht veränderte schwer-mineralogische Zusammensetzungen, doch sind qualitativ kaum Unterschiede zu den grobkörnigen Kernabschnitten feststellbar. Ganz im Gegensatz zu den hellbraunen Bändern in Z5 enthalten die feinen Lagen in Z6 eine Vielzahl von Schwermineralen unterschiedlicher Herkunft und sind somit ebenfalls kolluvialer Art.

5.5 Aufbau und Zusammensetzung der Sedimentfüllungen

Im Rahmen von Mikrosondenanalysen (REM-Präparate und angereicherte Proben) konnte analog zu Z5 die Existenz verschiedener Klino- und Orthopyroxentypen (u. a. ophiolithisch und vulkanogen; s. Tab. 20, Annex), Spinelle (ophiolithisch) sowie Epidote (ophiolithisch, phyllitisch-quarzitisch) nachgewiesen werden, deren Vorkommen in den um Zominthos rezent anstehenden Carbonaten jedoch ausgeschlossen werden kann.

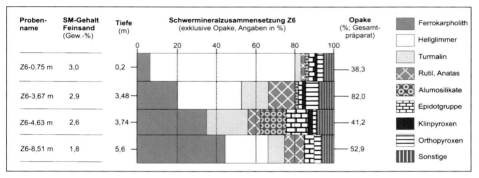

Abb. 31: Schwermineralogische Befunde aus Z6 nach durchlichtmikroskopischer Auszählung (Gesamtgehalt im Präparat und Opakanteil in %). Die analysierten Proben enthalten große Mengen allochthoner Minerale aus unterschiedlichen petrographischen Einheiten und belegen einen starken fremdbürtigen Eintrag. In Probe Z6-0,75 m dominieren Glimmer, was wahrscheinlich durch eine verstärkte Herkunft aus lokalen Carbonaten bedingt wird. Quelle: Eigene Darstellung, verändert und ergänzt nach HOLZHAUER 2008.

Fazit
In Übereinstimmung mit den benachbarten Bohrungen Z4 und Z5 bestätigt die oberflächennahe Feinmaterialakkumulation in Kern Z6 (bis in 3 m Tiefe) relativ stabile rezente Bedingungen im lokalen Ökosystem. Alle sedimentologischen Befunde lassen eine leichte Pedogenese erkennen. Dessen ungeachtet ist die gesamte Sedimentsäule kolluvialen Ursprungs, auch die zwischenlagernden Feinbänder. Mineralogisch und geochemisch gleichen sie den schlecht sortierten Straten. Während in den randnahen Bereichen der Hohlform vorwiegend grushaltiges Kolluvium abgelagert wurde, bedingten die geringere Hangneigung sowie die reduzierte Transportintensität im mittleren Areal des Nordsektors – und somit im Bereich der Rammkernsondierung von Z6 – eine temporäre Akkumulation feinerer Korngrößen (zur Steuergröße lokaler Hangparameter im Rahmen von Kolluviation s. ATALAY 1997, NEMEC & KAZANCI 1999). Mit zunehmender Tiefe lassen sich kaum Veränderungen im Mineralbestand beobachten, was in Analogie zur schwachen Stratifizierung als Indiz für durchweg allochthones, umgelagertes Bodensediment zu sehen ist. Da Hinweise auf eine Paläobodenbildung fehlen, trat kein größerer Hiatus im Rahmen des Sedimentaufbaus auf. Die uneinheitlichen Kalksteinlagen am Ende des Kerns sind Teil der basalen Zersatzzone und gehören nicht zum anstehenden Festgestein.

5.5.2 Sedimente der verfüllten Dränagegräben (on-site)

Die Sedimente der verfüllten Entwässerungsgräben wurden anhand zweier Bohrungen auf der Nordflanke des Siedlungshügels nahe der minoischen Villa sondiert. Beide Beprobungslokalitäten befinden sich in unmittelbar benachbarter Anordnung, bilden in südöstlicher Fortsetzung zu den dolineninternen Bohrkernen eine Sedimentsequenz und ermöglichen die Verknüpfung zwischen Off-site- und On-site-Untersuchungen (s. Abb. 28).

5.5.2.1 Bohrung Z2

Der auf 1.177 m ü. M. erbohrte Sedimentkern Z2 erreicht eine Tiefe von 4 m (s. Abb. 23). Die Lokalität befindet sich im nördlichen Vorfeld des archäologischen Grabungsareals und wurde auf Grundlage des ERT-Profils E7 ausgewählt (horizontaler Abstand zum Transekt ca. 1 m). Bei einer Profillänge von 25 m wurde eine Rammkernsondierung des subkutanen Entwässerungsgrabens vollzogen, der zuvor anhand niedriger Widerstandswerte identifiziert werden konnte (s. Abb. 20).

Magnetische Suszeptibilität
Die Magnetisierbarkeit des Kerns Z2 (s. Abb. 32) zeigt eine signifikante Zunahme der Signale im ersten Kernmeter, bedingt durch den Übergang von einem klastenreichen Oberboden zu feinkörnigerem Substrat. Die folgende Wechsellagerung von grusigen Horizonten sowie Feinbodenstraten führt zu starken Suszeptibilitätsschwankungen (hohe Korngrößenabhängigkeit). Ferner verursachen die diamagnetischen Eigenschaften von Carbonat beim Erreichen zwischenlagernder Steinlagen deutliche Signalrückgänge. Die erhöhten Werte in 3,6 m werden durch eine lokale Akkumulation feinkörnigen Materials hervorgerufen. Eine grundsätzliche Signalverstärkung bei eher bräunlicher Substratfarbe ist zu beobachten (stärkere Magnetisierbarkeit goethit- und/oder maghemitreicher Feinbodenbestandteile). Mit dem Erreichen der basalen Kalksteinzersatzzone erlöscht das Signal.

Korngrößenanalyse
Die granulometrische Analyse von Z2 belegt eine durchweg heterogene Zusammensetzung des Feinbodenanteils mit Sandgehalten von 15 bis 63 %, Schluffanteilen zwischen 25 und 62 % sowie Tonkomponenten von 11 bis 52 % (s. Abb. 32). Fast alle Proben enthalten Grusbeimengungen, gelegentlich sogar bis zu 27 %^{GB}. Die Befunde dokumentieren die von den anderen Kernen völlig abweichende geomorphologische Position in einer Rinne mit höheren Fließgeschwindigkeiten und klar definiertem Einzugsgebiet.
Die stratigraphische Gliederung des Kerns beginnt mit einem ca. 10 cm mächtigen humosen Oberboden (10 YR 4/4), gefolgt von äußerst feinkörnigem, rötlichem Substrat (7,5 YR 4/6) bis in 0,5 m Tiefe. Der entsprechende Tongehalt liegt deutlich über denjenigen der Off-site-Kerne, was eine verstärkte Verwitterung vor Ort anzeigt (leichte Pedogenese). Alle anderen Proben fallen deutlich gröber aus und bedingen

das hohe durchschnittliche Schluff-Ton-Verhältnis des Gesamtkerns von 2,4. Eine allgemein schwache In-situ-Bildung des Sedimentkörpers im Bereich des Bohrpunktes ist somit anzunehmen. Gleiches bestätigt der mittlere Feinheitsgrad (45,9), der weit unter dem Durchschnitt der anderen Sedimentkerne liegt.

Ab einer Tiefe von 0,5 m dominieren bis zur Basis schluff-, sand- und grusreiche Straten von sehr schlechter Sortierung (10 YR 4/3), die auf verstärkte Erosions- und Kolluviationsprozesse hinweisen. Ausnahmen finden sich in Form dreier Feinbänder zwischen 3,4 und 3,6 m, die die höchsten Schluffgehalte des Kerns besitzen (Grus um 5 %^{GB}), sowie in matrixfreien Steinlagen, die die lockersedimentreichen Horizonte in unregelmäßigen Zyklen unterbrechen. Sie unterstreichen den auffallend heterogenen Gesamtcharakter des Kerns, der basal in einer fast 40 cm mächtigen Lage aus Klasten ohne Feinbodenbestandteile endet.

In starkem Kontrast zu allen anderen Sedimenttypen enthält die Probe Z2-1,85 m große Sandanteile bei gleichzeitig geringen Tonkomponenten (s. Tab. 16, Annex). Sie entstammt einem silbrig-grauen Band (10 YR 7/1), welches sich bereits optisch deutlich von seinen umliegenden Bereichen abhebt. Die relativ gute Sortierung deutet auf eine In-situ-Verwitterung eines Gesteinsbruchstücks hin. Kolluvialer Eintrag kann aufgrund fehlender Grusanteile ausgeschlossen werden.

Geochemische Eigenschaften
Die Azidität von Z2 liegt zwischen pH 5,4 und 6,4, wobei sich das Profil in zwei Hälften gliedern lässt – einen mäßig sauren Abschnitt bis 2,7 m sowie einen nur schwach sauren basalen Bereich (s. Abb. 32). Die tiefenwärtige Zunahme der Alkalinität lässt sich auf die Nähe der Probenentnahmestellen zu Schichten aus Kalksteinbruchstücken zurückführen.

Der durchschnittliche Gehalt an K_{tot} beträgt 0,99 % (7,9 mg/g). Ähnlich geringe Mengen erreicht Magnesium, das mit 0,51 % (4,1 mg/g) deutlich unter den Werten der Kerne aus der Hohlform liegt (s. Tab. 16, Annex). Hingegen sind die Cadmiumgehalte des Kerns mit durchschnittlich 3,4 mg/kg außerordentlich hoch. Die basalen Horizonte weisen sogar Maximalwerte von 8,6 mg/kg auf und überschreiten den Cd-Gehalt unbelasteter Böden um das 17-fache (i.d.R. < 0,5 mg/kg). Dieser Befund dürfte lithogen verursacht sein (s. Kap. 5.5.1.2). Analog hierzu finden sich hohe Gesamtgehalte von Zink (Ø: 270 mg/kg). Das gemittelte Zn/Cd-Verhältnis beläuft sich auf einen Wert von 98 und zeigt ein fortgeschrittenes Reifestadium (Pedogenese) oder eine präkolluviale Cd-Akkumulation an. Während der mittlere Fe_{tot}-Gehalt 5,7 % beträgt (45,7 mg/g), ist freies Eisen in Z2 weitaus stärker vertreten, als in den Off-site-Sedimenten: Durchschnittlich sind 3,9 %, in Einzelfällen sogar bis 4,89 % nachweisbar. Die erhöhten Fe_d/Fe_{tot}-Verhältnisse weisen bei einem Durchschnitt von 0,68 auf stärkere Bodenbildungsprozesse, eine intensive Verwitterung primärer eisenreicher Silikate und somit einen höheren Entwicklungsgrad des Sediments hin (i.d.R. 0,7 bei chromic Luvisols; s. BOERO et al. 1992, GONZÁLEZ MARTIN et al. 2007). In Analogie zur Cadmiumanreicherung ist jedoch auch eine präkolluviale Bildung freien Eisens mitsamt allochthonem Eintrag in die Sedimentsäule in Betracht zu ziehen.

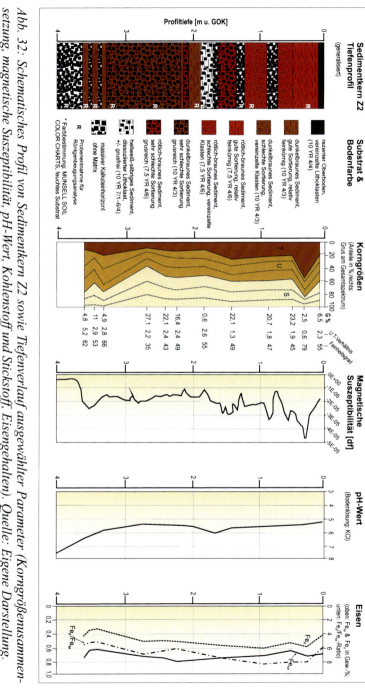

Abb. 32: Schematisches Profil von Sedimentkern Z2 sowie Tiefenverlauf ausgewählter Parameter (Korngrößenzusammensetzung, magnetische Suszeptibilität, pH-Wert, Kohlenstoff und Stickstoff, Eisengehalten). Quelle: Eigene Darstellung.

5.5 Aufbau und Zusammensetzung der Sedimentfüllungen

Röntgendiffraktometrische Befunde

Die Zusammensetzung der röntgenographisch analysierten Schluff- und Tonfraktion (s. Tab. 18, Annex) weist starke Schwankungen auf, was sich insbesondere auf die heterogene Stratifizierung des Kerns zurückführen lässt. Muskovit bildet neben Quarz stets die Hauptkomponente. Im Falle der lithogenen Proben Z2-1,3 m und Z2-1,83 m (silbrig-weißes Band) finden sich neben starken Glimmervorkommen und sehr geringen Quarzanteilen keine weiteren Minerale. Chlorit konnte in Z2 nur vereinzelt identifiziert werden (zumeist in feinmaterialreicheren Schichten). Auffällig ist sein Vorkommen in Probe Z2-3,79 m, einem Präparat aus einem klastenreichen Kernabschnitt ohne Feinmaterialmatrix. Im Gegensatz zu Z2-1,3 m und Z2-1,83 m handelt es sich hierbei um eine zweite Gesteinsvarietät (eindeutige Chloritbestandteile, Intensitätssteigerung des 001-Signals bei 550°C und Signalzusammenbruch höherer Ordnungen). Minerale der Kaolinitgruppe sind mit Ausnahme der gesteinsbürtigen Präparate in allen Proben zu finden. Aufgrund eines Fehlens von Chlorit in den meisten Diffraktogrammen ist eine quantitative Dominanz von Kaolinit zu beobachten. Vermikulit tritt insgesamt eher selten auf, ebenso wie schwach definierte Wechsellagerungsminerale (s. Kap. 5.5.1.1).

Fazit

Unter Berücksichtigung aller Ergebnisse unterscheidet sich der Bohrkern Z2 signifikant von den Sedimentkernen der Karsthohlform. Die Verteilung der Spurenelemente und Schwermetalle belegt bodenbildende Prozesse sowohl im oberflächennahen Bereich, als auch in den basalen Horizonten. Grundsätzlich lässt sich eine auffallend heterogene Stratifizierung feststellen. Dies belegen insbesondere die starken röntgendiffraktometrischen Unterschiede zwischen lockersedimentären Lagen (allochthon) und gesteinsbürtigen Straten (autochthon, Fehlen von Kaolinit).

Mächtigere Bereiche einheitlicher mineralogischer Zusammensetzung wie in den Sedimenten der Off-site-Bohrungen fehlen in Z2. Der Wechsel zwischen den großteils skelettreichen Horizonten (kolluvial) und zwischlagernden Feinstraten (pedogenetisch) bewirkt ein äußerst uneinheitliches Gesamtbild. Die basale Kalksteinlage des Kerns muss als ein in die Rinne hineinragender Gesteinsvorsprung interpretiert werden. Da die geoelektrische Tomographie E7 in horizontaler Fortsetzung zur Bohrung sehr niedrige Widerstandswerte aufzeigt, wurde der nördliche Dränagegraben am Bohrpunkt Z2 wahrscheinlich nicht zentral, sondern lediglich in seinem äußersten Randbereich erbohrt.

5.5.2.2 Bohrung Z3

Der Sedimentkern Z3 wurde im südlichen Bereich der Karsthohlform in unmittelbarer Nähe der archäologischen Grabung geborgen (1.177 m ü.M., s. Abb. 23). Die Lokalität befindet sich auf ERT-Transekt E7 bei einer Profillänge von 24 m und entspricht dem Mittelpunkt des subkutanen Drainagegrabens (niedrige Widerstandswerte, s. Abb. 20). Zwar ähnelt die Grobgliederung des Profils stark derjenigen von Kern Z2, doch wurde keine basale Lage aus Kalkstein erreicht.

Magnetische Suszeptibilität
Die Magnetisierbarkeit von Z3 ist durch sehr starke Schwankungen gekennzeichnet und fällt deutlich geringer aus als bei den dolineninternen Sedimenten (s. Abb. 33). Während unterhalb des grusreichen Oberbodens die höchsten Werte auftreten (feinmaterialreicher Horizont), folgen in tieferen Profilbereichen signifikante Wechsel zwischen geringen Signalen und positiven Ausschlägen (hohe Korngrößenabhängigkeit). Zwischen 1,7 und 2 m wird ein auffälliges Minimum erreicht, hervorgerufen durch einen silbrig-grauen Horizont aus nahezu vollständig verwittertem Gesteinsmaterial (diamagnetische Eigenschaften von Calcit; vgl. Kap. 5.5.2.1). Ähnliches gilt für faustgroße Kalksteinbruchstücke in 2,2 m und 3,6 m Tiefe. Im Gegensatz zu allen anderen Bohrkernen findet sich in Z3 eine basale Signalinversion mit erhöhter Magnetisierbarkeit. Sie wird durch feinkörniges, stark verbrauntes Substrat bedingt.

Korngrößenspektrum
Das Korngrößenspektrum von Z3 weist eine schwankende Zusammensetzung des Feinbodens mit Sandanteilen von 8 bis 52%, Schluffgehalten von 23 bis 61% und Tonkomponenten zwischen 13 und 52% auf (Kiesgehalte bis zu 32,4%^{GB}; s. Abb. 33). Das hohe durchschnittliche Schluff-Ton-Verhältnis (1,7) belegt die eher schwache In-situ-Bildung des Sedimentkörpers, ähnlich wie der mäßige Feinheitsgrad (Ø: 63). Steinlagen, welche die lockersedimentreichen Horizonte unterbrechen, verstärken den heterogenen Gesamtcharakter des Kerns.

Unterhalb des geringmächtigen Oberbodens (10 YR 4/4) schließt sich bis in ca. 0,5 m sehr feinkörniges Substrat von rötlich-brauner Färbung an (7,5 YR 4/6). Die gemessenen Tongehalte von über 50% fallen wie bei Z2 extrem hoch aus. Niedrige UTV-Werte (0,5–0,6) und hohe Feinheitsgrade von bis zu 80 belegen eine starke autochthone Verwitterung und eine Bodenbildung unter stabileren geomorphodynamischen Bedingungen zu jüngerer Zeit. In 1,7 m folgen silbrig-graue Bänder (10 YR 7/1) mit auffälliger Tonarmut und deutlichem Sandreichtum (s. Kap. 5.5.2.1) sowie hellbräunliche Feinstraten (10 YR 6/4) mit hohen Schluffanteilen. Innerhalb des darunterliegenden Abschnitts (2,1–3,88 m) dominieren schlecht sortierte Sedimente mit faustgroßen Klasten und hohen Kieskomponenten, die auf starke Erosions- und Kolluviationsprozesse hinweisen. Hingegen indizieren die feinkörnigen, grusfreien Horizonte mit guter Sortierung (3,88–4,05 m) eine autochthone Bildung im Bereich des Bohrpunktes. Im Liegenden des Kerns treten Wechsellagerungen grobkörniger und feinmaterialhaltiger Substrate auf, die sich durch ihre einheitliche dunkle Färbung kennzeichnen (10 YR 4/3).

Im Gegensatz zu den Lockersubstraten im Off-site-Bereich der Karsthohlform finden sich in Z3 insgesamt deutlich heterogenere Sedimentkompositionen sowie höhere Tonanteile. Der Kern weist somit in Analogie zu Z2 auf signifikante Materialumlagerungen nahe der minoischen Villa hin, belegt jedoch auch zwischenzeitige Phasen geomorphodynamischer Stabilität.

Röntgendiffraktometrische Befunde
Auf Basis röntgendiffraktometrischer Analysen der Schluff- und Tonfraktion konnten Quarz, Glimmer und Kaolinit als Hauptbestandteile identifiziert werden. Chlorit, Vermikulit und Wechsellagerungsminerale sind zumeist nur geringfügig vertreten.

5.5 Aufbau und Zusammensetzung der Sedimentfüllungen

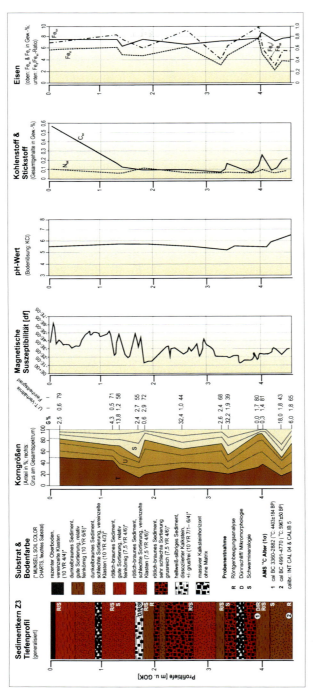

Abb. 33: Schematisches Profil von Sedimentkern Z3 sowie Tiefenverlauf ausgewählter Parameter (Korngrößenzusammensetzung, magnetische Suszeptibilität, pH-Wert, Kohlenstoff und Stickstoff, Eisengehalten). Quelle: Eigene Darstellung.

Schwankungen in der Komposition einzelner Proben sind weitaus deutlicher als bei den Off-site-Sedimenten (s. Tab. 18, Annex). Das Präparat Z3-1,75 m (silbrig-grauer Horizont) zeigt fast ausschließlich Muskovitsignale und ist in Analogie zu Z2-1,83 m als vollkommen dissoziierter Kalksteindetritus zu interpretieren (vgl. Kap. 5.5.2.1). Die röntgenographischen Befunde erweisen sich insgesamt als äußerst uneinheitlich. Vor allem gesteinsbürtige Horizonte unterscheiden sich stark von den sonstigen kolluvialen bzw. feinmaterialreichen Straten durch das Fehlen bestimmter Minerale.

Geochemische Eigenschaften
Die pH-Werte von Z3 liegen zwischen 5,3 und 6,5 (mäßig bis schwach sauer). Bis in eine Tiefe von 4 m bleibt die Azidität nahezu unverändert und steigt erst am basalen Ende merklich an. Eine Korrelation mit unterschiedlichen Straten ist nicht feststellbar. Die oberflächennahen Horizonte weisen erhöhte Gesamtgehalte an Kohlenstoff auf (0,5 Gew.-%), ebenso wie Profilbereiche in Tiefen von 3,36 m und 4,01 m (s. Abb. 33). Dies kann einerseits auf einsetzende Bodenbildungsprozesse im Top zurückgeführt werden, andererseits ist von einer basalen Paläobodenbildung auszugehen ($C_{tot} = C_{org}$). Die Stickstoffkonzentration N_{tot} ist mit 0,06–0,1 % des Probengewichts sehr gering ausgeprägt. Eine gleichmäßige Verteilung im Profil ist wie bei den Totalgehalten an Schwefel feststellbar (Ø: 0,02 Gew.-%, s. Tab. 16, Annex).

Die durchschnittlichen Kaliumanteile fallen relativ moderat aus (1,32 % bzw. 10,57 mg/g), Magnesium beläuft sich auf durchschnittlich 0,82 % (6,59 mg/g). Auffällig hoch sind die Gesamtanteile an Cadmium (Ø: 4,6 mg/kg), die an der Kernbasis absolute Spitzenwerte einnehmen: So weist der Paläoboden zwischen 3,94 m und 4,38 m mit bis zu 13,7 mg/kg Cd_{tot}-Mengen auf, wie sie sonst nur in kontaminierten Böden zu finden sind (s. Tab. 16, Annex). Eine lithogene Freisetzung und eine lokale Anreicherung aufgrund starker Cd-Bindungsaffinität von Fe- und Mn-Oxiden sind als Ursachen zu sehen (s. Kap. 5.5.1.1). Ferner wurden hohe Gesamtgehalte an Zink gemessen (Ø: 350 mg/kg). Das niedrige Zn/Cd-Verhältnis des basalen Kernabschnitts (z.B. Z3-4,73 m: Zn/Cd = 38) dient als Hinweis auf verstärkte pedogenetische Prozesse. Die Gesamteisenanteile (Ø: 7,3 %) sind im Vergleich zu allen anderen Sedimentkernen deutlich erhöht, genauso wie die Menge freien Eisens, die in Einzelfällen 7,6 % erreicht. Hieraus ergeben sich schließlich die signifikant erhöhten Fe_d/Fe_{tot}-Werte, die ebenfalls auf Pedogenese sowie intensive Dissoziation primärer Fe-haltiger Silikate hinweisen. Der Paläobodenhorizont erreicht dabei einen Spitzenwert von 1(!) und ist durch die ausschließliche Existenz pedogenen Eisens charakterisiert (s. Abb. 33).

Schwermineralzusammensetzung
Der Anteil von Schwermineralen unterliegt deutlichen Schwankungen bei hohen Opakgehalten (s. Abb. 34), gleicht qualitativ jedoch fast vollkommen den Präparaten der Off-site-Kerne (HOLZHAUER 2008). Ferrokarpholith, Muskovit und Turmalin dominieren, hingegen fehlen vulkanogene Ortho- und Klinopyroxene. In Übereinstimmung mit den granulometrischen Befunden lässt der silbrig gefärbte Feinmaterialhorizont bei Z3-1,75 m aufgrund seiner mineralogischen Armut auf eine lokale Herkunft schließen (Dominanz von Muskovit). Im Falle heterogener, schlecht sortierter Straten ist hingegen der Eintrag von Schwermineralen aus verschiedenen

Liefergebieten anzunehmen (u. a. Z3-0,2 m; typisches Kolluvium). Die beiden Feinmaterialbänder bei 1,83 m und 3,23 m besitzen eine ähnliche Zusammensetzung und enthalten mit Ausnahme der oberflächennahen Probe aus 0,2 m Tiefe als einzige Präparate Chlorit. Aufgrund der hohen Verwitterungsanfälligkeit des Minerals ist ein proximales Liefergebiet bzw. ein chloritführendes Gestein aus dem Umfeld von Zominthos anzunehmen (z.B. Kalavros-Schiefer, Plattenkalk). Das seltene Auftreten von Mineralen der Epidotgruppe, Spinellen und Alumosilikaten belegt im Vergleich zu Z5 und Z6 einen geringeren Materialeintrag aus ophiolithischen Quellen.

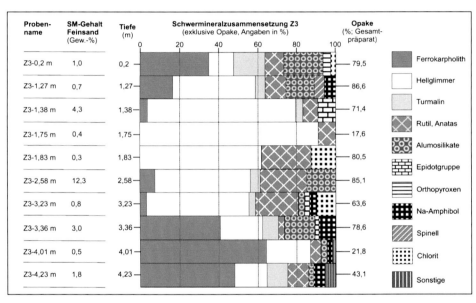

Abb. 34: Schwermineralogische Befunde aus Z3 nach durchlichtmikroskopischer Auszählung (Gesamtgehalt im Präparat und Opakanteil in %). Die auffallend geringe Opazität in Z3-4,01 m ist für die Dominanz von Ferrokarpholith verantwortlich, der in anderen Proben oftmals nicht eindeutig identifiziert werden konnte. Deutlich unterscheiden sich kolluviale Straten wie Z3-0,2 m und gesteinsbürtige Horizonte wie Z3-1,75 m voneinander. Quelle: Eigene Darstellung, verändert und ergänzt nach HOLZHAUER *2008.*

Mikromorphologische Befunde
Ein Dünnschliff aus 1,67–1,88 m Tiefe (Dünnschliff A; kurz Z3-DSA) wird im Top von einem heterogenen, grusreichen Substrat begrenzt. Feinste Tonadern belegen eine nachträgliche Infiltration im Profil. In scharfer Abgrenzung folgt basal der silbrig glänzende Kernabschnitt mit hohem Glimmer- und Quarzgehalt (s. Abb. 35) bei gleichzeitiger schwermineralogischer Armut (nur Glimmer und Rutil). Die fehlende Durchmischung lässt eine In-situ-Verwitterung eines Gesteinsbruchstücks vermuten. Darunter vermischt sich das Material abrupt mit anderen Komponenten und der

Tongehalt nimmt in Form horizontaler Bänder deutlich zu. Die Häufung von Ton- und Eisenoxiden verweist auf eine Stabilitätsphase mit Illuviationsprozessen und einer Ausfällung Fe-haltiger Lösungen. An der Basis des Dünnschliffs zeigt sich eine horizontale Einregelung von Muskovit und Chlorit mit Tonlamellen und Quarzbändern (Abb. 35), die eine fluviale Genese indizieren. In chronologischer Hinsicht dokumentiert Z3-DSA einen deutlichen Wechsel des geomorphodynamischen Prozessgeschehens, ausgehend von einer initialen Kolluviation, einem anschließenden fluvialen Einfluss mit zeitweiliger Pedogenese sowie einer finalen Stabilitätsphase mit starker autochthoner Verwitterung. Die sich zum Top erneut anschließenden heterogenen Schichten belegen eine geomorphodynamische Reaktivierung mit Kolluvienbildung.

Ein zweiter Dünnschliff (Dünnschliff B; kurz: Z3-DSB; 3,85–4 m) weist in seinem Hangenden schlecht sortiertes Material mit heterogener mineralogischer Komposition auf und entspricht den typisch kolluvialen Straten, wie sie auch im Off-site-Bereich der Karsthohlform vorkommen. In scharfer Abgrenzung schließt sich darunter ein Abschnitt mit auffällig hohen Eisenoxid- und Tonvorkommen an, der durch das heterogene Substrat im Hangenden abrupt bedeckt worden sein muss. Der Feinmaterialhorizont ist insgesamt nur wenig eingeregelt aber vergleichsweise gut sortiert

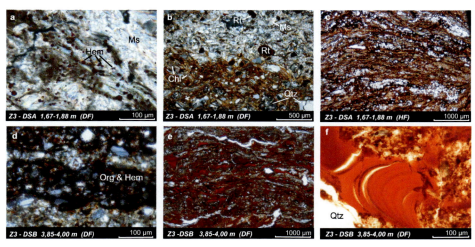

Abb. 35: Mikromorphologische Dünnschliffaufnahmen aus Z3 (DF/HF - Dunkel-/ Hellfeldaufnahme, Chl - Chlorit, Hem - Hämatit, Ms - Muskovit, Org - Organik, Qtz - Quarz, Rt - Rutil). Die Abbildungen belegen die Unterbrechung der Kolluviation im Bereich des nördlichen Wassergrabens durch fluviale Prozesse und Pedogenese. (a) Glimmer und Eisenoxide innerhalb des silbrig-weißen Horizonts (dissoziierter Kalkstein). (b) Grenzbereich zwischen zwei Substraten unterschiedlicher petrographischer Provenienz; oben Tripolitzakalk, unten Kolluvium. (c) Horizontale Einregelung von Quarz, Ton und Glimmern als Hinweis auf fluviale Bildung mit nachfolgender Illuviation. (d) Dunkle Bandstruktur aus Eisenkonkretionen und organischem Pigment. (e, f) Große Toncutane als Hinweis auf Bodenbildung, z. T. regellos verteilt oder horizontal laminiert. Quelle: Eigene Datenerhebung und Darstellung.

und setzt sich aus mehreren dunklen Bändern zusammen, die auf eine Infiltration und Oxidation Fe-haltiger Lösungen hindeuten oder eine starke autochthone Verwitterung eisenhaltiger Minerale dokumentieren (z. B. subaerische Oxidation an der ehemaligen Geländeoberfläche). Eine Akkumulation von organischem Feinmaterial verstärkt die Dunkelfärbung (s. Tab. 16, Annex). Große Toncutane an den Porenwänden belegen eine Infiltration im Anschluss an die angesprochene Eisendynamik.

Altersdatierungen
Zwei Horizonte mit organischer Substanz aus Z3 wurden radiokohlenstoffdatiert (AMS ^{14}C). Für eine Probe aus 3,8 m Tiefe wurde ein Alter von 3360–2882 cal BC (Lab no.: HD-26712; ^{14}C: 4403 ±184 BP) ermittelt, für ein weiteres Präparat aus 4,38 m ein Alter von 4991–4770 cal BC (Lab no.: HD-26713; ^{14}C: 5967 ±50 BP; s. auch SIART et al. 2010a). Da keine Holzkohleflitter, Knochenfragmente oder archäologisch relevante Keramik innerhalb des Kerns vorlagen, musste feindisperses organisches Material zur Altersbestimmung verwendet werden. Ein potenzieller Hartwassereffekt, der im Kontext carbonatischer Milieus auftreten kann und eine Kontaminierung von ^{14}C-Altern durch Eintrag älteren Kohlenstoffs hervorruft (HAJDAS 2008), ist in vorliegendem Fall auszuschließen (mündl. Mitt. DR. B. KROMER).

Fazit
Die mineralogisch-sedimentologische Struktur von Z3 weicht deutlich von den Off-site-Bohrkernen ab. Eine wesentlich heterogenere Stratifizierung sowie eine komplexere Verteilung von Spurenelementen, Schwermetallen und Mineraltypen sind feststellbar. Ganz im Gegensatz zu den restlichen Sedimenten im Karstsystem von Zominthos lassen sich hier Bodenbildungen im oberflächennahen Bereich und am Ende des Kerns nachweisen. Insbesondere die mikromorphologischen Befunde belegen eine ehemalige Paläopedogenese, die sich heute in Form eines gekappten Profils an der Basis offenbart. Teile der makroskopisch mittlerweile nicht mehr eindeutig identifizierbaren Organik dürften als feindisperses Pigment deszendent in den residualen B-Horizont eingetragen worden sein (vgl. WALKER 2005), bevor der Oberboden erodiert wurde. Die subkutane Rinne unmittelbar nördlich der Villa von Zominthos ist somit sehr wahrscheinlich natürlicher Anlage, wurde nur geringfügig anthropogen überformt und bildet einen wichtigen Teil der ehemaligen Gunstlage des Siedlungsplatzes.

Gleichwohl darf die Existenz des Paläobodens nicht über die uneinheitliche Gesamtstruktur des Sedimentkörpers hinwegtäuschen, die sich ebenfalls im Profil von Z2 zeigt. Neben einem erhöhten kolluvialen Eintrag sind im Bereich des Bohrpunktes Z3 ebenfalls starke Alluviationsprozesse nachweisbar. Die mitunter signifikant grushaltigen Horizonte weisen auf erhöhte Fließgeschwindigkeiten hin, die von gelegentlichen, schwach-energetischen Abflüssen unterbrochen wurden. Zudem ist eine überwiegend lokale Herkunft der Sedimente festzustellen, wohingegen ortsfremde Minerale nur in untergeordneten Anteilen auftreten. Somit ist insgesamt von einem klar definierten, lokalen Einzugsgebiet auszugehen. Das Fehlen eines basalen Kalksteinhorizonts lässt in Übereinstimmung mit den geophysikalischen Befunden eine noch mächtigere lockersedimentäre Verfüllung am Bohrpunkt Z3 vermuten.

5.5.3 Analysen lokaler Kalksteinproben

Zum Abgleich mit den lockersedimentären Dolinenfüllungen erfolgte eine Untersuchung mehrerer im Umfeld von Zominthos ausstreichender Gesteinseinheiten. Nachfolgend wird sowohl die mikroskopisch gestützte Betrachtung ihres Gesteinsverbandes berücksichtigt, als auch die Analyse ihrer unlöslichen Rückstände.

Gesteinsdünnschliffe
Die durchlichtmikroskopisch untersuchten Gesteinsdünnschliffe charakterisieren sich durch eine auffällige mineralogische Armut. Die Tripolitzakalk-Probe (TK) setzt sich lediglich aus Kalzit, Glimmern (Muskovit) und Quarz zusammen. Das Plattenkalk-Präparat (PK) zeigt ein ähnliches Bild, wobei Quarze hier aufgrund der im Gesteinsverband zwischenlagernden Hornsteinlagen (cherts; vgl. Abb. 2) deutlich zahlreicher sind. Die Probe der Kalavros-Schiefer (KAL) zeigt eine größere mineralogische Varianz: Neben den Hauptkomponenten Muskovit und Chlorit konnten auch zahlreiche Feldspäte (Albit), Quarze, Eisenoxide sowie Turmaline identifiziert werden.

Korngrößenanalyse der Kalksteinresiduen
Der quantitative Anteil der säureunlöslichen Kalksteinrückstände an der Gesamteinwaage erweist sich als sehr unterschiedlich. Während das Residuum der Tripolitzakalks nur 0,88 % erreicht, verbleibt mit 2,84 % der Plattenkalk-Probe eine größere Menge residualer Komponenten. Aufgrund seiner heterogenen mineralogischen Zusammensetzung beläuft sich das Residuum der Kalavros-Schiefer auf 67,91 %. Alle Proben wurden granulometrisch analysiert und weisen eine Dominanz von Schluffpartikeln auf (s. Tab. 12). Die Bodenart der Residuen entspricht Lehm i.e.S. (Plattenkalk, Kalavros-Schiefer) bzw. schluffigen Lehm (Tripolitzakalk).

Tab. 12: Granulometrische und röntgenographische Analysen der Kalksteinresiduen. Die hohen Schluff-Ton-Verhältnisse (UTV) und die mäßigen Feinheitsgrade (FG) sind als Hauptursachen für die starke Grobkörnigkeit der kolluvialen Karstfüllungen zu erachten (semiquantitative Bestimmung der XRD-Befunde aus U-T-Fraktion: XX - Hauptkomponente, X - Nebenkomponente, – absent; Ms - Muskovit; Kln - Kaolinit; Chl - Chlorit; Vrm - Vermikulit; Qtz - Quarz; Wm - Wechsellagerungsmineral).

Probe	Residuum (Gew.-%)	S (%)	U (%)	T (%)	UTV	FG	Ms	Kln	Chl	Vrm	Qtz	Wm
PK	2,84	7,4	66,4	26,1	2,5	79,2	xx	–	xx	–	xx	–
TK	0,88	38,1	45,2	16,6	2,7	65,8	xx	–	–	–	x	–
KAL	67,91	41,0	46,6	12,3	3,8	62,0	xx	–	xx	–	x	–

Quelle: Eigene Datenerhebung und Darstellung.

Röntgendiffraktometrische Charakteristika der Kalksteinresiduen
Die röntgenographisch untersuchte Schluff- und Tonfraktion enthält Glimmer, Quarz und Chlorit (s. Tab. 12). Muskovit ist in allen drei Präparaten als vorherrschende Komponente vertreten, insbesondere im Tripolitzakalk. Die Anteile von Quarz variieren deutlich und treten entweder untergeordnet (TK) oder als Hauptkomponente auf (PK). Chlorit konnte im Plattenkalk und den Kalavros-Schiefern identifiziert werden, fehlt jedoch im Tripolitzakalk. Die Signalverstärkung des 001-Reflexes belegt bei gleichzeitigem Kollabieren höherer Interferenzen die Existenz Fe-reicher Chlorite (vgl. Kap. 5.5.1.1.1). Kaolinit ist angesichts fehlender Beugungsmaxima bei 4,1 Å in keinem der Präparate vorhanden.

Leicht- und Schwermineralspektren der Kalksteinresiduen
Die Feinsandfraktion der Kalksteinresiduen (goldbedampfte REM-EDX-Präparate) besteht vornehmlich aus Quarzkomponenten, während Glimmer und Feldspäte eher sekundäre Anteile einnehmen oder vollkommen fehlen. Einzig in der Probe aus den Kalavros-Schiefern findet sich ein größerer Varietätenreichtum, der in Analogie zur Gesteinsdünnschliffanalyse auch Chlorit, Turmalin und Hämatit beinhaltet.
Die Untersuchung der morphologischen Gestalt residualer Quarze ermöglicht eine Identifikation verschiedener Kornvarietäten und einen Vergleich mit den Lockersedimenten. Im Kontext der typologischen Einteilung (s. Tab. 21, Annex) wurden (1) idiomorphe, (2) hypidiomorphe sowie (3) xenomorphe Varietäten detektiert. Kristallographisch idealtypisch ausgebildete Quarze finden sich ausschließlich in der Tripolitzakalk-Probe, fehlen jedoch im Plattenkalk und den Kalavros-Schiefern. Ferner enthält das TK-Präparat auch als Einziges die hypidiomorphe Variante gerollter Körner (*rolled grains*). Quarzminerale mit Gleitflächen (*slickensides*) konnten sowohl im Tripolitzakalk, als auch in der Kalavros-Probe identifiziert werden (s. Abb. 46, Annex). Dieser Befund erscheint zweifellos einleuchtend, da die Hauptverwerfung bei Zominthos eine Grenze zwischen beiden Gesteinen bildet und diese während der Überschiebungsphase somit massiven Scherspannungen ausgesetzt gewesen sein müssen. Mit Ausnahme äolisch überprägter und eingetragener Körner sind xenomorphe Quarze Bestandteil aller Kalksteinresiduen.

Fazit
Die Dominanz xenomorpher Quarze in den Bohrkernproben wird durch eine Schüttung aus allen in der Nähe der Karsthohlform von Zominthos ausstreichenden Gesteinstypen bedingt. Nur wenige Leichtminerale sind somit von petrographisch diagnostischem Wert. Die niedrigen Residualanteile, ihre feine Korngröße und ihre mineralogische Armut sprechen gegen eine autochthone Genese der Dolinensedimente. Sie bekräftigen den hohem Anteil ortsfremder Substrate sowie deren Eintrag über kolluviale, fluviale und äolische Transportprozesse (v. a. Kaolinit- und Quarz).

5.6 Digitale Geoarchäologie auf lokaler und regionaler Ebene

Die durchgeführten digitalen geoarchäologischen Analysen beziehen sich auf verschiedene Maßstabsebenen (Zentralkreta, Ida-Gebirge, Hochplateau von Zominthos) und basieren auf einer unterschiedlichen methodischen sowie thematischen Ausrichtung. Alle Resultate werden im Folgenden nach entsprechenden Räumlichkeiten getrennt und deren Charakteristika separat diskutiert.

5.6.1 Minoische Infrastrukturen in Zentralkreta

Die Existenz der bronzezeitlichen Infrastruktur in Kreta wurde in der archäologischen Diskussion bislang nur sporadisch thematisiert. Gerade deshalb besitzt die GIS-gestützte Analyse auf Basis eines speziellen Geodatensatzes eine besondere Bedeutung für die Untersuchung räumlicher Siedlungsaktivitäten und ist somit von großem Wert für Anwendungen im Bereich der modernen Archäologie (SIART et al. 2008a). Die in vorliegender Arbeit identifizierten Transitrouten wurden mithilfe eines *cost-weight* Algorithmus ermittelt und indizieren die kosteneffektivste Verbindung zwischen jeweils zwei minoischen Fundorten. Alle Berechnungen beruhen ausschließlich auf topographischen Variablen. Die Ergebnisse zeichnen vor allem Wege innerhalb von Tiefenlinien nach, wohingegen Bereiche steiler Hangneigung gemieden werden (s. Abb. 36). Aus aktualistischer Perspektive ist der Verlauf der Kommunikationspfade ökonomisch effizient. Zahlreiche archäologische Studien belegen den großen Einfluss von Inklination und Topographie auf die Mobilität während der Bronzezeit. Mitunter dürften die Geländeverhältnisse sogar die entscheidenden Faktoren bei der Wahl einer Strecke gewesen sein (s. BEVAN & CONOLLY 2004, TOMKINS et al. 2004).

Im Hinblick auf die tatsächliche Existenz ehemaliger Infrastrukturen bietet sich ein Vergleich der GIS-Resultate mit älteren archäologischen Befunden an. So beschrieb u. a. EVANS (1929) einen sogenannten *minoan highway*, der die palatialen Zentren des Tieflandes miteinander verband und von Knossos über Archanes nach Phaistos führte. Der Verlauf des berechneten *least-cost* Wegenetzes folgt der theoretischen Verbindung von EVANS Straßensystem mit nur geringfügigen Abweichungen und korreliert in gewissen Abschnitten stark mit diesem (s. Abb. 36). Größere Abweichungen der Streckenführung treten westlich von Archanes auf, wo aus Sicht der Archäologen ein Pfad nördlich des Berges *Jouchtas* verlief, während die GIS-Analyse eine südliche Route indiziert. Derartige Unterschiede müssen auf die große Pixelweite des SRTM-DGM (90 m) oder zusätzliche, in vorliegendem Fall nicht berücksichtigte Faktoren bei der Streckenwahl zurückgeführt werden (ästhetischere oder ritualisierte Streckenführung, Naturraumausstattung, etc.; zur Diskussion s. SIART & EITEL 2008).

Gleichwohl belegt die qualitative Übereinstimmung und Kongruenz der modellierten Routen zu EVANS hypothetischem Wegenetz einen grundsätzlichen Realitätsanspruch der Analysen und verdeutlicht den aktuellen archäologischen Anwendungsbezug. Dieser Befund stützt die prädiktive Stärke sowie das Erklärungspotenzial der geoarchäologischen GIS-Modelle (SIART et al. 2008a).

5.6 Digitale Geoarchäologie auf lokaler und regionaler Ebene 115

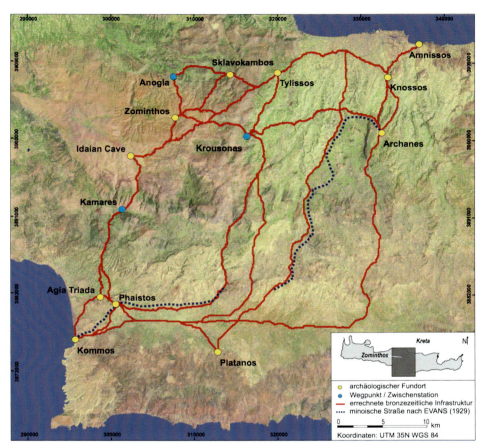

Abb. 36: Verlauf potenzieller minoischer Infrastrukturen in Zentralkreta. Zur Berechnung des Wegenetzes wurden die exakten GPS-Koordinaten kartierter Fundorte mittels least-cost Analyse miteinander vernetzt. Blau gestrichelt dargestellt sind die von EVANS (1929) postulierten minoischen Wege, welche teilweise eine hohe Übereinstimmung mit den GIS-basierten Routen aufweisen. Quelle: Eigene Berechnung und Darstellung auf Grundlage von Landsat ETM, SRTM- und ASTER-Daten.

5.6.2 Bronzezeitliche Nutzflächen im Ida-Gebirge

Die im Rahmen des *predictive modelling* berechneten potenziellen Nutzflächen wurden unter spezieller Berücksichtigung der bronzezeitlichen Villa von Zominthos und deren naturräumlichem Umfeld durchgeführt, da der Gebäudekomplex – bedingt durch seine außerordentlich hohe und periphere Lage – die Frage nach den Gründen der anthropogenen Siedlungsnahme im Ida-Gebirge im zweiten Jahrtausend v. Chr. aufwirft. Um eine Priorisierung weniger Raumfaktoren zu vermeiden, wurde ein umfassender Datensatz potenzieller Einflussgrößen für eine Sesshaftwerdung bzw. Landnutzung eingesetzt (s. auch SIART 2007). Die Ergebnisse (s. Abb. 37) zeigen jene Areale innerhalb des Arbeitsgebietes, die aufgrund einer günstigen Kombination siedlungsrelevanter Faktoren während der Bronzezeit genutzt worden sein konnten. Insgesamt wurden mehrere besonders geeignete Standorte identifiziert. Sie zeichnen sich durch ihre gemeinsame Eigenschaft als hervorragende agrarische Nutzflächen aus, korrelieren ferner mit den Gebieten rezenter Viehzucht (s. hierzu HEMPEL 1995) und können demnach als persistente Gunsträume erachtet werden (SIART & EITEL 2008). Die zwischen 1.000 und 1.500 m ü. M. gelegenen Areale besitzen keine spezifische räumliche Anordnung. Weitere ehemalige minoische Standorte könnten demnach in verschiedenen Karst-Gunstgebieten des nördlichen Psiloritismassivs lokalisiert gewesen sein.

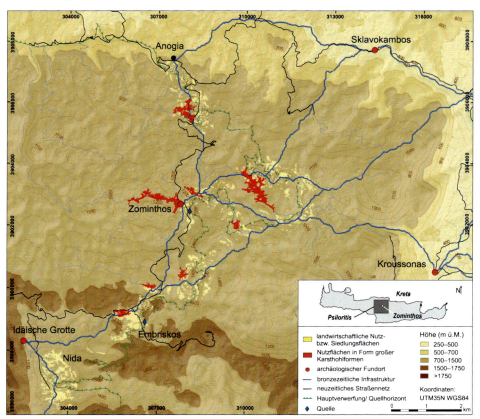

Abb. 37: Lage potenzieller minoischer Nutz- und Siedlungsflächen im Ida-Gebirge. Rot dargestellt sind die sowohl naturräumlich als auch sozioökonomisch begünstigten Areale, die eine anthropogene Inanspruchnahme zur Bronzezeit gewährleistet haben könnten. Quelle: Eigene Berechnung und Darstellung auf Grundlage von Quickbird MS-, SRTM- und ASTER-Daten, IGME 1984, 2000).

6 Synoptische Ergebnisdiskussion

Die Diskussion und Interpretation der EDV-gestützten, geophysikalischen, sedimentologischen und geomorphologischen Ergebnisse dient der Verknüpfung aller Einzelbefunde vor dem Hintergrund des aktuellen Forschungsstands. Ausgehend von einer regionalen Perspektive werden die räumlichen Charakteristika der Verkarstung im Umfeld von Zominthos diskutiert, die Formengenese auf mikro- und mesoskaliger Ebene analysiert, die Eigenschaften der Karstsedimente eingehend beleuchtet und mit dem minoischen Siedlungsplatz Zominthos bzw. der zugehörigen Infrastruktur in Verbindung gebracht.

6.1 Der Karstformenschatz im Ida-Gebirge und seine regionale Bedeutung

Das räumliche Muster der Verkarstung im nördlichen Psiloritismassiv ist durch eine markante Häufung von Lösungshohlformen südlich von Zominthos gekennzeichnet (1.400–1.500 m ü. M.), deren geographische Verteilung auf mehrere Ursachen zurückzuführen ist. Von entscheidender Bedeutung sind hierbei klimatisch-orographische Faktoren, insbesondere die mit zunehmender Höhe steigenden Niederschlagsmengen, die eine verstärkte Kalklösung bedingen (SIART et al. 2009a). Gerade im Vergleich zu den semiariden Bedingungen der Tiefländer sieht sich die Intensität der lokalen Verkarstung in den weitaus humideren Gebirgsregionen begünstigt. HAGER (1985) belegt für das Ida-Gebirge einen deutlichen Anstieg der Niederschlagswerte und nennt für eine Lokalität auf 1.450 m ü. M., was im Übrigen genau dem Hauptverbreitungsgebiet der Hohlformen entspricht, einen langjährigen Durchschnitt von ca. 1.700 mm/a (vgl. Anogia: 1.100 mm/a auf 740 m ü. M.). Auch die winterlichen Schneefälle im Hochgebirge und deren zeitlich verzögertes Abschmelzen sorgen für eine Verlängerung der Abflussperiode und bedingen somit eine längere Wirksamkeit der Lösungsverwitterung entlang von Abflussbahnen (HAGEDORN 1969, HOSTERT 2001). Ferner begünstigt die Temperaturabnahme mit zunehmender Höhe eine höhere Kohlendioxidaufnahmefähigkeit des Wassers und forciert die lokalen Verkarstungsprozesse (HEMPEL 1991). Gleiches konstatiert PFEFFER (1976) für eine Höhenzonierung von Lösungsformen auf dem Kaibab-Plateau in Arizona unter besonderer Betonung der Relevanz klimatischer Schwellenwerte.

Die massive Verkarstung der Hochplateaus im Ida-Gebirge (s. Abb. 4 und 12) wird neben klimatischen Faktoren maßgeblich durch die Petrovarianz gesteuert. So führen vor allem die nur wenige Meter mächtigen Kalavros-Schiefer im Hangenden der Plattenkalk-Serie, die den Gebirgsstock entlang der Deckenhauptüberschiebung durchziehen, zur Bildung eines wasserstauenden Horizonts mit Schichtquellen. Durch die geringe Mächtigkeit der aufliegenden Tripolitza-Serie erstreckt sich das Niveau der phreatischen Zone bis in die Nähe der Gesteinsoberfläche, was Lösungsprozesse deutlich intensiviert. Infiltrierendes Wasser zirkuliert in diesem Aquifer wesentlich länger als in den Carbonaten der stark geklüfteten Plattenkalkeinheit (EGLI 1993). Dieser Umstand zeigt sich besonders deutlich bei Embriskos (s. Abb. 12 und 38), wo mehrere Dolinenfelder auf extreme Verkarstung hinweisen (Häufung unzähliger Mikrodolinen). Augenscheinlich kontrastiert diese narbenartig wirkende

Ausprägungsform mit allen sonstigen Karstformen der Region. Die deutlich extensiver und exzessiver stattfindenden Lösungsvorgänge führten hier im Vergleich zum Relief der Plattenkalkgebiete bereits zu einer vollkommenen Auflösung des Altformenschatzes (FABRE & MAIRE 1983). Hingegen sind die Dolinen südwestlich von Zominthos durch ihre kettenförmige Anordnung entlang von Graten im stark deformierten Plattenkalk gekennzeichnet. Nach PAPADOPOULOU-VRYNIOTI (2004) folgt die Anlage von Lösungsformen bevorzugt tektonischen Schwächezonen, wobei mit zunehmender Beanspruchung auch eine Zunahme entsprechender Hohlformen zu beobachten ist. Die zahlreichen Faltungen und Verwerfungen im Untersuchungsgebiet bilden daher ideale Bahnen zur Lösungsabfuhr und stellen die entscheidende Steuergröße dar, die alle anderen Bildungsparameter überwiegt (s. auch SIART et al. 2009a). Dies zeigt sich insbesondere in einer fehlenden Vorzugsausrichtung der Hohlformen, die nach HAGEDORN (1969) eigentlich zu erwarten wäre. Dagegen folgen die Formen ausschließlich tektonischen Leitlinien und besitzen trotz unmittelbarer räumlicher Nachbarschaft oftmals eine vollkommen gegensätzliche Exposition.

Im Hinblick auf einzelne Höhenstufen fällt insbesondere die Größe der Karstformen sehr heterogen aus, was ebenfalls auf petrographische Ursachen zurückgeführt werden muss. Generell sind Dolinen in tieferen Lagen wie auf dem Plateau von Zominthos deutlich größer als in höheren Gebirgsregionen. Gleichzeitig übertreffen die Hohlformen im Plattenkalk ihr Pendant im Tripolitzakalk um das Dreifache ihres Ausmaßes. Die kleineren Lösungsformen im Bereich der Tripolitza-Carbonate werden durch eine stärkere Verkarstungsfähigkeit der lithostratigraphischen Einheit bedingt. Da die flächenhafte Erstreckung der Tripolitza-Serie zwischen 1.400 und 1.800 m ü. M. weitaus extensiver ist als die des Plattenkalks, finden sich hier mehr Kleinformen als andernorts. Das Fehlen sämtlicher Objekte zwischen 800 und 900 m ü. M. kann unter Berücksichtigung der EDV-gestützten Analyse durch die lokale Topographie begründet werden: Jene Areale weisen sehr hohe Hangneigungswerte auf (Hauptverwerfung und Abschiebung zwischen den Plateaus von Anogia und Zominthos, s. Abb. 4) und verkarsten aufgrund rascher Infiltration bzw. schnellem Oberflächenabfluss weniger stark als flache Gebiete (vgl. STONE & SCHINDEL 2002).

Neben den mikro- bis mesoskaligen Dolinen zeigen auch größere Hohlformen (Karstwannen) ein heterogenes räumliches Verbreitungsmuster im Untersuchungsgebiet. Meist lässt sich dabei ein räumliches Zusammenwachsen mehrerer Einzelformen feststellen (s. Kap. 6.2). In Anbetracht der GIS-basierten Befunde sind in diesem Kontext drei grundsätzliche Aspekte zu konstatieren: Erstens finden sich große Karsthohlformen nur in tieferen Höhenlagen, insbesondere auf dem Plateau von Zominthos (1.100-1.200 m ü. M.; SIART et al. 2010b). Dieser Befund korreliert stark mit den Beobachtungen von TÜFEKCI & SENER (2007), die jene Makroformen bei ihren Untersuchungen in der Türkei ebenfalls in maximal 1.500 m ü.M. fanden. Zweitens befindet sich die Mehrzahl identifizierter Karstwannen im Bereich des Plattenkalks, wohingegen nur wenige Objekte innerhalb der Tripolitza-Einheit auftreten. Drittens erreicht die Größe der Karstformen zwischen 1.100 und 1.200 m ü. M. im Vergleich zu allen anderen Regionen des Psiloritismassivs überdurchschnittlich hohe Werte.

Alle drei Befunde können auf die fossilen, west-ost-orientierten Talzüge miozäner Anlage auf den Plateaus von Anogia und Zominthos zurückgeführt werden. Sie fungieren als bevorzugte Lokalitäten und kontrollieren die Bildung eines mesoskaligen Karstformenschatzes (v. a. elliptische bis längliche Formen). Kleinere, darin eingegliederte Dolinen fragmentieren deren Tiefenlinien und indizieren eindeutig einen Übergang von oberflächiger zu unterirdischer Dränage (vgl. Pfeffer 1976). Dessen ungeachtet sieht sich die Entstehung der großen Karstformen bei Zominthos nicht durch intensive Korrosion begründet. Es handelt sich statt dessen um polygenetische Formen, die möglicherweise bereits seit dem jüngeren Pliozän in einem ähnlichen Zustand vorliegen (vgl. Creutzburg 1958, Bonnefont 1972). Während des Quartärs erfolgte nur eine unwesentliche Weiterbildung, was durch die geringere Verkarstungsfähigkeit des Plattenkalks erklärbar ist. In deutlichem Gegensatz hierzu finden sich im Tripolitzakalk kaum größere Karstwannen, da dort das ehemals fluvial geprägte Relief erodiert bzw. denudiert und von Lösungsprozessen vollkommen überprägt wurde (hohe Korrosionsanfälligkeit; Poser 1957, Fabre & Maire 1983).

Ergänzend gilt es, bei der Genese größerer Karsthohlformen auch lokale Reliefparameter zu berücksichtigen, wie z. B. den Stockwerksbau des Psiloritismassivs. Dessen geringe Inklination begünstigt eine mächtige und mitunter dauerhafte Akkumulation von Feinmaterial, weshalb kryptokorrosive Vorgänge eine stärkere Kalklösung hervorrufen können als Lösungsprozesse in unbedecktem Karst (vgl. Klimchouk 2004; s. Kap. 6.2). Als vollkommen gegensätzlich erweisen sich die höheren Gebirgslagen, in denen strukturbedingte Verflachungen fehlen und somit auch keine größeren Feinmaterialablagerungen innerhalb der Hohlformen auftreten. Neben der Hochebene von Zominthos finden sich ebenfalls auf den Plateaus von Axi Kefala und Embriskos mehrere große Karstwannen (1.500 m ü.M.; s. Abb. 38). Auch dort bedingen die ausstreichenden Kalavros-Schiefer die Bildung eines Aquifers mit verstärkter Lösungsverwitterung sowie eine starke Kolmatierung von Klüften im westlich angrenzenden Plattenkalk (Eintrag residualer Komponenten). Das flache Einfallen der Aufschiebungsfläche der Tripolitza-Serie nach Südosten (Creutzburg 1958) bildet dabei einen wichtigen, verkarstungsfördernden Faktor, da ein schneller schichtparalleler Abfluss auf den Schiefern ausbleibt. So besitzen insbesondere Karstformen im Kontaktbereich von Platten- und Tripolitzakalk wie bei Zominthos überdurchschnittlich große Flächenausmaße (Siart et al. 2009a).

Die einzige Polje im Untersuchungsgebiet, die südwestlich von Zominthos gelegene Nida-Hochebene (1.400 m ü. M.), befindet sich im Bereich der Plattenkalk-Serie. Ihre Existenz ist jedoch nicht allein auf lithologische Ursachen rückführbar, da Poljen auf Kreta ebenfalls innerhalb von Tripolitza-Carbonaten auftreten (s. Igme 1983). Unumstritten ist hingegen der Einfluss tektonischer Parameter, wie Störungen oder Beckenstrukturen, die die Genese solcher Großformen begünstigen (Bartels 1991, Nicod 2003, Gams 2005). Dies gilt gleichfalls für die Nida-Polje, die an ihrer Westflanke von einer Verwerfung entlang eines fast 500 m hohen Steilhangs begrenzt wird. Der polygenetische Charakter dieser Strukturform (s. Ford & Williams 2007) ist das Resultat sowohl tektonischer als auch erosiver Kräfte, was letztlich die Einzigartigkeit und beeindruckende Größe im Vergleich zu den sonst eher mesoskaligen Hohlformen des Psiloritismassivs erklärt.

Fazit
Angesichts aller Befunde begünstigt das Umfeld von Zominthos sowohl aufgrund seiner petrographischen als auch seiner topographischen, tektonischen und lokalklimatischen Charakteristika die Entstehung extensiver Karstformen. Im zentralkretischen Vergleich besitzen sie eindeutig die größten Ausmaße. Das Hochplateau bietet im Gegensatz zu allen anderen Gebieten des Ida-Gebirges als einzige Region ideale Voraussetzungen für die Bildung von Sedimentfallen und mächtigen terrestrischen Geoarchiven, die im Kontext einer landschaftsgeschichtlichen Rekonstruktion analysiert werden können.

Abb. 38: (a) Uvala von Embriskos mit Hauptverwerfung zwischen Plattenkalk (Vordergrund) und Tripolitzakalk (Hintergrund rechts; Blickrichtung nach Westen). (b) Karstwanne von Zominthos mit deutlicher Elongation im Längsverlauf eines fossilen Talzugs (Blickrichtung nach Norden; minoische Villa s. Punktsignatur am rechten Bildrand). Quelle: Eigene Aufnahmen.

6.2 Die Karsthohlform von Zominthos und ihre Funktion als Sedimentfalle

Die digitale Verarbeitung geophysikalischer Befunde mit Hilfe von neuartigen GIS-Analysen und Visualisierungsverfahren bietet einen vielversprechenden Ansatz für geomorphologische Fragestellungen. Ganz im Gegensatz zu zweidimensionalen Profilschnitten oder punktuellen Bohrungen eröffnet sie die Möglichkeit einer anschaulichen Dokumentation komplexer Karstsysteme, erlaubt eine Synthese multimethodischer Befunde und ermöglicht einen ergänzenden Interpretationsschritt an der Schnittstelle von Geomorphologie und Geoarchäologie.

In diesem Zusammenhang dokumentieren die Untersuchungen im Ida-Gebirge sowohl die auffallend heterogene Geometrie und Geomorphologie des subkutanen Karstreliefs der Hohlformen als auch deren mächtige sedimentäre Verfüllung. Analog zu Zhou et al. (2002) und Terzic et al. (2007) kann auf Basis der geophysikalischen Tomographien auch in Zominthos eine Segmentierung des Untergrundes in drei verschiedene Zonen vollzogen werden, wobei oberflächennahe Lockersubstrate (1) von einer detritalen Zersatzzone im mittleren Abschnitt (2) und dem basal anstehenden Carbonatgestein (3) unterlagert werden. Die unverfestigten Karstsedimente weisen große Mächtigkeiten auf (Ø: 5–20 m) und erreichen v. a. innerhalb der Paläoschucklöcher Tiefen von bis zu 35 m u. GOK!

Grundsätzlich besteht keine Korrelation zwischen den Bereichen maximaler Verfüllung und dem Verlauf rezenter Tiefenlinien. Rückschlüsse auf das subkutane Relief auf Grundlage von topographischen Verhältnissen an der Geländeoberfläche sind daher unmöglich (vgl. Hecht 2007). Dieser Aspekt wird ferner durch die extreme Heterogenität der Festgesteinsgrenze verstärkt, die sich im Rahmen einer synoptischen Betrachtung aller geophysikalischen, sedimentologischen sowie GIS-gestützten Befunde offenbart (s. Abb. 39). Speziell im nördlichen Sektor der Hohlform von Zominthos nimmt das Anstehende einen unruhigen Verlauf ein (s. Abb. 22), wobei sich, oberflächig nicht erkennbar, die Mächtigkeit der lockersedimentären Auflage deutlich ändert. Ferner zeichnet sich die verfüllte Karstform durch eine unmittelbare Vergesellschaftung von subkutanen Voll- und Hohlformen aus (s. Siart et al. 2010c). Sie bildet somit ein

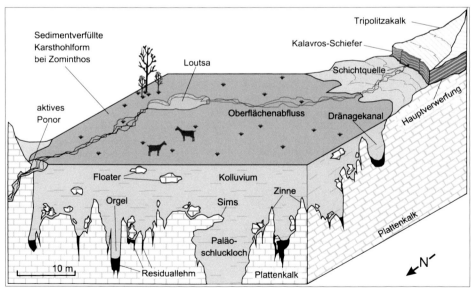

Abb. 39: Schematisches Blockprofil des subkutanen Karstsystems bei Zominthos (nördlich der minoischen Villa). Die Existenz verschiedener Mikroformen bedingt ein äußerst kleinräumiges Mosaik aus unterirdischen Akkumulations- und Erosionsdomänen. Eine kryptokorrosive Weiterentwicklung und Umgestaltung der geometrischen Form wird durch die mächtige Sedimentfüllung begünstigt. Quelle: Eigener Entwurf.

komplexes System, das auf einer gleichzeitigen Existenz von Erosions- und Akkumulationsbereichen in direkter Nachbarschaft und somit auf völlig gegensätzlichen geomorphodynamischen Prozessen beruht. In enger räumlicher Vergesellschaftung finden sich unzählige Karren, Schlote, Zinnen sowie residuale Felsriegel – allesamt typische Merkmale bedeckter Karstsysteme (s. WILLIAMS 1993, ROTH et al. 2002, DECEUSTER et al. 2006). Gleiches gilt für die subkutanen Rinnenstrukturen beiderseits des Siedlungshügels, die ebenfalls als charakteristische Bestandteile sedimentverfüllter Karstwannen gelten (s. GAUTAM et al. 2000, ASSAAD et al. 2004). Sie münden in eines der verschütteten Schlucklöcher im zentralen Bereich der Hohlform und indizieren sowohl die Vorzugsrichtung der unterirdischen als auch der potenziellen subaerischen Dränage zum Zeitpunkt vor der Verfüllung (s. Diskussion in Kap. 6.3). Ihre parallele Ausrichtung deutet auf eine tektonische Anlage hin und lässt sich durch zahlreiche Verwerfungen und Störungen im näheren Umfeld erklären.

In diesem Kontext offenbart das subkutane Karstrelief seine wichtige geoarchäologische Bedeutung, denn der mikro-bis mesoskalige Formenschatz dürfte ein entscheidender Gunstfaktor bei der minoischen Besiedlung des Hochplateaus gewesen sein. Eine anthropogene Nutzung der schon natürlich angelegten Gräben nördlich und südlich der Villa ist sehr wahrscheinlich (s. Kap. 7).

Abb. 40: Geologische Orgel mit säulenartigen Zinnen (a) und schlotartiges Schluckloch (b) im nackten Karst des Ida-Gebirges (Tripolitzakalk). Die entblößten Formen repräsentieren das Pendant zum subkutanen Formenschatz in der Hohlform von Zominthos, wobei die rezente Weiterbildung aufgrund fehlender Sedimentauflage eher eingeschränkt ist. Basal lässt sich die Füllung mit feinkörnigem Residuallehm deutlich erkennen (Größenmaßstab: vgl. Wasserflasche im Vordergrund von Abb. a und Personengruppe am rechten Bildrand von Abb. b). Quelle: Eigene Aufnahmen.

6.2 Die Karsthohlform von Zominthos und ihre Funktion als Sedimentfalle

Die auffälligen Vertikalstrukturen in den 2D Tomographien dokumentieren einen Wechsel verschiedener Medien auf kürzester Distanz (enge Widerstands-Isolinien). Es handelt sich um geologische Orgeln – tiefe lockermaterialverfüllte Schächte, die von Kalksteinpfeilern begrenzt werden und als Indiz für ein fortgeschrittenes Reifestadium überdeckter Karstsysteme gesehen werden müssen (RAVBAR & KOVACIC 2010). Ihre Primäranlage ist oftmals tektonischer Natur, doch erfolgt eine Weiterentwicklung bevorzugt unter Sedimentauflage (PAPADOPOULOU-VRYNIOTI 2004; s. Abb. 39 und 40). Die basal geschlossene Form der Schlote begünstigt eine In-situ-Verwitterung mitsamt Akkumulation autochthoner Kalksteinresiduen, was schließlich zur internen Kolmatierung führt (ATALAY 1997, ZHOU et al. 2000). Aufgrund des hohen Feinheitsgrades (niedrigere Widerstandswerte) lassen sich derartige Schachtfüllungen in den ERT-Profilen eindeutig identifizieren (vgl. CARPENTER & EKBERG 2006).

Die Komplexität bedeckter Karstsysteme macht die geophysikalische Prospektion zu einer großen Herausforderung (HOOVER 2003, BECHTEL et al. 2007). Dies gilt auch für Zominthos, wo sich vor allem die Unterscheidung von Messartefakten (z. B. aufgrund spezifischer Messkonfigurationen oder Substratbedingungen) und tatsächlichen Strukturen als schwierig erweist. Gerade im Nordsektor der Hohlform finden sich linsenartige Zonen erhöhter Widerstände und Wellengeschwindigkeiten, deren Ursprung fraglich erscheint. Nur aufgrund von Referenzbohrungen und Bohrstocksondierungen lassen sie sich als echte Strukturen verifizieren. Es handelt sich um isolierte Blöcke und aus dem Anstehenden hervorkragende Simse (engl. *floaters & cantilevers;* WALTHAM et al. 2005), deren Auftreten auf Verkippung von Zinnen oder auf gravitativen Eintrag zurückzuführen ist (s. Abb. 39).

Im Vergleich zu freiliegenden Kalksteinpartien schaffen Böden oder Bodensedimente korrosionsfördernde Bedingungen (PFEFFER 1990, KLIMCHOUK 2004). Karstwannen mit lockersedimentärer Verfüllung erweisen sich deshalb oftmals als persistente Formen, die im Rahmen einer sukzessiven Denudation der überdeckten Festgesteinsgrenze fortbestehen, obwohl die ursprüngliche Geometrie des Anstehenden vollständiger Umgestaltung unterliegt (SUSTERIC et al. 2009). Unregelmäßigkeiten des subkutanen Reliefs beruhen jedoch vorwiegend auf Kryptokarstprozessen, wohingegen unterirdische Dränagevorgänge die Geomorphologie kaum beeinflussen dürften (s. auch SIART et al. 2009b). Somit ist für die Karstform von Zominthos neben der Stabilität im Sedimenthaushalt (spätholozäne Akkumulationsphase) gleichzeitig eine kontinuierliche Überprägung der Kalksteinbasis und eine Entwicklung charakteristischer Mikroformen anzunehmen. Es handelt sich demnach nicht um eine reliktische Form mit vererbter Geometrie, sondern um ein System mit gegenwärtiger Weiterbildungstendenz.

Da die definitorische Abgrenzung von Dolinen, Uvalas und Poljen bereits seit langem Kontroversen unterliegt (u. a. SAURO 2003, GAMS 2005), stellt sich angesichts aller Befunde die Frage nach einer Typisierung der Hohlform von Zominthos. Daher werden nachfolgend einige diagnostische Kriterien zur Diskussion gestellt.

- In Anlehnung an die Bildungstheorie von FORD & WILLIAMS (2007) stellen die Hohlformen im nördlichen Psiloritismassiv Lösungsformen dar, in deren zentralen Bereichen größere Mengen von Carbonatgestein dissoziiert und abgeführt wurden als auf ihren Hängen und Flanken, was letztlich zur dominant schüsselförmigen Gestalt führt.

- Der geomorphologische Formenschatz von Zominthos kennzeichnet sich durch mehrere fossile Talzüge mit west-östlicher Erstreckung, die aufgrund interner Schwächezonen innerhalb der Tiefenlinien eine Anlage kleiner Lösungshohlformen begünstigen (s. Kap. 6.1). Letztgenannte zerstören sukzessive die ehemaligen Talböden und lösen die Geometrie der Mesoform auf.

- Mitunter ist die trichterförmige Gestalt einzelner Hohlformen oberflächlich nicht mehr erkennbar, insbesondere im Falle mehrerer Objekte in unmittelbarer Vergesellschaftung. Die beachtlichen Größenausmaße der Karstform von Zominthos sowie ihre länglich-elliptische Struktur weisen auf die Existenz zahlreicher benachbarter Subsysteme im Untergrund hin, die in enger karsthydrographischer Verbindung stehen. Die geophysikalische Sondierung diverser Schlucklöcher stützt diesen Befund. In Anlehnung an WALTHAM et al. (2005) lassen sich die einzelnen Teilsysteme der übergeordneten Großform als verfüllte Dolinen bzw. Schlucklöcher bezeichnen.

- Das Fehlen von individuell abgrenzbaren Einzelobjekten, wie z. B. Kleindolinen, lässt auf das Zusammenwachsen mehrerer individueller Hohlformen schließen (vgl. FRELIH 2003). Die Karstwanne von Zominthos ist demnach als Uvala i. e. S. zu bezeichnen. Ein verstärkter Materialeintrag dürfte zwischenliegende Karstschwellen und Felsriegel (engl. *hums*) verschüttet haben. Gerade die starke geomorphodynamische Aktivität im Untersuchungsgebiet samt massiver Kolluviation im späten Holozän ist als ursächlich zu erachten (vgl. Kap. 6.3).

- Sowohl das Auftreten oberflächig-stehender Gewässer infolge starker Niederschlagsereignisse als auch die Existenz eines randlichen Ponors in der Uvala von Zominthos belegen die karsthydrographische Aktivität des Systems (u. a. Durchfluss, Infiltration). Ein sukzessiver Eintrag von kolluvialem Material und eine vertikale Kompaktion der Lockersedimente (hoher Feinheitsgrad einiger Straten, v. a. oberflächennah) bedingen zudem auch laterale Korrosionserscheinungen am Nordende der Hohlform, die nach PAPADOPOULOU-VRYNIOTI (2004) als charakteristisches Merkmal großer Karstformen gelten.

- Am Boden der Karstwanne finden sich keine Hinweise auf Suffosion (±planare Geländeoberfläche, vgl. VERESS 2009), was eine rezente Stabilität im Sedimentkreislauf anzeigt (Ruhe- bzw. Akkumulationsphase) und die Eignung der Hohlform als Geoarchiv bestätigt. Allerdings erlaubt dieser Befund keine Vorhersage der zukünftigen Persistenz und Prozessdynamik, da eine unterirdische Materialabfuhr in Karstgebieten abrupt auftreten kann (ZHOU & BECK 2005, GUTIERREZ et al. 2008).

- Nach den von NICOD (2003) aufgestellten Kriterien zur Karstformendefinition besitzt Zominthos ebenfalls zahlreiche Charakteristika einer Polje. So sind eine geschlossene Hohlform mit deutlicher Elongation, eine morphoklimatisch-polygenetische Bildung (pleistozäner Detritus, holozäne Bodensedimente, s. Kap. 6.3), eine deutliche karsthydrographische Dynamik, neotektonische Aktivität, geologische Störungen oder das Auftreten kryptokorrosiver Vorgänge in unterschiedlich starker Ausprägung vorhanden bzw. sehr wahrscheinlich. Petrographische Parameter, wie insbesondere die wasserstauenden Kalavros-

Schiefer, bedingen zusätzlich eine Dränage der Schichtquellen in die Hohlform. Gleichzeitig führt die geringe Dissoziationsfähigkeit der Kalkschiefer zu einem verstärkten Eintrag nicht-carbonatischer Substrate, die Oberflächenabfluss begünstigen und dem lokalen System einen randpoljeartigen Charakter verleihen (s. FORD & WILLIAMS 2007).

Fazit
Unter Betrachtung aller Befunde ist die Karstform von Zominthos als Uvala mit Tendenz zur Kleinpolje zu definieren. Ihre besondere geomorphologische Ausstattung bietet die Grundvoraussetzung für die Entstehung eines sedimentären Geoarchivs. Analog zu den Befunden zahlreicher Karststudien aus dem östlichen Mediterranraum (u. a. HEMPEL 1991, DURN 2003, VAN ANDEL & RUNNELS 2005) fungiert sie als eine der größten und wohl auch mächtigsten Sedimentfallen im Untersuchungsgebiet. Zwar sind Karsthohlformen prinzipiell als offene Systeme zu erachten, was eine Materialbilanzierung verhindert, doch belegen die Befunde vorliegender Arbeit eine anhaltende Akkumulationsphase innerhalb des karsthydrographischen Systems. Die Karstwanne von Zominthos verhindert bzw. verzögert effektiv einen Abtransport von Lockermaterial in tiefere Lagen der Insel und übernimmt daher eine entscheidende Rolle im lokalen Stoffhaushalt. Neben ihrer geoarchäologischen Bedeutung wird ihr somit auch eine wesentliche sozioökonomische Funktion zuteil, da sie kostbare Nutzflächen in einer sonst stark degradierten und völlig verkarsteten Region schafft und eine landwirtschaftliche Inwertsetzung erst ermöglicht.

6.3 Die Karstsedimente von Zominthos als Archive der Landschaftsgeschichte

In Analogie zur starken Heterogenität des subkutanen Karstreliefs sind auch die untersuchten Verfüllungen durch signifikante Unterschiede gekennzeichnet, insbesondere im Hinblick auf die Sedimente in der Hohlform (off-site) und deren Pendant im Bereich der archäologischen Ausgrabung (on-site). Sowohl die erreichten Mächtigkeiten und der damit verbundene stratigraphische Aufbau als auch die Herkunft diagnostischer Minerale bedürfen daher einer detaillierten Diskussion.

6.3.1 Stratigraphie und Genese der lockersedimentären Karstfüllung

Die Sedimentsäule der Karstfüllungen von Zominthos untergliedert sich grob in drei Hauptabschnitte, die unterschiedliche geomorphodynamische Entstehungsprozesse und Umweltbedingungen anzeigen.
(1) Die oberflächennahen Horizonte (ca. 1–2 m), gekennzeichnet durch einen erhöhten Feinbodenanteil unter Absenz von Grus, belegen eine subrezente bis rezente Stabilitätsphase der lokalen Geomorphodynamik mit reduzierten Erosionsprozessen (vgl. GÜNSTER & SKOWRONEK 2001). Für ein Einsetzen pedogenetischer Vorgänge sprechen insbesondere die leichten Illuviationserscheinungen mit deszendent ansteigenden Tongehalten, die deutlich erhöhten Kohlen- und Stickstoffanteile sowie die auffällig hohen magnetischen Suszeptibilitätswerte, die in Anlehnung an frequenz-

abhängige Vergleichsmessungen von Sedimenten aus ostkretischen Dolinen auf eine Anreicherung sekundärer Ferrimagnete zurückzuführen sind (SIART et al. 2009b). Dennoch sind die oberflächennahen Schluff-Ton-Verhältnisse recht hoch und zeigen daher keine derart intensiven Verwitterungsbedingungen an, wie sie u. a. RUNNELS & VAN ANDEL (2003) oder PRIORI et al. (2008) für typisch mediterrane Roterden in Karstgebieten nennen. Zudem verläuft die Obergrenze einer rezenten Bildung von chromic Luvisols (Terrae rossae) auf Kreta in einer Höhe von maximal 1.000 m ü. M. (POSER 1957). Die zahlreichen großen Karsthohlformen des Psiloritismassivs liegen deutlich höher, so auch Zominthos (1.200 m ü. M.). Trotz einer im Vergleich zu den tiefer liegenden Substraten besseren Sortierung fehlen eindeutig abgrenzbare Bodenhorizonte, weshalb die Sedimente im Hangenden der Karstfüllung als pedogen überprägtes Kolluvium zu interpretieren sind (vgl. hierzu LEOPOLD & VÖLKEL 2007, LOPEZ et al. 2009).

(2) Im Gegensatz zu den homogenen oberflächennahen Horizonten offenbaren die zentralen Kernbereiche ein heterogenes Gesamtbild aus bis zu 8 m mächtigen, grobkörnigen Lagen mit vereinzelt zwischenliegenden Feinmaterialstraten, die sich sowohl sedimentologisch-mineralogisch als auch genetisch voneinander unterscheiden. Eine autochthone Bildung ist aufgrund mehrerer Befunde auszuschließen:

- Die Residualanalyse der Carbonate erbringt auffallend niedrige Rückstandsmengen, was die In-situ-Genese von über 20 m mächtigen Dolinenfüllungen nicht erklären kann.
- Während die Kalksteinresiduen grusfrei und sandarm ausfallen, ist die Korngrößenzusammensetzung der Bohrkerne äußerst grobmaterialhaltig. Nur Phasen starker geomorphodynamischer Aktivität unter trockeneren klimatischen Bedingungen bei höherer Niederschlagsperiodizität können zu einer derart schlechten Sortierung führen. Die teilweise mehrere Dezimeter mächtigen Grobstraten indizieren daher massive Erosions- und Akkumulationsprozesse im Untersuchungsgebiet. NIHLÉN & OLSSON (1995) interpretieren erhöhte Sandgehalte in kretischen Böden ebenfalls als Hinweis auf einen starken allochthonen Materialeintrag. Analog zu den Befunden von VÖTT et al. (2009), ist auch die Genese der Sedimente von Zominthos auf ein zeitweilig torrentielles Prozessgeschehen zurückzuführen. In Anbetracht der mikromorphologischen Befunde der Kolluvien erfolgte keine wesentliche Überprägung der Substrate durch bodenbildende Prozesse. Zwischenzeitige geomorphodynamische Ruhephasen von längerer Dauer sind nicht zu erkennen (vgl. CASSELMANN et al. 2004). Entweder wurde die Pedogenese durch anthropogene Nutzung verhindert oder die Umlagerung erfolgte in vergleichsweise kurzer Zeit bei relativ konstanter Sedimentation. Das durchweg hohe Schluff-Ton-Verhältnis dokumentiert eine geringe autochthone Verwitterungsintensität und korreliert ferner stark mit den von PYE (1992) gemessenen Werten für polygenetische Karstfüllungen in den Gebirgen Kretas. Die über große Profilbereiche hinweg nur marginal erkennbare Stratifizierung, die außerordentlich regellose und heterogene Zusammensetzung sowie die extrem schlechte Sortierung der Lockersubstrate belegen somit insgesamt ein typisches Kolluvium (s. NEMEC & KAZANCI 1999, FRENCH 2003).

- Die geochemischen Befunde bestätigen den allochthonen Habitus, denn weder die geringe Magnetisierbarkeit noch die niedrigen Kohlenstoff-, Stickstoff- und Schwefelgehalte lassen eine Bodenbildung erkennen. In den Off-site-Bohrkernen fehlen zudem Anreicherungen von C_{org}, die Hinweise auf ehemalige Oberböden mit erhöhten Humusgehalten liefern könnten. Dieser Mangel an radiokohlenstoffdatierbarem Material erschwert die Paläoumweltrekonstruktion bzw. die chronologische Einordnung der Sedimente im Umfeld von Zominthos. Zwar treten durchweg erhöhte Gesamtgehalte an Eisen auf, die den typischen Fe-Mengen in mediterranen chromic Luvisols entsprechen (s. BOERO & SCHWERTMANN 1989, DURN 2003), doch belaufen sich die Anteile freien Eisens auf vergleichsweise niedrigere Werte – ein klarer Hinweis auf die schwache pedogenetische Entwicklung der Karstfüllungen (vgl. BRONGER & BRUHN-LOBIN 1997, YAALON 1997). Ein unterschiedlich starkes Vorkommen von Eisen innerhalb bestimmter Straten, wie es u. a. ORTIZ et al. (2002) für Böden in Spanien beschreiben, ist nicht feststellbar. Somit ist eine Durchmischung ehemaliger eisenhaltiger und eisenarmer Bodenhorizonte im Kontext von Erosion und Akkumulation zu vermuten (vgl. BROWN 2009).
- Die Uniformität der ton- und schwermineralogischen Zusammensetzung in nahezu allen Tiefen spricht gegen eine In-situ-Genese der Sedimente. Ein Teil der Phyllosilikate (u. a. Vermikulit, evtl. auch Kaolinit) muss präkolluvial gebildet worden sein, quantitative Abschätzungen sind indessen nicht möglich. Auffällig ist der große Anteil nicht-carbonatbürtiger Schwerminerale, deren Provenienz nicht auf die untersuchten, jedoch flächendeckend im Umfeld von Zominthos ausstreichenden Gesteinseinheiten zurückgeführt werden kann. Es handelt sich um externen Eintrag aus regionalen und überregionalen Liefergebieten (s. Kap. 6.3.3). Die Vergesellschaftung diverser Mineralgenerationen, sowohl im Hinblick auf Quarze und deren heterogene Morphologie als auch hinsichtlich unterschiedlich gut erhaltener Schwerminerale, belegt eine regellose Durch-mischung unterschiedlicher Substrate.

Der markante kolluviale Charakter der Sedimente sieht sich in der besonderen Lage des Standortes von Zominthos begründet, denn gerade hier enthalten die Plattenkalke mächtige Chertlagen (Verwitterung bedingt starke Schüttung grobklastischen Materials), treffen rezent drei verschiedene Gesteinsvarietäten aufeinander (mineralogische Heterogenität) und bilden schließlich die lokalen Reliefgegebenheiten eine Kessellage, die im Südosten halbkreisförmig von einer massiven Abschiebung mit bis zu 100 m Höhenversatz umrahmt wird (Zominthos als Hauptsedimentfänger für das lokale Einzugsgebiet). Aufgrund dessen unterscheidet sich die Nordabdachung des Psiloritismassivs mit ihren Karstfüllungen deutlich von den lockersedimentären Verfüllungen und Böden anderer Karstregionen, die häufig autochthonen Ursprungs sind und mitunter deutlich feinkörniger ausfallen (v. a. Residuallehme; WALTHAM et al. 2005, SAURO et al. 2009, SIART et al. 2009b).

Trotz allem sind die mächtigen Kolluvien im zentralen Bereich der Sedimentsäule nicht einheitlich aufgebaut und werden gelegentlich von dünnen Feinmaterialschichten unterbrochen. Einerseits handelt es sich dabei um Bänder von relativ guter Sortierung, deren ton- und schwermineralogische Zusammensetzung derjenigen kolluvialen Ursprungs gleicht. Lediglich die niedrigeren Korngrößenmittelwerte dienen als Abgrenzungskriterium. Jene Straten beruhen auf den gleichen geomorphodynamischen Entstehungsprozessen wie die grobkörnigen Kolluvien, unterscheiden sich von diesen jedoch hinsichtlich der Intensität ihrer Bildungsbedingungen. Eine kurzzeitige Stabilisierung des Ökosystems, z. B. unter feuchteren Bedingungen bei ausgeglichenerem Jahresniederschlag oder aufgrund geringerer anthropogener Einflussnahme, bewirkte dabei eine reduzierte Erosionsdynamik. Auch VAN ANDEL & RUNNELS (2005) sehen das Auftreten von feinkörnigen Lagen in Poljenfüllungen als eindeutigen Anzeiger für schwach-energetische Bedingungen. Grushaltiges Material, wie es im Großteil der Verfüllungen von Zominthos vorkommt, belegt hingegen den torrentiellen Eintrag von Kolluvium in die Karsthohlform. Mit zunehmender Entfernung zu den umliegenden Hängen und abnehmender Hangneigung erfolgte dabei ebenfalls eine horizontale Korngrößensortierung (vgl. ATALAY 1997, NEMEC & KAZANCI 1999).

Andererseits finden sich auch zwischenlagernde Feinstraten mit guter Sortierung und Stratifizierung. Im Gegensatz zu kolluvialen Feinlagen offenbaren sie stets mehrere fining-upward Zyklen, die als Anzeiger für fluviatile und/oder limnische Ablagerungsbedingungen mitsamt gradueller Stabilisierung geomorphodynamischer Aktivitätsphasen zu sehen sind (vgl. ZILBERMAN et al. 2000, SIART et al. 2010a). Linearer Abfluss und die Bildung eines episodisch stehenden Gewässers bedingten dabei eine korngrößenabhängige Deposition der Suspensionsfracht, gefolgt von erneuter Sedimentation mit Beginn nachfolgender Abflussereignisse. Gerade der hohe Tongehalt von Karstfüllungen, der eine Kolmatierung von Klüften und Schlotten verursacht, fördert die Bildung kleiner Seen und Tümpel in Dolinen und Poljen – ein Phänomen, welches alljährlich während der niederschlagsreichen Winterzeit auftritt (BARTELS 1991, VAN ANDEL 1998, LOPEZ et al. 2009). Alle gradierten Horizonte sind durch eine Dominanz von nur geringfügig angewitterten, juvenilen Mineralen gekennzeichnet (Glimmer, Chlorit, Quarz), was nach VÖTT et al. (2009) auf ein schwach-energetisches Milieu mit einem ruhigen Wasserkörper hinweist. Die Substrate sind eindeutig lokalen Ursprungs, da gerade die umliegenden Plattenkalke und Kalavros-Schiefer stark chloritführend sind und, genau wie die laminierten Bänder, eine schwermineralogische Varietätenarmut aufweisen. Erhöhte Gehalte an anorganischem Kohlenstoff (Kalzit) verweisen in diesem Kontext auf nur schwache Verwitterungsprozesse.

(3) Im Sinne der Dreigliederung der Sedimentfüllungen repräsentiert der zumeist mehrere Dezimeter mächtige basale Bereich der Bohrkerne eine heterogene Zersatzzone bzw. eine detritale Akkumulation von Kalkstein (vgl. RAVBAR & KOVACIC 2010). Allerdings weisen die geophysikalischen Sondierungen dabei eher niedrige Widerstandswerte und Wellengeschwindigkeiten auf, die unter Abgleich mit den in Zominthos vollzogenen Eichmessungen nicht auf massive Carbonate hindeuten.

Die röntgenographischen Untersuchungen von Gesteinsdetritus und Lockersedimenten aus den Kernen belegen zudem die heterogene mineralogische Zusammensetzung der Hohlformbasis. Neben Plattenkalkbruchstücken finden sich darin ebenfalls Klasten der Tripolitzakalke als zwischenlagernde Schichten. Daher ist eine grobschutthaltige Akkumulation verschiedener Gesteine aus unterschiedlichen petrographischen Einheiten zu konstatieren, die im Zuge physikalischer Verwitterung und starker gravitativer Transportprozesse in die ursprünglich unverfüllte bzw. nur geringfügig verfüllte Hohlform eingetragen wurde (allochthon). Zeitlich ist dieses Prozessgeschehen möglicherweise in die pleistozänen Kaltzeiten einzuordnen (s. BONNEFONT 1972, POSER 1976, HUGHES et al. 2006). Da nach POSER (1957) die Untergrenze der Frostschuttstufe Zentralkretas im letzten Glazial bei ungefähr 800 m ü. M. lag, ist eine periglaziale Überprägung von Zominthos wahrscheinlich. Auch BRUXELLES et al. (2006) und SAURO et al. (2009) verweisen auf basales detritisches Material in den von ihnen untersuchten Dolinen und führen dies auf eine periglaziale Prozessdynamik zurück.

6.3.2 Stratigraphie und Genese der siedlungsnahen Sedimente

Die Sedimente im siedlungsnahen Umfeld können stratigraphisch ebenfalls in mehrere Abschnitte untergliedert werden, welche im Kontext wechselnder geomorphodynamischer Regimes zu sehen sind.
(1) Oberflächennah finden sich wie in den Off-site-Kernen die bestsortierten Substrate, deren kolluvialer Habitus von leichter pedogenetischer Überprägung gekennzeichnet ist (vgl. Kap. 6.3.1).
(2) Als völlig gegensätzlich erweisen sich die liegenden Kernabschnitte: Schlechte Sortierung, massive Grusführung und geringer Feinmaterialanteil belegen einen starken allochthonen Eintrag, der auf intensive Umlagerungsprozesse hinweist. Innerhalb des verfüllten Entwässerungsgrabens finden sich jedoch auch mehrere Straten fluvialen Ursprungs, erkennbar an ihrer Gradierung und ihrer guten Sortierung. Sie unterbrechen die grusreichen Horizonte, dokumentieren einen zeitweiligen Rückgang geomorphodynamischer Aktivitätsphasen mit einer Stabilisierung im spätholozänen Ökosystem (feuchtere Bedingungen) und dürften genetisch sowie zeitlich mit den entsprechenden Straten in Z5 korrelieren. Die schwermineralogische Komposition jener Bänder ist auffallend varietätenarm und korreliert lediglich mit dem Mineralbestand der analysierten Carbonate, was einen verstärkten lokalen Eintrag belegt (vgl. Kap. 6.3.1).
(3) Basal schließen sich in beiden On-site-Bohrkernen sehr feine, gut sortierte Straten an (Mächtigkeit bis 0,6 m), die eindeutig als Paläoböden zu interpretieren sind:

- Die Korngrößenzusammensetzung ist grusfrei und auffallend sandarm, während Schluff und Ton zusammen über 90% der Matrix stellen und somit starke Verwitterungsbedingungen vor Ort belegen (Fehlen allochthoner Einträge).

- Im Vergleich zu allen anderen Sedimentproben finden sich hier die höchsten Cadmiumwerte, die die Gehalte in typisch mediterranen Böden um ein Vielfaches übertreffen. Nach SCHEFFER & SCHACHTSCHABEL (2002) zeigen sie eine Akkumulation im Zuge von Bodenbildungsprozessen an – sowohl absolut, als auch in Relation zu Zink (sehr niedrige Zn/Cd-Verhältnisse).

- Hohe Mengen an Mangan- und Eisenoxiden konnten in entsprechenden Horizonten sowohl mikromorphologisch als auch geochemisch nachgewiesen werden (hohe Fe_{tot}-Gehalte und Fe_d/Fe_{tot}-Verhältnisse). Lithogene Eisenphasen, die im Zuge starker Verwitterung von Chloriten, Pyroxenen, oder Amphibolen aus silikatischer Bindung freigesetzt wurden, dürften demnach mit dem Sickerwasser teilweise in die Matrix infilitriert, oxidiert und an Schluff- und Tonpartikeln angelagert worden sein (vgl. DELGADO et al. 2003). VÖTT et al. (2009) sehen derartig hohe Gehalte an Fe-Oxiden und Hydroxiden als eindeutiges Indiz für eine nachträgliche sowie intensive subaerische Verwitterung mitsamt Bodenbildung. Die pedogenetische Überprägung des Standorts lässt sich außerdem anhand deutlicher Verwitterungsspuren auf Quarzen und auf den äußerst instabilen Fe-Chloriten dokumentieren (Lösungshohlformen, Frakturen, etc.).

- Starke Kohlenstoff- und Stickstoffanreicherungen in den basalen Straten implizieren eine präkolluviale Freisetzung aus Pflanzen und/oder Tierdung. Es handelt sich um die deszendent verlagerten Reste eines ehemaligen, humosen Oberbodens, der im Zuge von Erosionsprozessen abgetragen wurde. Dieser Befund sieht sich insbesondere im auffallend hohen Tongehalt begründet, der Illuviationsprozesse unter stabilen Bedingungen indiziert. Die markante Häufung großer Toncutane mit Laminationstexturen belegt eine nachträgliche Infiltration in die Porenräume des Solums. Nach FEDOROFF (1997) sind solche Perkolationserscheinungen nur unter gemäßigten geomorphodynamischen Bedingungen zu erwarten, nicht jedoch im Falle von Starkregenereignissen, wie sie rezent im Mediterranraum auftreten. Vielmehr sind humide bis subhumide Klimate der Subtropen mit einer permanenten Vegetationsbedeckung und ausreichender Wasserversorgung obligatorisch (GÜNSTER et al. 2001). Das Auftreten von Tonhäutchen auf den bereits erwähnten Eisenoxidkonkretionen spricht für ein nachträgliches Einsetzen der Illuviation in den siedlungsnahen Sedimenten von Zominthos. Wenn auch nur in geringem Umfang, dürfte dabei ebenfalls feindisperse Organik mitverlagert worden sein. Sie findet sich heute als Spurenelement innerhalb eines gekappten Bt-Horizonts.

- Die AMS ^{14}C-Datierungen aus den basalen Schichten von Z3 bestätigen die Existenz einer Stabilitätsphase während des späten Atlantikums (holozänes Klimaoptimum, s. Kap. 7) und des frühen Subboreals: Die beiden Alter von 3.360–2.882 cal BC (3,8 m u. GOK) und 4.991–4.770 cal BC (4,38 m u. GOK) umfassen eine Zeitspanne von 1.100 bis 2.100 Jahren, indizieren dabei jedoch nur eine zwischenzeitige Akkumulation von ca. 0,6 m Bodenmaterial. Die oberflächennähere Datierung unterliegt aufgrund ihrer Entnahmestelle innerhalb des Illuvialhorizontes allerdings gewissen Unwägbarkeiten (Verlagerung feindisperser Organik). Nach WALKER (2005) ist eine Kontamination durch Eintrag jüngeren Kohlenstoffs in eine ältere Matrix als gängige Fehlerquelle bei der Datierung von Böden zu sehen, weshalb in vorliegendem Falle eine ehemals mächtigere Bodenbildung anzunehmen ist.

- Die scharf definierte Grenze zwischen feinem Substrat des residualen Bt-Horizonts und grobem Kolluvium im Hangenden belegt eine Kappung des Paläobodenprofils. Zwar deutet die schlechte Sortierung des aufliegenden Kolluviums auf einen abrupten geomorphodynamischen Wechsel hin, doch bleibt ungewiss, ob hierfür ein einziges Ereignis verantwortlich war. Während die Pedogenese in einen Zeitraum vor der bronzezeitlichen Okkupationsphase von Zominthos fällt, stellen die Erosionsprozesse ein syn- bzw. postminoisches

Phänomen dar (s. Kap. 7). Vor dem Hintergrund dieser zeitlichen Kongruenz sowie der Lage des Paläobodens innerhalb des siedlungsnahen Entwässerungsgrabens sind Mensch-Umwelt-Interaktionen als Steuergrößen der Landschaftsdegradation im Ida-Gebirge äußerst naheliegend. Da die Nutzung und die effektive Verteilung von Wasser bereits zur Bronzezeit von essenzieller Bedeutung für das Leben und Wirtschaften in den kretischen Gebirgsregionen waren (CHANIOTIS 1999, ANGELAKIS & KOUTSOYIANNIS 2003, PANAGIOTOPOULOS 2007), ist ein anthropogener Ausbau und eine Erweiterung der natürlich angelegten Dränagegräben zu vermuten (SIART et al. 2010a). Infolge dessen dürfte die gezielte Kanalisation von Oberflächenabfluss zur Kappung des Bodens geführt haben, bevor Kolluviationsprozesse eine sedimentäre Bedeckung der basalen Horizonte verursachten.

Vergleicht man die Sondierungen mit den Off-site-Sedimenten, fallen insbesondere eine deutlich schlechtere Sortierung und ein sehr hoher Grobmaterialanteil der On-site-Kerne auf. Letztgenannte nehmen eine hangnähere Position ein, in der bevorzugt gröberes Material akkumuliert wurde. Hingegen ist mit Annäherung an die Mitte der Hohlform ein sukzessiver Rückgang der Transportintensität zu konstatieren, der eine horizontale Sortierung des Kolluviums bewirkte (vgl. ATALAY 1997, NEMEC & KAZANCI 1999). Die mineralogische Varietätenarmut der siedlungsnahen Sedimente, die eine überwiegende Materialherkunft aus Liefergebieten in unmittelbarer räumlicher Nachbarschaft dokumentiert, wird vor allem durch das kleinere Einzugsgebiet bedingt. Lediglich aus Süden und Südosten konnte hier ein Eintrag erfolgen. Hingegen stellt die Karsthohlform im Nordsektor ein offeneres System dar, das als Sedimentfalle für Material aus sämtlichen Richtungen fungiert.

6.3.3 Allochthone und autochthone Quellen von Mineralen der Karstsedimente

Wie die sedimentologisch-mineralogischen Befunde belegen, sind die Sedimente der lockersedimentären Karstfüllungen von Zominthos überwiegend lokalen Quellen zuzuschreiben. Dennoch stellt sich die Frage nach den quantitativen Anteilen und der Herkunft fremdbürtiger Komponenten. Dies gilt insbesondere für Kaolinit, der in der Dolinenfüllung ubiquitär vertreten ist, in den röntgenographisch untersuchten Kalksteinresiduen jedoch fehlt. Für eine autochthone Genese des Zweischichtsilikats bedarf es grundsätzlich einer starken Entbasung und Desilifizierung und somit intensiven Verwitterungsbedingungen, wie sie vorwiegend in tropisch-feuchten Klimaten auftreten (NUNEZ & RECIO 2007). Hingegen verweist das Vorkommen sehr verwitterungsanfälliger Minerale (u. a. Chlorit, Pyroxen) im Zusammenhang mit den nur schwach sauren pH-Werten der Sedimentsäule auf moderate Verwitterungsintensitäten und somit auf ungünstige Bedingungen für eine rezente Neosynthese bzw. eine Umwandlung von Kaolinit aus anderen Mineralen (vgl. RAPP & NIHLÉN 1986, NIHLÉN & OLSSON 1995). Auch fehlen stark degradierte Phyllosilikate wie sekundäre Chlorite, die in kretischen Karsthohlformen üblicherweise als Indikatoren für ein hohes Alter und somit stark fortgeschrittene Verwitterungsprozesse fungieren (HEMPEL 1991). In Anlehnung an MARTÍN-GARCÍA et al. (1998) kommen demnach nur zwei Möglichkeiten für die Herkunft der Kaolinite in Frage: Zum einen kolluvialer Eintrag aus ehemaligen Böden umliegender Hänge, wobei die Paläobildung unter feuchtwarmen Klimabedingungen erfolgt sein musste. Dies kann jedoch ausgeschlossen werden, da sehr alte Bodendecken im jung gehobenen Gebirgsrelief unwahrscheinlich sind und da sich die Sedimente durch hohe Gehalte an Muskovit sowie Vermikulit (u. a.) auszeichnen, die zugunsten von Kaolinit wegverwittert sein müssten. Statt dessen ist eine windbürtige Herkunft anzunehmen, was angesichts zahlreicher Studien zu äolischem Staubtransport sowie dessen Eintrag in mediterrane und insbesondere zentralkretische Gebirgsböden sehr plausibel erscheint (GANOR & FONER 1996, DURN et al. 1999, NIHLÉN et al. 2002, GONZÁLEZ MARTIN et al. 2007). Gerade für den östlichen Mittelmeerraum und die Libysche See wird ein starkes Vorkommen von Kaolinit in Aerosolform bzw. in marinen Sedimenten genannt, wobei das Material vorwiegend aus nordostafrikanischen Liefergebieten stammt (FOUCAULT & MÉLIÈRES 2000, GOUDIE & MIDDLETON 2001, BOUT-ROUMAZEILLES et al. 2007).

Die erhöhten Eisengehalte in den Karstsedimenten müssen neben lokalen Quellen ebenfalls auf windbürtige Komponenten zurückgeführt werden. Hinreichend belegt ist der äolische Eintrag Fe-reicher Saharastäube in mediterrane Gewässer und Sedimente, der Rubefizierungsprozesse in Böden maßgeblich verstärken kann (JAHN et al. 1995, NIHLÉN & OLSSON 1995, AVILA et al. 1998, GUIEU et al. 2002, STATHAM & HART 2005). Vor allem der auf Kreta im Winterhalbjahr alljährlich auftretende *rote Regen* (griech. *kokkinovrokhi*) belegt die starke Sedimentation hämatitreichen Materials, so auch im Psiloritismassiv (PYE 1992, MATTSON & NIHLÉN 1996, NIHLÉN et al. 2002).

Die leichtmineralogischen Befunde der Kolluvien dokumentieren eine überwiegend lokale Herkunft von Quarzen. Ein Großteil der Minerale entspricht dem verwitterten und in-situ überprägten Pendant der lithogenen Residualkörner. Dessen ungeachtet ist ein regionaler bzw. überregionaler Eintrag deutlich nachweisbar (SIART et al. 2008b), da sich insbesondere die xenomorph-gerundeten Quarze in den Bohrkernen nicht über fluviatile oder rein kolluviale Prozessdynamik erklären lassen (vgl. GOUDIE & BULL 1984, HELLAND et al. 1997). Ihre charakteristischen Mikrotexturen in Form von oberflächig hervorstehenden Schuppen, einer signifikanten Zurundung sowie einer Absenz von Bruchstrukturen sind eindeutige Zeugnisse äolischer Transportmechanismen (KRINSLEY & DOORNKAMP 1973, MAHANEY 2002, BUBENZER & HILGERS 2003). Eine windbürtige Provenienz von Quarzen in der Hohlform von Zominthos erscheint vor dem Hintergrund äolischer Kaolinite und Eisenoxide konsistent. Als Ursprung der Minerale sind nordostafrikanisch-saharische Regionen anzunehmen. Unter anderem verweisen SINGER et al. (2004) auf Staubstürme im Ostmediterranraum, die große Mengen von Quarz und Kaolinit transportieren. Gleiches bestätigen PYE (1992) und NIHLÉN et al. (2002), die in ihren Staubfallen im Ida-Gebirge fast ausschließlich Quarze aus Tunesien und Libyen fanden.

Unter Berücksichtigung aller Befunde kann die Existenz verschiedener äolisch eingetragener Stoffe in den lockersedimentären Karstfüllungen als gesichert gelten. Allerdings ist keine quantitative Bilanzierung dieses Eintrags möglich, da sich die fremdbürtigen Minerale optisch und geochemisch zumeist nicht von ihrem authochthonen Pendant unterscheiden. Die einzige Ausnahme bilden die mikromorphologisch diagnostischen Quarze. Nach Schätzungen beläuft sich ihr Anteil an der Leichtmineralfraktion auf höchstens 2 %.

6.3 Die Karstsedimente von Zominthos als Archive der Landschaftsgeschichte

Von besonderer Bedeutung sind zudem die schwermineralogischen Ergebnisse der kolluvialen Sedimente. In Anbetracht der Schwermineralarmut lokaler Kalke und der gleichzeitig geringen Mengen an säureunlöslichen Rückständen ist kein signifikanter Eintrag in die Verfüllung der Karsthohlform zu erwarten. Demnach müssen rund 90 % der Schwerminerale aus allochthonen Quellen stammen. Diagnostische Körner wie die quantitativ dominanten Ferrokarpholithe treten nur in der Phyllit-Quarzit-Einheit auf, deren nächstgelegene Vorkommen bei Anogia aufgeschlossen sind – 600 m tiefer und in ca. 5 km Entfernung von Zominthos (DE ROEVER 1977, THEYE et al. 1992; s. Abb. 3). Gleiches gilt für Chloritoide, Na-Amphibole und einen Teil der Epidote. Hingegen kommen Granate und die verschiedenen Spinellvarietäten (Chromit, Pleonast, Hercynit) nur in den Ultrabasiten der Ophiolithkomplexe Kretas vor (KOEPKE 1986, LANGOSCH et al. 2000). Allerdings wurden im zentralen Bereich des Psiloritismassivs und insbesondere in Höhenlagen über 800 m ü.M. bislang noch keine Vorkommen phyllitischer und ophiolithischer Gesteinseinheiten dokumentiert, welche zur Schüttung entsprechender Minerale in die Karstwanne führen könnten (pers. Mitt. DR. C. FASSOULAS; s. auch THORBECKE 1973, SEIDEL 1978).

Ein gravitativer Eintrag aus höheren Gebirgslagen ist somit auszuschließen. Sehr wahrscheinlich entstammen die Schwerminerale daher kleinen geologischen Klippen (Deckenreste der Gesteinsserien auf dem Plateau von Zominthos), die aufgrund geschützter Reliefposition über lange Zeit hinweg der Abtragung standhielten. Ihr Verschwinden ist zeitlich in jüngerer erdgeschichtlicher Vergangenheit einzuordnen (HOLZHAUER 2008). Ähnlich signifikant sind die Befunde im Hinblick

Tab. 13: Mikrosondenanalysen vulkanogener Pyroxene aus Zominthos und ausgewählte Referenzproben der Eruption von Santorin. Die Körner aus den Karstfüllungen und die rhyodazitischen Präparate sind nahezu identisch (Cpx - Klinopyroxen, Opx - Orthopyroxen; Angaben in Gewichtsprozent; ^{1} Fe-reich/er; ^{2} Mg-reicher).

Mineral	Cpx	Cpx	Cpx^1	Cpx	Cpx	Cpx	Cpx^2	Opx	Opx	Opx	Opx^1	Opx	Opx	Opx^2
Analyse Nr.	1-16	1-9	*	5-6	4-34	3-3B	*	1-1	3-2	4-15	*	2-14	4-18	*
Kerntiefe (m)	Z5 0,1-0,3	Z5 0,1-0,3	-	Z6 8,4-8,7	Z6 3,5-3,8	Z5 9,6-9,8	-	Z5 0,1-0,3	Z5 9,6-9,8	Z6 3,5-3,8	-	Z5 3,6-3,9	Z6 3,5-3,8	-
SiO$_2$	52.15	52,44	51.33	51,58	51,62	51.31	50.78	52.96	52,90	52,08	51.71	53,77	53,78	53.39
TiO$_2$	0.21	0,27	0.39	0,61	0,60	0,83	0.67	0.15	0,21	0,31	0.19	0,43	0,30	0.26
Al$_2$O$_3$	1.00	1,14	1.35	2,30	2,30	2,49	2.82	0.40	0,44	0,71	0.55	1,49	1,20	1.41
Cr$_2$O$_3$	0.00	0,00	0.02	0,00	0,08	0,00	0.01	0.02	0,01	0,01	0.02	0,03	0,04	0.01
Fe$_2$O$_3$	0.00	0,00	0.00	0,64	0,28	0,77	0.00	0.00	0,00	0,00	0.00	0,00	0,00	0.00
FeO	10.81	10,47	11.04	9,08	8,74	8,62	8.92	24.03	22,66	24,11	24.21	17,66	16,65	16.64
MnO	0.70	0,49	0.60	0,36	0,26	0,36	0.42	1.19	0,97	1,12	1.16	0,51	0,49	0.50
MgO	13.19	13,35	13.18	14,61	15,37	14,57	14.55	19.81	20,55	18,96	19.88	24,23	25,00	26.20
CaO	20.55	20,76	20.42	20,09	19,34	20,20	20.54	1.22	1,73	1,71	1.26	1,73	0,93	1.49
Na$_2$O	0.36	0,29	0.31	0,29	0,24	0,28	0.29	0.02	0,02	0,04	0.02	0,04	0,04	0.02
K$_2$O	0.00	0,01	0.01	0,00	0,00	0,00	0.01	0.00	0,01	0,02	0.01	0,00	0,00	0.01
H$_2$O	0.00	0,00	N/A	0,00	0,00	0,00	N/A	0.00	0,00	0,00	N/A	0.00	0,00	N/A
Total	98.97	99,21	98.63	99,83	98,80	99,43	99.00	99.86	99,49	99,08	98.98	99,59	99,43	99.94

Quelle: Eigene Datenerhebung sowie Werte aus COTTRELL *et al. 1999; Mineralformelberechung: H.P. Meyer, Institut für Geowissenschaften, Universität Heidelberg.*

auf die identifizierten Klino- und Orthopyroxenvarietäten, deren Chemismen in bestimmten Fällen nur mit kalkalkalischem Inselbogenvulkanismus in Verbindung gebracht werden können (vgl. hierzu KOEPKE et al. 2002). Dies wird zudem durch die Verwachsung von Orthopyroxenkörnern mit siliziumreichen Gläsern bekräftigt (Mineralaggregate, s. Abb. 45, Annex). Da Vulkanismus auf Kreta fehlt, müssen die Minerale aus einer externen Quelle im Mediterranraum stammen. Die Provenienzbestimmung bedarf deshalb einer Gegenüberstellung von Mikrosondenanalysen aus Zominthos mit Analysen vulkanogener Schwerminerale und Gläser aus der Ägäis und dem Tyrrhenischen Meer (Tab. 13 und 14). Hierbei zeichnet sich deutliche chemische Diversifizierung unterschiedlicher Eruptionsereignisse ab: Der Chemismus der Körner aus Zominthos gleicht lediglich demjenigen der Rhyodazite aus Santorin bzw. den damit verbundenen basaltischen und andesitischen Komponenten, die im Zuge des minoischen Vulkanausbruchs um 1620 v. Chr. gefördert wurden (s. FEDERMAN & CAREY 1980, COTTRELL et al. 1999, SIART et al. 2010a). Hinsichtlich der Mineralherkunft sind daher alle anderen mediterranen Eruptionsereignisse auszuschliessen.

Dieser Befund stellt ein absolutes Novum dar, denn Ascheeinträge des 3,6 ka Events wurden bislang nur in den Tiefländern und Küstenebenen Ostkretas gefunden, während Funde aus Höhenlagen über 1.000 m ü.M. und speziell aus Zentralkreta fehlen (s. Abb. 41; BOEKSCHOTEN 1971, HEMPEL 1994, BRUINS et al. 2008).

Tab. 14: Mikrosondenanalysen vulkanischer Gläser aus Zominthos (Eruption von Santorin) sowie ausgewählte Referenzproben (Angaben normalisiert in Gewichtsprozent; n.b. - nicht bestimmt; aufgrund messbedingter Verluste sind die Na_2O-Anteile um ca. 1% höher zu veranschlagen). Während Glas aus Ischia einen basischeren Chemismus besitzt, weichen Gläser aus Zominthos aufgrund höherer Na- und Fe (II)-Gehalte sowie niedrigerer Si-Anteile deutlich von ostmediterranen Präparaten ab.

Mineral	Glas	Glas[1]	Glas[2]	Glas[2]	Glas[2]	Glas[2]	Glas[2]	Glas[3]	Glas[2]
Herkunft	Minoisch Z2	Minoisch Z2	Yali C	Yali D	Kos Plateau	Nisyros A	Nisyros G	Milos	Ischia
Alter (ka)	3,6	3,6	30	30	160	44	44	90	38
SiO_2	74.63	73.44	74.79	79,74	78.89	78.34	79.06	76.68	66.21
TiO_2	0.27	0.31	0.34	0.12	0.03	0.20	0.21	0.17	0.54
Al_2O_3	13.89	14.46	14.94	12.69	12.96	13.69	12.61	11.40	19.77
Cr_2O_3	0.00	n.b.	n.b.	n.b.	n.b.	n.b.	n.b.	n.b.	n.b.
Fe_2O_3	0.00	0.00	0.00	0.00	0.00	0.00	0.00	0.00	0.00
FeO	1.98	2.05	1.69	0.68	0.48	1.48	1.09	0.86	2.64
MnO	0.09	n.b.	n.b.	n.b.	n.b.	n.b.	n.b.	0.04	n.b.
MgO	0.32	0.25	0.47	0.05	0.00	0.17	0.14	0.08	0.36
CaO	1.43	1.56	2.06	0.64	0.52	0.91	1.04	1.18	1.22
Na_2O	4.17	4.81	2.02	2.03	2.26	1.73	2.01	1.89	3.55
K_2O	3.22	3.16	3.68	4.05	4.83	3.50	3.93	7.71	5.70
H_2O	0.00	n.b.	n.b.	n.b.	n.b.	n.b.	n.b.	n.b.	n.b.
Total	100.00	100.00	100.00	100.00	100.00	100.00	100.00	100.00	100.00

Quelle: Eigene Datenerhebung sowie Werte aus [1]DRUITT et al. 1999, [2]FEDERMAN & CAREY 1980, [3]SAMINGER et al. 2000; Mineralformelberechung: H.P. Meyer, Heidelberg.

6.3 Die Karstsedimente von Zominthos als Archive der Landschaftsgeschichte 135

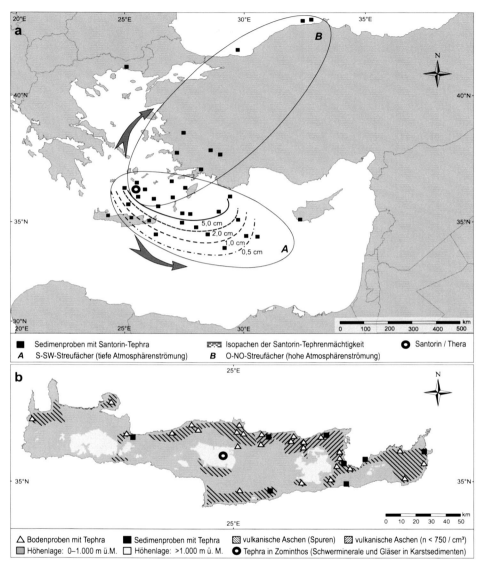

Abb. 41: Verbreitung der Santorin-Tephra im östlichen Mediterranraum (a) sowie auf Kreta (b). Die Funde in Zominthos liegen deutlich höher als alle bisherigen Fundorte auf Kreta und belegen die wichtige Bedeutung von Karstformen als Sedimentfallen und Geoarchive in küstenfernen Regionen. Quelle: Eigene Darstellung nach BOEKSCHOTEN 1971, KELLER & NINKOVICH 1972, VITALIANO & VITALIANO 1974, WATKINS et al. 1978, CADOGAN & HARRISON 1979, FEDERMAN & CAREY 1980, BETANCOURT et al. 1990, HEMPEL 1994, NARCISI & VEZZOLI 1999, MCCOY & HEIKEN 2000, CICHOCKI et al. 2004, BRUINS et al. 2008, WULF et al. 2008.

Die räumliche Ausbreitung der pyroklastischen Fallablagerungen von Santorin muss somit neu abgrenzt werden, vor allem im Hinblick auf die gut dokumentierte Aschefahne östlich der Vulkaninsel mit Schwerpunkt in der Türkei (s. KELLER & NINKOVICH 1972, NARCISI & VEZZOLI 1999). Nachweislich wurde kalkalkalische Tephra auch in den kretischen Gebirgen abgelagert, was die enorme Tragweite eines Ereignisses belegt, das in seiner Konsequenz wohl ebenfalls einen großen Einfluss auf die bronzezeitliche Kultur hatte. Der quantitative Anteil jener allochthonen Schwerminerale fällt jedoch recht gering aus, bedingt durch ihre hohe Verwitterungsanfälligkeit (s. PETTIJOHN 1941, BATEMAN & CATT 2007). Aussagen zum Auftreten in anderen Korngrößenklassen sind nicht möglich.

Fazit
Unter Berücksichtigung aller mineralogischen Befunde darf Zominthos trotz seiner hohen und abgeschiedenen Gebirgslage sowie fehlender Oberflächengewässer keinesfalls als isolierte Karstregion mit ausschließlich lokalem Sedimentkreislauf erachtet werden (zum Begriff *isolated karst terrain* s. DURN et al. 1999). Vielmehr handelt es sich um einen geographisch weiträumig eingebundenen Sedimentstandort, der seine mineralogische Vielfalt sowohl autochthonen als auch lokalen, regionalen und überregionalen Quellen verdankt. Die lockermaterialreichen Verfüllungen stellen somit polygenetische Kolluvialkomplexe mit dynamischer Entstehungsgeschichte dar, deren Genese auf Kalksteinverwitterung, dem Eintrag nicht-carbonatischer Gesteinsfragmente sowie der Deposition vulkanischer und äolischer Partikel unterschiedlichster Herkunft beruht (vgl. DELGADO et al. 2003, WALTHAM et al. 2005, DURN et al. 2007). Für die geoarchäologische Synthese der terrestrischen Karstarchive haben diese Befunde eine weitreichende Bedeutung, da sie als Zeitmarker genutzt werden können oder Aufschluss über ehemalige Prozesse und Veränderungen im Ökosystem des Ida-Gebirges geben. Sie bilden einen essenziellen Bestandteil der interdisziplinären Paläoumweltrekonstruktion.

7 Das minoische Zominthos – eine geoarchäologische Synthese

Aus historisch-archäologischer Perspektive gibt die bronzezeitliche Siedlung von Zominthos der Wissenschaft viele Rätsel auf, insbesondere im Hinblick auf die Ursachen ihrer Errichtung, ihre repräsentative Größe und ihre räumlichen Funktionen auf lokaler, regionaler und überregionaler Ebene. Für ein besseres Verständnis dieses besonderen Siedlungsplatzes und der spätholozänen Landschaftsgeschichte wurden die Sedimentkomplexe der Karsthohlformen untersucht. Sie liefern wichtige Informationen zur Rekonstruktion der Mensch-Umwelt-Interaktionen in Zentralkreta während der letzten Jahrtausende. Vor dem Hintergrund aller geoarchäologischen Befunde vorliegender Arbeit gilt es, abschließend mehrere grundlegende Aspekte zu diskutieren.

Zeitpunkt und Ursachen der Erschließung des Hochplateaus von Zominthos
Bereits im Neolithikum kam es auf Kreta zur Ausbreitung menschlicher Aktivitäten, doch konzentrierten sich die Siedlungen und Nutzflächen der frühen Agrargesellschaften vorwiegend in den fruchtbaren Regionen des Tieflands (RACKHAM 1990, HALSTEAD 2000). Ab dem vierten vorchristlichen Jahrtausend setzte schließlich eine zunehmende Kolonisation peripherer Gebiete ein, was zu einer vollständigen Besiedlung der Insel mitsamt ihren Gebirgsregionen führte. Diese räumliche Expansion der Ökumene lässt sich auf das Zusammenwirken von mehreren Faktoren zurückführen, wobei insbesondere ein demographisches Wachstum auf fast 300.000 Einwohner bis zum Ende der Bronzezeit zu starkem Bevölkerungsdruck führte und eine Migration in höhere Lagen forcierte (LYRINTZIS & PAPANASTASIS 1995). Gleichzeitig bedingte der zunehmend komplexere Entwicklungsstand der minoischen Hochkultur, der mit einem umfassenden Technologiewandel einherging, große Landnutzungskonflikte in den Küstenebenen. Die Diversifizierung der Landwirtschaft (Intensivierung von Getreideanbau und Tierhaltung, Transhumanz), der steigende Bedarf an Agrarprodukten aber auch die Funktion der Gebirge als Refugien zum Schutz vor feindlichen Invasoren führten zur Erschließung der Hochplateaus bis in den Bereich der Baumgrenze in 1.600 m Höhe (MOODY et al. 1996). Ferner kam es während der minoischen Neupalastzeit zu wichtigen politisch-geographischen Veränderungen: Ohne eindeutig erkennbare Vorläufer tauchte ab 1700 v. Chr. der neue architektonische Typus der sogenannten Villa auf. Diese an strategisch günstigen Orten errichteten Landhäuser fungierten sehr wahrscheinlich als administrative Subzentren der Paläste im Tiefland (WALBERG 1994, REHAK & YOUNGER 2001). Ihre Bestimmung lag in der Kontrolle von Verbindungswegen und in der Nutzung besonderer Gunsträume mit ertragreichen Weideflächen oder Waldgebieten. Eine rege handwerkliche Produktion und agropastorale Aktivitäten dienten der Subsistenz ihrer Bewohner, doch wurde ein Großteil der Erzeugnisse an die palatialen Zentren weitergeleitet (WESTERBURG-EBERL 2001, SAKELLARAKIS & PANAGIOTOPOULOS 2006). Ausgehend von einer politisch motivierten Zersplitterung der Landschaft in unzählige Mikroterritorien mit scharf definierten naturräumlichen Grenzen erfolgte damit erstmals in der Geschichte Kretas eine Kolonisation von Randräumen und eine gezielte Ausbeutung der Gebirge, unter anderem in Zominthos.

Neben kulturhistorischen Aspekten beeinflussten auch natürliche Faktoren das bronzezeitliche Besiedlungsmuster, vor allem die einsetzende Aridisierung ab etwa 3500 v. Chr. (ISSAR & ZOHAR 2004; s. auch Abb. 44). Sie führte zur charakteristischen *Mediterranisierung* des Klimas an der Wende vom Atlantikum zum Subboreal (HEMPEL 1987, FUCHS 2007). Das Zusammenspiel von großflächigen Rodungstätigkeiten und intensiver Tierhaltung mit einem Übergang zu deutlich trockeneren Klimabedingungen, niedrigeren Durchschnittstemperaturen und verstärkter Saisonalität der Niederschläge hatte massive Erosionserscheinungen in den Küstenebenen zur Folge. Die dadurch bedingte Landschaftsdegradation beschleunigte schließlich eine Besiedlung der Peripherie (vgl. WHITELAW 2000). Im gesamten Tiefland, vor allem im Westen Kretas, finden sich Sedimente gravitativer Massenbewegungen, die auf torrentielle Niederschläge und Abflussereignisse in minoischer Zeit hinweisen (GROVE & RACKHAM 2001). Neben Ernteausfällen, Bodenabtrag oder der Zerstörung an Gebäuden kam es insbesondere zu großen Störungen im jahreszeitlichen Rhythmus der Landwirtschaft – dem eigentlichen ökonomischen Rückgrat der minoischen Zivilisation.

Während des späten Neolithikums und der frühen Bronzezeit waren die klimatischen Verhältnisse im Ostmediterranraum trotz zunehmender Aridisierung jedoch noch relativ feucht (ISSAR 1998, JALUT et al. 2009), was als entscheidender Gunstfaktor für die minoische Kulturentwicklung gesehen werden muss. Die bronzezeitliche Hochkultur erblühte mit dem Wechsel zu trockenerem Klima, musste sich dabei stets an die sich allmählich verändernden Bedingungen anpassen und nutzte verstärkt die entlegenen Gebiete der Insel. Auch das Ida-Gebirge entwickelte sich so zu einem Gunstraum, der angesichts vorteilhafter hygrischer und thermischer Verhältnisse (hypsometrischer Klimagradient, Niederschlagszu- und Temperaturabnahme mit Höhe) sowie aufgrund soziokultureller Umbrüche erschlossen werden konnte und musste. Die Ökumene Kretas erfuhr dabei eine vertikale Verschiebung, begleitet von umfassenden menschlichen Adaptionsleistungen und Migration. Die Kolonisation der Hochebene von Zominthos und die Errichtung des großen minoischen Gebäudekomplexes sind Ausdruck dieser weitreichenden Transformationsprozesse.

Gründe für die Standortwahl und raum-zeitliche Bedeutung von Zominthos
Die auffälligsten Charakteristika der Höhensiedlung von Zominthos sind ihre vollkommen isolierte Lage sowie ihre beachtlichen Ausmaße, die die Größe aller anderen neupalastzeitlichen Villen bei Weitem übertreffen. Wie die GIS-basierten Raumanalysen vorliegender Arbeit nachdrücklich dokumentieren, finden sich neben Zominthos jedoch noch weitere Areale mit ähnlicher Naturraumausstattung, die ebenfalls eine bronzezeitliche Inwertsetzung und Kolonisation gewährleistet hätten. Dies betrifft insbesondere die im südlichen Bereich des Untersuchungsgebietes gelegenen Plateaus von *Embriskos* und *Nida*. Somit stellt sich die Frage nach den expliziten Gründen der Standortwahl, die nur unter synoptischer Betrachtung aller Befunde beantwortet werden kann.

Unter spezieller Berücksichtigung der regionalen Geomorphologie spiegelt sich die räumliche Einzigartigkeit von Zominthos vor allem in der karstmorphologischen Überprägung des Ida-Gebirges wieder, obwohl sich Karstgebiete aufgrund hydrologischer Ungunst und erhöhter Vulnerabilität oftmals nur erschwert nutzen lassen (vgl. STAMPOLIDIS et al. 2005, TERZIC et al. 2007). Insbesondere die GIS- und fernerkundungsgestützten Ergebnisse bestätigen die überdurchschnittliche Größe verfüllter Hohlformen im Umfeld von Zominthos. Im Gegensatz zu allen anderen Regionen des Gebirgsmassivs begünstigt gerade dort eine einzigartige Kombination aus petrographischen, klimatischen, orographischen und neotektonischen Faktoren die weiträumige Verkarstung und fördert somit die Bildung eines Mesoformenschatzes mit Karstwannen und Kleinpoljen (s. auch SIART et al. 2009a). Die geophysikalischen Sondierungen dokumentieren zusätzlich deren außerordentlich mächtige und extensive Sedimentakkumulationen. Daher bildet die Lokalität aus heutiger Sicht einen der wenigen extensiven Sedimentfänger der Region, der im Gegensatz zu fast allen anderen Bereichen des Ida-Gebirges den Abtransport und Verlust von Bodensediment aus dem lokalen Stoffkreislauf verhindert. Unter Berücksichtigung des rapiden Wachstums der spätminoischen Bevölkerung, als auch der damit verbundenen Landnutzungskonflikte und Degradationserscheinungen im Tiefland, erschließt sich somit die entscheidende sozioökonomische Bedeutung des Standorts: Da Viehzucht und Ackerbau die minoischen Haupterwerbszweige darstellten (HALSTEAD 1993, MOODY et al. 1996) vermochte nur eine Verlagerung der landwirtschaftlichen Produktion in die peripheren Bergregionen Kretas den wachsenden Bedürfnissen der palatialen Zentren und ihrer Umgebung gerecht zu werden. Die Verfügbarkeit extensiver Agrarflächen machte Zominthos daher schon zur Bronzezeit zu einem absoluten Gunststandort (s. Abb. 43). Obwohl die untersuchten Karsthohlformen zu überwiegenden Anteilen erst im späten Holozän mit Lockersedimenten verfüllt wurden – die vulkanogenen Minerale der Eruption von Santorin erlauben die chronologische Einordnung der Erosionsprozesse frühestens ab 1620 v. Chr. – müssen sie als persistente Gunsträume betrachtet werden, die den Bewohnern der Bergregionen stets als wirtschaftliche Grundlage dienten (s. Abb. 42). Nachweislich wurden kretische Poljen schon zur Bronzezeit für den intensiven Getreideanbau genutzt, da ihre flache Topographie im Gegensatz zu steileren Hanglagen eine Bewirtschaftung ohne zusätzliche Terrassierung ermöglichte. Große sedimentverfüllte Karstwannen gelten daher auch als Kornkammern vorchristlicher Hochkulturen (WARREN 1994, CHANIOTIS 1999).

Abb. 42: (a) Uvala mit landwirtschaftlicher Nutzung und Tendenz zu räumlichem Zusammenwachsen mit weiterer Doline im Hintergrund. (b) Gegenwärtige Viehhaltung in der Karsthohlform von Zominthos (Lage der minoischen Villa auf dem Hügel links der Bildmitte). Quelle: (a) eigene Aufnahme; (b) D. Panagiotopoulos.

Die Errichtung ruraler Villen mit landwirtschaftlicher Nutzung stellte zudem auch eine Maßnahme gegen die zunehmenden, witterungsbedingten Ernteausfälle der späten Bronzezeit dar, da sie den Nahrungsbedarf in den Palästen zu decken verhalf (MOODY 2000). PANAGIOTOPOULOS (2007) verweist zusätzlich auf die Wollproduktion, die neben der agropastoralen Bewirtschaftung die wichtigste Einkommensquelle der Höhensiedlung bildete und aufgrund großer Textilexporte im bronzezeitlichen Handel des östlichen Mittelmeeres zum Reichtum der Bewohner von Zominthos führte.

Trotz kontinuierlich fortschreitender Aridifizierung gestatteten die vergleichsweise hohen Durchschnittstemperaturen (s. EITEL 2008) und die humiden Verhältnisse im Ostmediterranraum (JALUT et al. 2009) wohl eine ganzjährige landwirtschaftliche Nutzung der Gebirgsstöcke zur frühen Bronzezeit. ROSSIGNOL-STRICK (1999) verweist in diesem Kontext insbesondere für die Gebirgslagen der Region auf ganzjährig feuchte Bedingungen mit Jahresniederschlagsmengen bis 1.300 mm und Temperaturen über dem heutigen Niveau. Die Paläoböden aus dem unmittelbaren Umfeld von Zominthos, deren Genese in das späte Atlantikum und das frühe Subboreal datiert werden kann (holozänes Klimaoptimum; s. Abb. 44), komplettierten die naturräumliche Gunstsituation und belegen eindeutig feuchtere Bedingungen sowie geomorphodynamische Stabilität im mittleren Holozän. Zudem führten die guten hygrischen, thermischen und pedologischen Gegebenheiten zum Aufkommen eines sehr wahrscheinlich dichteren Baumbestands (s. Abb. 43), der sich heute in Form unzähliger Wurzellöcher in den lokal anstehenden Kalksteinen erahnen lässt (s. auch Abb. 5).

Die Frage nach den Gründen der lokalen Siedlungsgeschichte muss ebenfalls hydrologische Aspekte berücksichtigen, denn bereits zur Bronzezeit war eine adäquate Wasserverfügbarkeit von wesentlicher Bedeutung. Speziell in Zeiten politischer Konflikte und soziokultureller Umbrüche galt es, die autarke Versorgung eines Standortes zu sichern (CADOGAN 2007). ANGELAKIS et al. (2007) verweisen in diesem Kontext auf die vielfältigen sowie oftmals noch ungeklärten Zusammenhänge bei der bronzezeitlichen Bereitstellung von Trinkwasser und nennen mehrere Möglichkeiten zur Sicherung des Grundbedarfs, insbesondere Grundwasser (Brunnen), Quellwasser (Fassung) und Oberflächenwasser (Umleitung und Entnahme). Vor dem Hintergrund der archäologischen Befunde aus Zominthos offenbart sich dieser Aspekt besonders deutlich, denn sowohl die minoische Landnutzung der Hochebene in einem karsthydrologischen Ungunstraum als auch die großen Ausmaße der Höhensiedlung verursachten einen hohen Wasserbedarf von Mensch und Tier (SIART et al. 2008a). Die GIS-Ergebnisse der vorliegenden Arbeit dokumentieren jedoch ein ausschließlich punktuelles Vorkommen von Quellen im Verlauf der petrographischen Deckenüberschiebung, wohingegen weite Bereiche des Psiloritismassivs aufgrund intensiver Verkarstung als arid einzustufen sind. Der Austritt der Schichtquellen von *Agia Marina* südöstlich von Zominthos stellte daher die weiträumig einzige Versorgungsmöglichkeit dar und bildete deshalb einen entscheidenden Gunstfaktor. Dieser Befund wird durch die Existenz zweier subkutaner Be- oder Entwässerungsgräben in unmittelbarer Angrenzung an den Siedlungshügel gestützt. Zwar ist ihre Primäranlage aufgrund kryptokorrosiver und/oder subaerischer Verkarstungsprozesse natürlichen Ursprungs, doch lässt die auffällige Umrahmung des Gebäudekomplexes eine anthropogene Nutzung mitsamt Ausbau oder Umgestaltung der Gräben vermuten (s. Abb. 43). Nachweislich kam es mit dem Aufkeimen der minoischen Zivilisation zu großen ingenieurtechnischen Fortschritten im Bereich der Wasserwirtschaft (ANGELAKIS & KOUTSOYIANNIS 2003). Zur Versorgung der wachsenden Bevölkerung wurden unter anderem extensive Leitungssysteme und Bewässerungsmethoden geplant und errichtet. Auch die minoischen Siedler von Zominthos müssen mit diesen hydrotechnologischen Errungenschaften vertraut gewesen sein, insbesondere weil die Siedlung möglicherweise als Residenz einer adeligen Oberschicht fungierte und somit einen hohen Lebensstandard zu garantieren hatte. Bemerkenswert ist die beidseitige randliche Begrenzung der Wasserrinnen durch unterirdische Vertikalstrukturen. Sie finden sich in direktem Anschluss an die potenziellen Gebäudereste im nördlichen und im südlichen Sektor. Eine gezielte Errichtung von Mauern zur Kanalisierung der Gräben ist daher anzunehmen. Gleichzeitig birgt dieser Ausbau einen Überschwemmungsschutz für kostbare Acker- und Weideflächen – eine durchaus realistische Annahme, da zur Bronzezeit bereits umfassende Dränagesysteme angelegt wurden (KOUTSOYIANNIS et al. 2008). So verweist SHOWLEH (2007) am Beispiel des *Kopais Sees* in Böotien auf die gezielte Trockenlegung von Sumpfgebieten zur Gewinnung landwirtschaftlich nutzbarer Areale.

Weitere Hinweise auf anthropogenes Wirken im Inneren der Karstwanne von Zominthos finden sich in Form der im oberflächennahen Untergrund identifizierten Kalksteinblöcke. Sie bildeten möglicherweise eine Dränage- bzw. Ackerrandbegrenzung oder dienten der Abtrennung von Viehkrälen, wie sie in ähnlicher Form noch heute in den Poljen des Psiloritismassivs errichtet werden. In Analogie zu den Befunden aus Zominthos finden sich auch in ostkretischen Dolinen eindeutige Indizien für prähistorische, hydrotechnologische Baumaßnahmen sowie landwirtschaftliche Aktivitäten. Sie veranschaulichen nachdrücklich die große Bedeutung einer angemessenen Wasserversorgung in den flächendeckend verkarsteten Gebirgszügen der Insel (GHILARDI 2006, SIART et al. 2009b).

Wie die digitalen geoarchäologischen Ergebnisse zeigen, besitzt das Hochplateau von Zominthos zudem exzellente topographische Voraussetzungen, die in ihrer Form an keinem anderen Ort des Ida-Gebirges gewährleistet sind. Dies gilt insbesondere für die regionale Sichtverbindung zwischen minoischen Heiligtümern, Siedlungen oder Wehranlagen, der in der mythologisch-spirituellen Konzeption der Hochkultur allerhöchste Bedeutung beigemessen wird (PEATFIELD 1994, TOMKINS et al. 2004). Die weiträumig geringen Hangneigungswerte gewährleisten eine gute Überschaubarkeit des gesamten nördlichen Psiloritismassivs und gestatten Sichtkontakt zu den bronzezeitlichen Gipfelheiligtümern und Nekropolen (*Keria, Kylistria, Speliari*; s. SIART et al. 2008a). Auch auf lokaler Ebene ist Zominthos topographisch begünstigt, was zur Errichtung der Villa in einer Schutzlage auf einem spornartigen Felsvorsprung mit randlichen Dränagekanälen führte. Gleichzeitig bot die verkehrsgünstige Position an einer der besten Transitrouten, die einen Handel und Austausch zwischen der Gebirgsregion und den palatialen Zentren Zentralkretas ermöglichte, den Pilgerstrom zu heiligen Stätten in höheren Lagen kontrollierte und somit ebenfalls als Unterkunft und Raststation dienen konnte, entscheidende Standortvorteile (PANAGIOTOPOULOS 2007). Der genaue Verlauf der im Rahmen der archäologischen Diskussion postulierten Verbindungsstraßen (s. WARREN 1994, REHAK & YOUNGER 2001) lässt

Abb. 43: Hypothetische, fotorealistische Landschaftsvisualisierung von Zominthos zum Zeitpunkt der minoischen Siedlungsphase um 1650–1600 v. Chr. auf Grundlage aller geophysikalischen, sedimentologischen, archäologischen und GIS-gestützten Befunde. Die Karsthohlform lag ca. 10 m unter ihrem heutigen Niveau und die klimatischen Bedingungen begünstigten die Bildung mächtiger Böden an den Hängen sowie das Aufkommen eines dichteren Baumbestands. Oberflächenzu- und -abfluss erfolgte in den Dränagegräben und führte möglicherweise zur Bildung episodisch stehender Gewässer. Viehzucht und Ackerbau waren wichtige Einkommensgrundlagen. Quelle und Datengrundlage: Eigene Aufnahmen der rezenten Vegetation, 1,5 m-DGM; Visualisierung: BRILMAYER BAKTI 2009; zur methodischen Diskussion s. SIART et al. 2010d.

sich durch die GIS-Befunde vorliegender Arbeit deutlich präzisieren und die digital berechneten Modelle stehen in Kongruenz zur Lage weiterer bronzezeitlicher Funde (u. a. *Rizoplagies, Kokkiniako, Gournos*; s. SAKELLARAKIS & PANAGIOTOPOULOS 2006).

Zur Beantwortung der Frage nach der minoischen Standortwahl muss schließlich auch auf die Verfügbarkeit wertvoller Bau- und Rohstoffe verwiesen werden, die den ökonomischen Aufschwung von Zominthos nachhaltig beeinflusste. Ohne größeren Aufwand konnten aus unmittelbarer Nähe der Höhensiedlung Baumaterialien beschafft werden, so zum Beispiel die quaderförmigen Plattenkalke (Mauerfundamente) oder die plattigen Kalavros-Schiefer (Fußböden der Villa). Die Herstellung von Keramikprodukten profitierte hingegen von den in Karstschlotten und Hohlformen akkumulierten Residuallehmen aus lokaler Carbonatverwitterung.

Unter synoptischer Betrachtung aller geoarchäologischen Befunde kann letztlich nur die Koinzidenz bester ökologischer, ökonomischer, politischer und soziokultureller Voraussetzungen die minoischen Siedler zur Errichtung eines derartig großen Gebäudekomplexes in Zominthos bewegt haben. Angesichts der überzeugenden Kombination von Standortfaktoren bildet das Hochplateau eine ideale Lokalität, deren Eignung diejenige aller anderen Gunststandorte im Ida-Gebirge bei Weitem übertraf (s. auch SIART & EITEL 2008). Hieraus lässt die wichtige Bedeutung von Mensch-Umwelt-Interaktionen erahnen, die im Kontext von Landschafts- und Paläoumweltrekonstruktionen berücksichtigt werden müssen. Anstelle einer rein naturdeterministischen oder ausschließlich anthropozentristischen Betrachtungsweise gilt es vielmehr, ein neodeterministisches Bild zu skizzieren (ISSAR & ZOHAR 2004, EITEL 2007): Einerseits stellen naturräumliche Faktoren die Rahmenbedingungen für menschliches Handeln dar und führen zu ständigen zivilisatorischen Adaptionsleistungen, andererseits bedingt die anthropogene Einflussnahme eine kontinuierliche Umgestaltung von Ökosystemen, gefolgt von einer stetigen Veränderung des Landschaftsbildes. Mensch und Umwelt bilden ein zusammengehörendes System. Gerade deshalb dient die Zusammenarbeit von Geistes- und Naturwissenschaften als Schlüssel zur Lösung des Rätsels von Zominthos.

Hinweise zur raum-zeitlichen Bedeutung der minoischen Höhensiedlung liefern vor allem die geophysikalischen Untersuchungen. Nach den On-site-Befunden nahm die Siedlung sicher größere Ausmaße ein, als es die oberflächigen Relikte dokumentieren. Gerade der nordwestliche Sektor des Siedlungshügels besitzt keine oberflächennahe Festgesteinsbasis, sondern trägt eine mächtige Auflage aus Lockersubstrat (SIART et al. 2010b). Da während der ersten archäologischen Grabungskampagnen zwischen 1983 und 1994 große Bereiche der bis zu 3 m hohen Frontfassade von sedimentären Schichten befreit wurden, bedeckten einst noch sehr viel mächtigere Bodensedimente das Zentralgebäude (SAKELLARAKIS & PANAGIOTOPOULOS 2006). Die geoelektrischen Tomographien lassen ferner auf diverse Mauer- oder Gebäudereste rückschließen, die sich in Form von vertikalen Widerstandsanomalien äußern (vgl. hierzu HECHT 2007). Auffällig ist dabei die oftmals gleichmäßige Position der Oberkante der Strukturen. Sie zeigen entweder ein ehemaliges Kellergeschoss, eine tiefer gelegene Etage oder einen älteren Gebäudeteil an, der während des 17. Jahrhunderts v. Chr. überbaut wurde. Genau wie im Off-site-Bereich der Karsthohlform lassen sich auch hier massive Umlagerungsprozesse nachweisen, die zur sedimentären Verschüttung des Landhauses führten. Inwieweit natürliche Ursachen hierfür verantwortlich sind, ist unklar. Eine bewusste anthropogene Verfüllung und Aufschüttung älterer Gebäudeteile zur Vergrößerung des zentralen Siedlungsplateaus erscheint jedoch durchaus plausibel, da kolluviale Prozesse im Bereich der Spornanlage nur schwach wirksam gewesen sein dürften (ganz im Gegensatz zu den randlichen Wassergräben).

Zwar ist eine ganzjährige Besiedlung des Ida-Gebirges zur Bronzezeit aus archäologischer Perspektive nicht eindeutig belegbar, unter Betrachtung aller Befunde der vorliegenden Arbeit jedoch anzunehmen. Einerseits dürften die relativ günstigen klimatischen Bedingungen während der spätminoischen Okkupationsphase eine dauerhafte Nutzung ermöglicht haben, andererseits fungierten minoische Villen nur selten als temporäre Residenzen, da sie die Kontrolle umliegender Territorien zu gewährleisten hatten. Gerade die Größe der Anlage von Zominthos deutet auf die regionale bis überregionale Bedeutung des Standortes hin, die sich nur schwer mit einer periodischen Nutzung vereinbaren lässt. Der Betrieb und die potenzielle Erweiterung eines Systems zur Wasserversorgung, die Existenz einer großen Keramikwerkstatt im nordwestlichen Gebäudeteil sowie große Freskenfunde im Nordostsektor von Zominthos belegen die besondere Bedeutung der Siedlung, die weit über die Funktion einer reinen Sommerresidenz hinaus gereicht haben muss (SAKELLARAKIS & PANAGIOTOPOULOS 2006, SIART et al. 2010a).

Ursachen der Siedlungsaufgabe und holozäner Umweltwandel im Ida-Gebirge
Unklar blieb bislang vor allem die Ursache für den abrupten Niedergang der minoischen Hochkultur um 1450 v. Chr. (Spätminoisch IB), der mit einer Verwüstung der meisten bronzezeitlichen Orte einherging – sowohl im Tiefland, als auch in den Gebirgsregionen. Der Vulkanausbruch von Santorin galt lange als causa principalis dieser Zerstörungen, doch konnte das Ereignis mittlerweile recht genau um 1620 v. Chr. datiert werden (FRIEDRICH et al. 2006) und ist deshalb als Vernichtungsgrund auszuschließen. Auffällig ist hingegen die zeitliche Koinzidenz der 3,6 ka-Eruption mit der Siedlungsaufgabe von Zominthos (Spätminoisch IA-Phase, 1675–1600 v. Chr.).

Gerade die Ungewissheit über die Gründe der Wüstung macht die geoarchäologische Erforschung von Zominthos zur besonderen Herausforderung. Zweifellos wurde die Villa nicht durch den Ausbruch von Santorin zerstört, obgleich die Aschefunde in den Karstsedimenten die große Reichweite der Eruption bis in das zentralkretische Gebirge belegen. Ob hieraus möglicherweise eine naturräumliche Ungunst resultierte (z. B. negative Beeinträchtigung der Landwirtschaft, kurzfristige Klimaverschlechterungen; zur Diskussion s. NIXON 1985) oder indirekte Auswirkungen der Zerstörung im Tiefland kollaterale Effekte auf die ökonomischen und soziopolitischen Austauschbeziehungen zu Zominthos hervorriefen bleibt fraglich.

Vielmehr gilt es, die Bedeutung klimatischer Umbrüche zu berücksichtigen, die insbesondere die hydrologischen Gegebenheiten einer Region nachhaltig beeinflussen können. Wie die Befunde aus Zominthos belegen, stellte gerade die Wasserverfügbarkeit auf dem Hochplateau einen der entscheidenden Gunstfaktoren dar. Da die Versorgung der Villa ausschließlich über die Quellen von *Agia Marina* erfolgte und andere Alternativen wie Grund- oder Oberflächengewässer fehlten, besaß der Siedlungsplatz jedoch eine hohe Vulnerabilität. Das Versiegen der Quellen hätte zweifellos den unmittelbaren Verlust der Existenzgrundlage des Standortes bedeutet:

Eigenbedarf für Haushalt, Garten- und Ackerbau, Viehzucht und insbesondere den Betrieb der Keramikwerkstatt wären nicht mehr gesichert. Eine potenzielle Ursache für dieses Katastrophenszenario findet sich in der bereits erwähnten Mediterranisierung des Klimas: Eventuell vermochten rückläufige Niederschläge am Übergang zum bronzezeitlichen Klimapessimum (GROVE & RACKHAM 2001, MORRIS 2003) den Aquifer von Zominthos nicht mehr ausreichend zu füllen, um den Bedarf der Bewohner zu decken. Auch ist ein Zusammenbruch des Grundwasserspeichers im Zuge seismischer Aktivitäten denkbar (vgl. GOROKHOVICH 2005), denn gerade die gut permeablen Kalksteinserien Kretas könnten durch Erdbeben in starke Mitleidenschaft gezogen worden sein. Generell werden Erdstöße während des zweiten Jahrtausends v. Chr. als vorausgehendes Phänomen der Santorin-Eruption beschrieben oder als tektonische Events erachtet (VITALIANO & VITALIANO 1971, GALANOPOULOS 1971, DOMINEY-HOWES 2004). Insbesondere die Lage Kretas am Südrand des ägäischen Inselbogens birgt ein hohes Gefährdungspotential und selbst in den höchsten Gebirgszügen lassen sich subrezent bis rezent zahlreiche Beben nachweisen (DELIBASIS et al. 1999, MEIER et al. 2004). Die unzähligen Faltungen und Verschiebungen betonen zusätzlich die starke tektonische Aktivität der Region. Angesichts der nur äußerst geringmächtigen Kalavros-Schiefer, die die Bildung eines Aquifers im hangenden Tripolitzakalk bedingen, könnte bereits eine geringfügige Verschiebung zur zeitweiligen Änderung des Dränagemusters geführt haben. Im ungünstigsten Falle kam es zu einer zunehmenden internen Entwässerung in den Gebirgsstock, begleitet von einer rückläufigen Schüttung oder einem Trockenfallen der Quellen von Zominthos. GOROKHOVICH & FLEEGER (2007) verweisen dabei vor allem auf die hohe Risikoanfälligkeit hydrologischer Inseln – erhöhte Reliefpositionen, die sich durch Grundwasserneubildung kennzeichnen und zur Bronzezeit als bevorzugte Siedlungspunkte genutzt wurden. Dieser Sachverhalt gilt ebenso für Zominthos, wo die petrographisch-lithologischen Gegebenheiten einen absoluten Gunstraum einer Insel gleich schufen.

Nach den archäologischen Funden wurde das Landhaus von Zominthos durch ein Erdbeben zerstört. Paradox erscheinen vor diesem Hintergrund jedoch die geophysikalischen Befunde aus dem Inneren des Zentralgebäudes: Sofern ein einzelnes seismisches Ereignis den Einsturz der Villa bedingte, wäre eine heterogene Versturzmasse innerhalb ehemaliger Räume mitsamt einer Vorzugsrichtung verkippter Mauern zu erwarten, wobei vor allem auch große Steinblöcke (Teile des Obergeschosses, Schieferplatten des Fußbodens) in sämtlichen Tiefen auftreten müssten. Stattdessen findet sich an der Basis der Villa eine homogene Lagerung der Feinsedimente, die Mächtigkeiten von bis zu 3 m erreichen und im Hangenden von massiven Gesteinsartefakten überdeckt werden. Aus geomorphodynamischer Perspektive ist dieser Befund nur durch eine Verfüllung der entsprechenden Räume im Zuge erosiver Umlagerungsprozesse und einen anschließenden Versturz erklärbar. Inwieweit kolluviale Ereignisse hierfür verantwortlich sind oder ob eine mitunter bewusste anthropogene Verfüllung bestimmter Bereiche zur Vergrößerung des Siedlungsplateaus erfolgte (z. B. im tiefer liegenden Nordwestflügel), bleibt im Zuge zukünftiger archäologischer Untersuchungen zu ergründen. Auch erscheint ungewiss, inwiefern das archäologisch dokumentierte Erdbeben zur tatsächlichen Zerstörung führte, und ob es sich um einen einzelnen Event handelte oder um mehrere zeitlich aufeinanderfolgende Ereignisse. So sehen MONACO & TORTORICI (2004) die

Zerstörung minoischer Siedlungen südlich des Psiloritismassivs (u. a. *Agia Triada*) eher durch das Zusammenwirken mehrerer Einzelbeben bedingt und LA ROSA (1995) vermutet neben einem Hauptevent um 1700 v. Chr. noch ein weiteres Ereignis Mitte des 17. vorchristlichen Jahrhunderts, das erst in Kombination mit den vorangegangenen Erdstößen seine verheerende Wirkung im Palast von *Phaistos* entfalten konnte. Zweifellos vermochte das Auftreten von Erdbebenschwärmen starke Zerstörung an Gebäuden und Infrastrukturen der spätminoischen Siedler anzurichten, doch verweisen DRIESSEN & MACDONALD (1997) auf mehrphasige Reparaturen und Wiederinstandsetzungen an minoischen Palästen, die eine Siedlungskontinuität und eine Rückkehr zum Alltagsleben belegen. Ein monokausaler Zusammenhang zwischen einer seismischen Zerstörung von Zominthos und einer anschließenden Siedlungsaufgabe bleibt daher fraglich, weshalb weitere Ursachen in Betracht gezogen werden müssen.

Setzte statt dessen eine naturräumliche Ungunstperiode ein, die die Minoer dazu veranlasste, von einem Wiederaufbau der Höhensiedlung abzusehen? Wichtige Hinweise für die Rekonstruktion dieses Umweltwandels liefert die synoptische Betrachtung der sedimentologisch-mineralogischen Befunde und der Radiokohlenstoffdatierungen aus dem nördlichen Dränagegraben von Zominthos. Die ^{14}C-Alter belegen das Einsetzen massiver Erosionsprozesse und großflächiger Materialumlagerung im Umfeld von Zominthos frühestens zeitgleich mit der bronzezeitlichen Besiedlung (SIART et al. 2010b). Noch entscheidender sind die vulkanischen Fremdeinträge in der Sedimentsäule der Karsthohlform, die keine durchgängige Tephrenlage bilden und sich stattdessen in regelloser Einbettung in den Bodensedimenten bis in Tiefen von 10 m u. GOK finden. Sie sind präkolluvialer Art und müssen während des Aschefalls um 1620 v. Chr. direkt auf den umliegenden Hängen abgelagert worden sein. Noch zu minoischer Zeit war das Hochplateau also von mächtigen Böden bedeckt, die, angesichts der Erosivität des mediterranen Klimas, sicher von einer dichten Vegetationsdecke geschützt waren. Eine regionalklimatische Gunstphase, die eine Pedogenese bei Zominthos ermöglichte, lässt sich auch durch die quantitative Zunahme von Pollen feuchteliebender Baumarten in Sedimentkernen aus Westkreta bestätigen (s. BOTTEMA & SARPAKI 2003, MOODY 2005). Dieser Umstand dient als klare Zeitmarke für das lokale geomorphodynamische Prozessgeschehen und leistet einen wichtigen Beitrag zur Rekonstruktion eines Paläoumweltszenarios: Das Auftreten der vulkanogenen Minerale bis zur Basis der Karsthohlform gestattet die Datierung und das maximale Alter der kolluvialen Füllung mit der Neupalastzeit der minoischen Chronologie zu verknüpfen – dem Klimaxstadium der Siedlungs- und Landnutzungsaktivitäten auf dem Plateau von Zominthos (SAKELLARAKIS & PANAGIOTOPOULOS 2006, PANAGIOTOPOULOS 2007). Die starken lokalen Erosions- und Umlagerungsprozesse wurden daher frühestens im mittleren Holozän nach 1620 v. Chr. wirksam, weshalb die Umgestaltung des Ökosystems ein syn- bis postminoisches Phänomen darstellt! Das Alter der Lockermaterialverfüllungen in der Uvala von Zominthos beläuft sich auf maximal 3.600 Jahre. Demgemäß wäre eine durchschnittliche Sedimentationsrate von ~2,7 m/ka anzunehmen, die die gravierenden Umwälzungen und die starke Geomorphodynamik seit bzw. in der Bronzezeit nachdrücklich belegt. FUCHS (2007) verweist auf ähnlich hohe Sedimentationsraten auf dem Peloponnes, insbesondere während des Niedergangs der mykenischen Kultur gegen

Ende der Bronzezeit (Spätminoische Phase). Hingegen konstatieren RUNNELS & VAN ANDEL (2003) für Karsthohlformen in einem stabilen Umfeld bei vorhandener Bodendecke auf umliegenden Hängen eine Sedimentationsrate von lediglich 0,1–0,15 m/ka.

Durchschnittswerte im Rahmen von Sedimentbudgetierungen sind jedoch mit Vorsicht zu betrachten, da sie einen kontinuierlichen Ab- bzw. Eintrag vermitteln. Gerade in komplexen Karstsystemen kann zwischenzeitiger Materialverlust, der sich oftmals mit gleichzeitiger Akkumulation in unmittelbarer Nähe verzahnt, zu einem großen stratigraphischen Hiatus führen (s. SIART et al. 2010c). Zudem zeichnen sich Raten kolluvialer oder alluvialer Sedimentation durch ihren höchst episodischen Habitus aus (BRÜCKNER 1986, NEMEC & KAZANCI 1999) – ein Umstand, der auch für Zominthos gilt: Nach den sedimentologischen Analysen ist keineswegs von einer permanenten Erosion und Umlagerung auszugehen. Wie die unterschiedliche Zusammensetzung und Sortierung der Lockersedimente zeigt, stellten sich im lokalen Sedimenthaushalt mehrere Phasen und/oder Ereignisse mit unterschiedlich starker Frequenz und Intensität ein. Hingegen fehlen Hinweise auf verstärkte Bodenbildungsprozesse, die die lockersedimentäre Karstfüllung zwischenzeitig überprägten. Längere geomorphodynamische Ruhephasen können demnach ausgeschlossen werden (vgl. CASSELMANN et al. 2004). Der Großteil der kolluvialen Umlagerung muss somit in relativ kurzer Zeit erfolgt sein, was gegen die Vorstellung einer kontinuierlichen Landschaftsdegradation seit dem späten Holozän bis heute spricht (SIART et al. 2009b). Die Abtragung der Böden und die Veränderungen im Ökosystem von Zominthos vollzogen sich wohl vor allem am Übergang von später Bronzezeit zu den Dunklen Jahrhunderten (s. Abb. 44) mit kaum vorstellbarer Geschwindigkeit und Radikalität. Auch die Verfüllung der Dränagegräben im Umfeld der Siedlung erfolgte mit dem Einsetzen der spät- und postminoischen Erosionsprozesse, wobei ein Wiederaushub und eine künstliche Instandhaltung aufgrund fehlender Landnutzung im Psiloritismassiv seit etwa 1200 v. Chr. ausblieben.

Doch was waren die eigentlichen Ursachen dieser drastischen Transformationsprozesse? Zur Beantwortung dieser Frage gilt es, die auffällige Koinzidenz von Bodenerosion und dem Einsetzen menschlichen Wirkens innerhalb des Untersuchungsgebietes zu berücksichtigen. Da eine flächendeckende Vegetationszerstörung die entscheidende Grundlage für Bodenabtrag bildet (BOIX et al. 1995), sind in Analogie zur Situation im Tiefland während der vorausgegangenen Jahrhunderte gerade die intensive Viehzucht und der Ackerbau um Zominthos als Auslöser und Multiplikator lokaler Degradationsprozesse zu erachten. Sofern die holozäne Bodenerosion im Untersuchungsgebiet ausschließlich auf natürlichen Ursachen beruhte, müsste der Rückgang der Vegetationsbedeckung durch eine rückläufige Wasserverfügbarkeit verursacht worden sein. In Anlehnung an FUCHS (2007), der die Beziehung von Paläoniederschlägen und Erosionsraten in Griechenland untersucht, ist eine derartig starke Abnahme der Regenmengen am Ende der Bronzezeit äußerst unwahrscheinlich. Hingegen wird im gesamten Mediterranraum ein Zusammenspiel von Klimaänderungen und zunehmender Landnutzung als Ursache von Bodenerosion gesehen (u. a. FRENCH & WHITELAW 1999, SEUFFERT 2000). Starker Beweidungsdruck und extensive Rodung führten zu einer sukzessiven Vegetationsdegradation infolge derer die unbedeckten Bodenoberflächen insbesondere bei torrentiellen Niederschlägen starker Erosion ausgesetzt waren. Während MOODY (2005) das Klima der

Ägäis zwischen 1800 und 1650 v. Chr. noch als vergleichsweise warm und feucht erachtet, gilt gerade der Übergang von später Bronzezeit zu den Dunklen Jahrhunderten (1350–750 v. Chr.) als Periode äußerst instabiler klimatischer Bedingungen, die sich in Form von Extremereignissen wie Überflutungen und Dürren äußerte (RACKHAM & MOODY 1996, TSONIS et al. 2010, s. auch Abb. 44). Bis zum Ende des Atlantikums erwiesen sich die geomorphodynamischen Bedingungen auf Kreta als relativ stabil (u. a. Pedogenese), doch setzte im Rahmen der Aridisierung zu Beginn des Subboreals nachweislich eine starke Bodenerosion ein (HEMPEL 1987). Die mindestens 10 m mächtigen Kolluvien von Zominthos und deren Genese während bzw. nach der Besiedlung des Hochplateaus müssen somit als eindeutiger Hinweis auf einen Zusammenhang zwischen menschlicher Aktivität und Landschaftsdegradation gesehen werden. Sicher beeinflussten auch klimatische

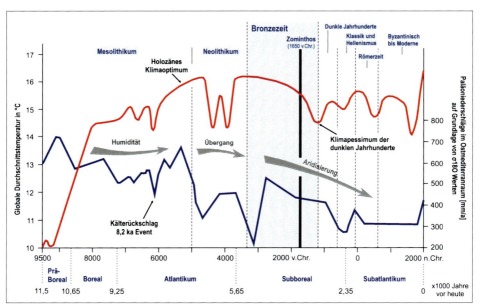

Abb. 44: Chronologische Entwicklung des holozänen Klimas und Korrelation mit den Besiedlungsphasen auf Kreta (globale Durchschnittstemperatur in rot und berechnete Paläoniederschläge im östlichen Mittelmeerraum in blau). Das warm-feuchte Klima im Neolithikum begünstigte eine Bodenbildung sowie ein verstärktes Vegetationswachstum und ermöglichte somit die Erschließung neuer Gunsträume in den Gebirgen. Trotz zunehmender Aridisierung fällt der Bau der minoischen Villa von Zominthos noch in die Spätphase dieser Klimagunst. Zurückgehende Niederschläge und Temperaturen im späten Subboreal bilden in Kombination mit intensiver Landnutzung die Ursachen der gravierenden Landschaftsdegradation. Erstmals kann gezeigt werden, dass die Umgestaltung des montanen Ökosystems ein spät- bis postminoisches Phänomen darstellt – mit direkter Auswirkung auf die Kulturentwicklung Kretas. Quelle: Stark verändert und ergänzt nach BAR-MATTHEWS et al. 2003 und EITEL 2008.

Ursachen diese rapide und grundlegende Transformation des Ökosystems, doch wäre ohne anthropogene Einflussnahme eine deutlich geringere Intensität der Abtragungsprozesse zu erwarten (vgl. hierzu BRÜCKNER 1986). Die sedimentären Verfüllungen stehen daher in einem komplexen Wirkungsgefüge aus sich abwechselnden und/oder überlagernden Abtragungs- und Akkumulationsereignissen, die von neotektonischen Faktoren, klimatischen Gegebenheiten und anthropogener Einflussnahme gesteuert werden. Karstmorphologische Prozesse und das subkutane Mikrorelief bilden dabei den übergeordneten Rahmen (SUSTERIC et al. 2009). In Anbetracht dessen dürften die sich verschlechternden Klimaverhältnisse im Subboreal eine profitable Bewirtschaftung der Hochebene von Zominthos sukzessive infrage gestellt haben. Ernteausfälle, erzwungene Umstellungen im Rahmen der Tierhaltung (Transhumanz) und beginnender Bodenabtrag sind – ähnlich wie im Tiefland – auch für das Ida-Gebirge anzunehmen. Die zeitliche Koinzidenz mit der Aufgabe vieler minoischer Siedlungen stützt diesen Kausalzusammenhang.

Neben den vielfältigen natürlichen Ursachen müssen jedoch auch soziopolitische Faktoren als Gründe des Niedergangs von Zominthos diskutiert werden. Da alle minoischen Villen in ein administratives Netzwerk eingebettet waren und eine enge Bindung an die neopalatialen Machtzentren Kretas besaßen, standen sie gleichzeitig in einem unmittelbaren Abhängigkeitsverhältnis (FITTON 2004). Angesichts ihres plötzlichen Erscheinens und ihres auffallend kurzlebigen Charakters stellt die Errichtung der Landhäuser eine Reaktion auf das akute Bedürfnis der Kontrolle und Ausbeutung peripherer Regionen dar (WESTERBURG-EBERL 2001). Sofern sich in den Palästen politische, soziokulturelle oder ökonomische Transformationsprozesse ereigneten, machten sich deren Auswirkungen auch in den ruralen Subzentren bemerkbar. Die komplette Aufgabe aller minoischen Villen nach dem Zusammenbruch des neopalatialen Systems (Spätminoisch IB, 1600–1500 v. Chr.) stützt diese Annahme (SAKELLARAKIS & PANAGIOTOPOULOS 2006). In Anlehnung an LA ROSA (1995), die vor allem Erdbeben und die unterschiedliche Resilienz der Paläste als Ursache für Machtverschiebungen während des 17. Jahrhunderts v. Chr. sieht, könnte die Aufgabe von Zominthos durchaus auch durch einen Bedeutungsverlust seiner Kontrollinstanz forciert worden sein. Es ist daher sehr wahrscheinlich, dass nicht nur natürliche und kulturelle Umbrüche im Ida-Gebirge selbst, sondern ebenfalls Ereignisse in anderen Regionen der Insel zum Niedergang der Höhensiedlung beitrugen. Unklar bleibt jedoch das genaue Ausmaß der administrativen Verbindungen, denn SAKELLARAKIS & PANAGIOTOPOULOS (2006) verweisen auf die Tatsache, dass die Kontrolle von Zominthos sowohl durch einen einzelnen Palast als auch durch mehrere palatiale Zentren erfolgt sein konnte.

In Anbetracht aller Befunde vorliegender Arbeit kann für das Ende der Besiedlung von Zominthos (Spätminoisch IA, ca. 1600 v. Chr.) keine gänzlich zuverlässige Erklärung gefunden werden, doch ist ein Zusammenbruch der Zivilisation aufgrund einer einzigen Ursache äußerst unwahrscheinlich. Vielmehr wären dann sukzessive Anpassungsstrategien zu erwarten, gerade unter Berücksichtigung des hohen technischen und soziokulturellen Entwicklungsstandes der minoischen Hochkultur (vgl. DE MENOCAL 2001). Demnach muss ein Zusammenwirken von Klimawandel, hydrologischer Ungunst, Bodenverlust an den Hängen, Vegetationsdegradation,

Erdbeben und dem Santorin-Ausbruch (mit Tsunami und Aschefall) zu einem stetigen Bedeutungsverlust der Gebirgslagen geführt haben. Nicht die Veränderung eines Faktors, sondern die vollständige sowie grundlegende Umstellung des Geoökosystems mit hoher Geschwindigkeit und Vehemenz machte die Kultur anfällig für die folgenden oder zusätzlich eintretenden politischen und ökonomischen Umbrüche, die zum endgültigen Niedergang der lokalen Besiedlung führten.

Zwar wurden bei einer Ausgrabung östlich der Villa Hinweise auf eine spätere Nutzung des Plateaus in Spätminoisch III (mykenisch-minoische Epoche ab ca. 1450 v. Chr.) gefunden, doch lassen die Befunde keine Rückschlüsse auf eine extensive Neubesiedlung im Stile des Zentralgebäudes zu. Das endgültige Verschwinden aller menschlichen Aktivitäten im Ida-Gebirge noch während dieser Epoche ist sehr wahrscheinlich durch die sich stetig verschlechternden Klimabedingungen zu erklären (Klimapessimum der Dunklen Jahrhunderte, s. Abb. 44). TSONIS et al. (2010) verweisen in diesem Kontext auf eine positive Phase der nordatlantischen Zirkulation, die mit einem verstärkten El Niño Signal zu deutlich trockeneren Bedingungen auf Kreta zwischen 1450 und 1200 v. Chr. führte und den Niedergang der minoischen Hochkultur forciert haben könnte. Das Ausbleiben einer erneuten Kolonisation während der folgenden 2 Jahrtausende (östlich der Villa finden sich vereinzelte venezianische Siedlungsspuren, ca. 1200 n. Chr.) lässt in Kombination mit soziopolitischen Ursachen auf eine mangelnde ökonomische Rentabilität der Region schließen. Selbst zum Zeitpunkt der römischen Herrschaftsphase, als ein eher kühl-feuchtes Klima im östlichen Mediterranraum den Aridisierungstrend zeitweilig unterbrach (ISSAR & YAKIR 1997), Kreta eine wirtschaftliche Blütezeit erlebte und insbesondere die agrare Landnutzung prosperierte (RACKHAM & MOODY 1996), blieb die Wiederbesiedlung des Ida-Gebirges aus. Vor dem Hintergrund der gravierenden Erosions- und Kolluviationprozesse ist daher zu vermuten, dass die Landschaftsdegradation im Umfeld von Zominthos bereits während der Dunklen Jahrhunderte sehr weit fortgeschritten war. Zu Beginn der römischen Okkupation um 69 v. Chr. ähnelte das Landschaftsbild möglicherweise schon dem heutigen Zustand.

Die geomorphologisch-geoarchäologischen Untersuchungen im Psiloritismassiv leisten in Kombination mit den archäologischen Befunden einen wichtigen Beitrag zum Verständnis der Mensch-Umwelt-Wechselwirkungen in Zentralkreta. Sie verdeutlichen das große Potenzial eines multimethodischen Ansatzes zur Rekonstruktion des holozänen Landschaftswandels. Der Einsatz eines breiten Spektrums naturwissenschaftlicher Techniken, insbesondere in Verbindung mit computergestützten Verfahren, eröffnet dabei neue sowie vielversprechende Möglichkeiten für zukünftige Fragestellungen. Wie die Befunde der vorliegenden Arbeit dokumentieren, eignen sich dabei vor allem Karstsedimente als alternative Geoarchive in mediterranen Gebirgsregionen. Der Standort von Zominthos bildet dank seiner einzigartigen naturräumlichen und kulturhistorischen Ausstattung eine ideale Lokalität für weitere interdisziplinäre Forschungen an der Schnittstelle von Archäologie und Geowissenschaften.

Zusammenfassung

Das Ida-Gebirge in Zentralkreta, ein bis zu 2.500 m hohes Massiv aus überwiegend carbonatischen Gesteinen, zeichnet sich vor allem durch seinen vielseitigen Karstformenschatz mit Dolinen, Uvalas und Poljen aus. Vor dem Hintergrund der starken regionalen Landschaftsdegradation fungieren diese Lösungshohlformen als Sedimentfallen für erodierte Böden und bilden somit terrestrische Geoarchive – ein Umstand, der sie seit Jahrtausenden zu bevorzugten Nutzungsräumen des Menschen macht. Dies gilt insbesondere für die Hochebene von Zominthos, wo um 1650–1600 v. Chr. eine minoische Höhensiedlung von außergewöhnlicher Größe in vollkommen isolierter Lage (1.187 m ü. M.) errichtet und bewirtschaftet wurde. Die Gründe für ihre abrupte Zerstörung und das Ausbleiben einer späteren Wiederbesiedlung sind noch immer unbekannt.

Ziel der vorliegenden Arbeit ist eine multimethodische Untersuchung von Karstarchiven unter Berücksichtigung unterschiedlicher Maßstabsebenen zur Rekonstruktion der ehemaligen Mensch-Umwelt-Interaktionen in Zentralkreta. Dabei sollen das räumliche Verbreitungsmuster und die geomorphologisch-geometrischen Eigenschaften der Hohlformen sowie die Art und Mächtigkeit ihrer sedimentären Verfüllungen analysiert werden. Im Kontext der geoarchäologischen Fragestellung gilt es, die Ursachen der lokalen Besiedlung und des anschließenden kulturellen Niedergangs zu ergründen.

In regionaler Hinsicht belegen die Untersuchungsergebnisse einen deutlichen hypsometrischen Formenwandel, wobei große Karstwannen vorwiegend in tieferen Lagen des Ida-Gebirges auftreten, während Mikroformen in höheren Bereichen dominieren. Die räumliche Verbreitung unterliegt einem Zusammenwirken klimatischer, petrographischer, tektonischer und paläogeographischer Einflüsse. Lokale geophysikalische Untersuchungen in ausgewählten Hohlformen offenbaren eine bis zu 25 m mächtige Verfüllung mit Lockersedimenten und dokumentieren damit die Eignung von Dolinen als Paläoumweltarchive. Zudem ist eine komplexe Topographie der basalen Festgesteinsgrenze mitsamt charakteristischem Formenschatz bedeckter Karstsysteme feststellbar (u. a. geologische Orgeln, Schlucklöcher, subkutane Rinnen). GIS-gestützte Analysen und 3D Visualisierungen gestatten in diesem Kontext erstmals einen mehrdimensionalen Einblick in die Untergrundstruktur von Dolinen und Poljen. Anhand sedimentologischer Untersuchungen lässt sich der starke kolluviale Habitus der Karstfüllungen nachweisen. Die äußerst heterogene Zusammensetzung der Sedimente ist nur über eine Kombination aus autochthonen Verwitterungsprozessen und externem Materialeintrag erklärbar. Äolisches Feinsediment aus Nordafrika, Minerale aus ortsfremden Gesteinen und vulkanogene Partikel (Ausbruch von Santorin ~1620 v. Chr.) dokumentieren nachdrücklich, dass Zominthos trotz seiner küstenfernen Lage kein isoliertes Karstsystem darstellt. Begleitende On-site-Untersuchungen aus dem Bereich der archäologischen Grabung lassen auf weitaus extensivere Ausmaße der Siedlung schließen als bisher bekannt. Große Teile des Areals, unter anderem mit weiteren archäologischen Relikten wie Mauer- und Gebäuderesten, wurden kolluvial und/oder anthropogen verfüllt.

Unter synoptischer Betrachtung aller Befunde wurde die Besiedlung der Hochebene von Zominthos durch die Koinzidenz von günstigen klimatischen Bedingungen im mittleren Holozän, einer idealen naturräumlichen Ausstattung des Siedlungsplatzes und tief greifenden soziopolitischen Entwicklungen der minoischen Hochkultur erstmals möglich. Auch die völlige Aufgabe des Gebäudekomplexes nach nur wenigen Jahrzehnten lässt sich nicht auf einen einzelnen Faktor zurückführen, sondern ist einer Ursachenkombination zuzuschreiben: Erdbeben, eine zunehmende Klimaverschlechterung und Aridisierung, eine Degradation des Geoökosystems sowie ökonomische und politische Umbrüche führten zu einem Bedeutungsverlust und zu einer Wüstung des einstigen Gunstraums im späten Subboreal (ca. 1600 v. Chr.). Die starken Bodenerosionsprozesse, die mit hoher Geschwindigkeit und Vehemenz zur Ausprägung des rezenten Landschaftsbildes der Region führten, sehen sich in der zur Bronzezeit einsetzenden anthropogenen Bewirtschaftung und Übernutzung begründet. In Anbetracht der geoarchäologischen Ergebnisse war die Landschaft sehr wahrscheinlich bereits während der „Dunklen Jahrhunderte" (1150–700 v. Chr.) deutlich degradiert, was das Fehlen jeglicher Spuren einer Wiederbesiedlung bis zum heutigen Zeitpunkt erklärt.

Der multimethodische Ansatz der vorliegenden Arbeit erlaubt erstmals eine ganzheitliche Betrachtung des spätholozänen Umweltwandels im zentralkretischen Ida-Gebirge. Verfüllte Karsthohlformen erweisen sich dabei als ideal geeignete Sedimentfallen, die intensiv in die regionalen und überregionalen Stoffkreisläufe eingebunden sind und somit wertvolle Archive für die Rekonstruktion der Paläoumweltgeschichte bilden. Die Verknüpfung verschiedener geowissenschaftlicher und geoarchäologischer Verfahren mit unterschiedlichen räumlichen Bezugsebenen verdeutlicht das Potenzial für zukünftige Untersuchungen an der Schnittstelle von Mensch und Umwelt auf Kreta.

Summary

The Ida Mountains in Central Crete, a carbonatic massif rising up to 2.500 m a.s.l., are characterised by a very distinctive and extensive distribution of karst landforms. Due to severe landscape degradation processes, numerous enclosed depressions such as dolines and poljes serve as sediment traps for soils and thus represent terrestrial geoarchives, which is why they have been considered as favorable locations for agricultural use and animal husbandry for thousands of years. This especially applies to the plateau of Zominthos, where around 1650–1600 BC a Minoan settlement of remarkable size was built in a very remote environment (1.187 m a.s.l.). The reasons for its abrupt destruction and abandonment are still unknown.

The multi-method study at hand aims at analysing karst archives with special regard to different spatial scales in order to reconstruct the ancient man-environment interactions in Central Crete. Therefore, the major focus is on the spatial distribution of karst depressions, their geomorphologic and geometric properties as well as the type and the thickness of their sediment fills. Within a geoarchaeological framework, the driving forces for human occupation and its rise and fall are to be investigated. Considering the regional distribution of karst features, the results document a hypsometric change of landforms with macroscale objects at lower elevations and meso- to micro-scale sinkholes in high mountain zones. This must be attributed to an interaction of climatic, petrographic, tectonic and palaeogeographic influences. Geophysical surveying of several representative depressions reveals thick sedimentary fills of up to 25 m below the surface and proves their suitability as potential geoarchives. The bedrock topography is characterised by a large variety of subterraneous features typical of buried karst terrains (e.g. soil pipes, sinkholes, drainage channels). Complementary GIS-based analyses and 3D visualisations provide a multidimensional insight into the subsurface of Cretan dolines and poljes for the first time. Supplementary sedimentological investigations document the heterogeneous colluvial properties of the loose overburden, which can only result from a combination of authigenic weathering and concurrent external input of material. Aeolian dust from North Africa, non-local minerals from distant rock sources and volcanogenic particles (eruption of Santorini ~1620 BC) clearly prove the fact that despite its coast-distal location Zominthos must not be regarded as an isolated karst system. On-site studies in the immediate vincinity of the archaeological excavation suggest a greater extent of the settlement than previously assumed. Large areas, bearing anthropogenic remains such as walls and building structures, were buried colluvially and/or even filled up on purpose by Bronze Age people.

Summarizing all findings, the occupation of the Zominthos plateau benefitted from an interplay of favorable climatic conditions during the Mid Holocene, an ideal geoecological configuration of the site and profound sociopolitical advances of the Minoan culture. The complete deserting of the settlement after only a few decades cannot be traced back to just one single factor either but rather has its origin in a combination of several causes: Earthquakes, climatic disfavor and aridification, landscape degradation as well as economic and political transitions resulted in a constant loss of importance and a subsequent abandonment of the formerly favourable region during the late Subboreal (~1600 BC). Bronze Age land use and overexploitation must be regarded as the main reasons for the massive and rapid soil erosion that led to the formation of the contemporary degraded ecosystem. According to all geoarchaeological results, the landscape was quite likely heavily degraded as early as the Dark Ages (1150–700 BC), providing an explanation for the absence of any reoccupation in the Ida Mountains until recently.

The multi-method approach applied in this study allows for an integral and first-time investigation of the late Holocene landscape transformation in the mountains of Central Crete. In this context, sediment filled karst depressions serve as suitable archives for reconstructing the palaeoenvironmental history. Regardless of their remote location, the investigated sinkholes represent valuable terrestrial sediment reservoirs, which are immediately linked to regional as well as supraregional processes and material fluxes. The combination of different geoscientific and geoarchaeological applications at different spatial scales proves promising for future investigations at the human-environmental interface.

Literaturverzeichnis

ABD-ALLA, M. (1991): Surface textures of quartz grains from recent sedimentary environments along the Mediterranean Coast, Egypt. *Journal of African Earth Sciences* **13** (3/4): 367–375.

AG BODEN [ARBEITSGRUPPE BODEN] (1994): Bodenkundliche Kartieranleitung. Schweizerbart, Hannover, 392 S.

AHMED, S. & CARPENTER, P. (2003): Geophysical response of filled sinkholes, soil pipes and associated bedrock fractures in thinly mantled karst, east-central Illinois. *Environmental Geology* **44**: 705–716.

ALTAWEEL, M. (2005): The use of ASTER satellite imagery in archaeological contexts. *Archaeological Prospection* **12**: 151–166.

ANGELAKIS, A. & KOUTSOYIANNIS, D. (2003): Urban water engineering and management in ancient Greece. In: Stewart, B. & Howell, T. (eds.): The Encyclopedia of Water Science. Marcel Dekker, New York: 999–1008.

ANGELAKIS, A., SAVVAKIS, Y. & CHARALAMPAKIS, G. (2007): Aqueducts during the Minoan era. In: Angelakis, A. & Koutsoyiannis, D. (eds.): Insights into water management. Lessons from water and wastewater technologies in ancient civilisations. IWA, London: 95–102.

ANTONOPOULOS, J. (1991): The great Minoan eruption of Thera volcano and the ensuing tsunami in the Greek Archipelago. *Natural Hazards* **5** (2): 153–168.

ASSAAD, F., LAMOREAUX, P. & HUGHES, T. (2004): Field methods for geologists and hydrogeologists. Springer, Heidelberg, 377 p.

ASTER (2010): http://asterweb.jpl.nasa.gov/, (zuletzt abgerufen am 05.03.2010).

ATALAY, I. (1997): Red Mediterranean soils in some karstic region of Taurus mountains. *Catena* **28**: 247–260.

AVILA, A., ALARCÓN, M. & QUERAULT, I. (1998): The chemical composition of dust transported in red rains - its contribution to the biogeochemical cycle of a holm oak forest in Catalonia (Spain). *Athmospheric Environment* **32** (2): 179–191.

BAUMANN, A., BEST, G. & WACHENDORF, H. (1977): Die alpidischen Stockwerke der südlichen Ägäis. *International Journal of Earth Sciences* **66** (1): 492–522.

BARTELS, G. (1991): Karstmorphologische Untersuchungen auf Kreta. *Erdkunde* **45**: 27–37.

BAR-MATTHEWS, M., AYALON, A., GILMOUR, M., MATTHEWS, A. & HAWKESWORTH, C. (2003): Sea-land oxygen isotopic relationships from planktonic foraminifera and speleothems in the eastern mediterranean region and their implications for palaeorainfall during interglacial intervals. *Geochimica et Cosmochimica Acta* **67** (17): 3181–3199.

BATEMAN, R. & CATT, J. (2007): Provenance and palaeoenvironmental interpretation of superficial deposits, with particular reference to post-depositional modification of heavy mineral assemblages. In: Mange, M. & Wright, D. (eds.): Heavy minerals in use. *Developments in Sedimentology* **58**. Elsevier, Amsterdam: 151–188.

BECHTEL, T., BOSCH, F. & GURK, M. (2007): Geophysical methods. In: Goldscheider, N. & Drew, D. (eds.): Methods in karst hydrogeology. Taylor and Francis, London: 171–200.

BECK, A., PHILIP, G., ABDULKARIM, M. & DONOGHUE, D. (2007): Evaluation of Corona and Ikonos high resolution satellite imagery for archaeological prospection in western Syria. *Antiquity* **81**: 161–175.

BELLANCA, A., HAUSER, S., NERI, R. & PALUMBO, B. (1996): Mineralogy and geochemistry of Terra Rossa soils, western Sicily. Insights into heavy metal fractionation and mobility. *Science of the Total Environment* **193** (1): 57–67.

BETANCOURT, P., GOLDBERG, P., HOPE SIMPSON, R. & VITALIANO, C. (1990): Excavations at Pseira. The evidence for the Theran eruption. In: Hardy, D. (ed.): Thera and the aegean world III, London, Thera Foundation: 96–99.

BEVAN, A. & CONOLLY, J. (2004): GIS, archaeological survey and landscape archaeology on the island of Kythera, Greece. *Journal of Field Archaeology* **29**: 123–138.

BISCAYE, P. (1964): Distinction between kaolinite and chlorite in recent sediments by x-ray diffraction. *The American Mineralogist* **49**: 1281–1289.

BOEHLER, W., HEINZ, G., QIMING, G. & SHENPING, Y. (2004): The progress in satellite imaging and its application to archaeological documentation during the last decade. Proceedings of the International Conference on Remote Sensing Archaeology. Beijing, China: 14 p.

BOEKSCHOTEN, G. (1971): Quaternary tephra on Crete and the eruptions of the Santorin Volcano. In: Strid, A. (ed.): Evolution in the Aegean. *Opera Botanica* **30**: 40–48.

BOENIGK, W. (1983): Schwermineralanalyse. Enke, Stuttgart, 158 S.

BOERO, V. & SCHWERTMANN, U. (1989): Iron oxide mineralogy of terra rossa and its genetic implications. *Geoderma* **44**: 319–327.

BOERO, V., PREMOLI, A., MELIS, P., BARBERIS, E. & ARDUINO, E. (1992): Influence of climate on the iron oxide mineralogy. *Clays and Clay Minerals* **40** (1): 8–13.

BOIX, C., CALVO, A., IMESON, A., SCHOORL, J. & TIEMESSEN, I. (1995): Properties and erosional response of soils in a degraded ecosystem in Crete (Greece). *Environmental Monitoring and Assessment* **37**: 79–92.

BOLLE, H.J. (2001): Climate, climate variability, and impacts in the Mediterranean area. An overview. In: Bolle, H.J. (ed.): Mediterranean Climate. Variability and Trends. Springer, Berlin: 5–86.

BOLTEN, A. & BUBENZER, O. (2006): New elevation data (SRTM/ASTER) for geomorphological and geoarchaeological research in arid regions. *Zeitschrift für Geomorphologie* N.F., Suppl. **142**: 265–279.

BONNEFONT, J. (1972): La Crete. Etude morphologique. Dissertation, Université de Paris IV, 845 p.

BOTTEMA, S. & SARPAKI, A. (2003): Environmental change in Crete: a 9000-year record of Holocene vegetation history and the effect of the Santorini eruption. *The Holocene* **13** (5): 733–749.

BOUT-ROUMAZEILLES, V., COMBOURIEU NEBOUT, N., PEYRON, O., CORTIJO, E., LANDAIS, A. & MASSON-DELMOTTE, V. (2007): Connection between South Mediterranean climate and North African atmospheric circulation during the last 50,000 yr BP North Atlantic cold events. *Quaternary Science Reviews* **26**: 3197–3215.

Bozzo, E., Lombardo, S. & Merlanti, F. (1996): Geophysical studies applied to near-surface karst structures: the dolines. *Annali di Geofisica* **39** (1): 23–38.

Brilmayer Bakti, B. (2009): Dreidimensionale Landschaftsvisualisierung mit VNS – ein Beitrag zur geomorphologisch-geoarchäologischen Rekonstruktion der Umweltgeschichte in Zominthos, Zentralkreta. Unveröffentl. Magisterarbeit, Universität Heidelberg, 153 S.

Brilmayer Bakti, B. & Siart, C. (2009): Fotorealistische Landschaftsrekonstruktion am Beispiel des minoischen Zominthos (Kreta): Eine Fallstudie aus dem Bereich digitaler Geoarchäologie. In: Mächtle, B., Dippon, P., Nüsser, M. & Siegmund, A. (Hrsg.): Auf den Spuren Alfred Hettners – Geographie in Heidelberg. Journal der Heidelberger Geographischen Gesellschaft 23. Heidelberg, 127–140.

Brindley, G. & Brown, G. (1980): Crystal structures of clay minerals and their X-ray identification. Mineralogical Society Monography 5, London, 495 p.

Bronger, A. & Bruhn-Lobin, N. (1997): Palaeopedology of Terrae rossae-Rhodoxeralfs from Quaternary calcarenites in NW Morocco. *Catena* **28**: 279–295.

Broodbank, C. (2006): The origins and early development of Mediterranean maritime activity. *Journal of Mediterranean Archaeology* **19**: 199–230.

Brown, A. (2009): Colluvial and alluvial response to land use change in Midland England. An integrated geoarchaeological approach. *Geomorphology* **108**: 92–106.

Brückner, H. (1986): Man's impact on the evolution of the physical environment in the Mediterranean region in historical times. *Geo Journal* **13**: 7–17.

Bruins, H., MacGilivray, J., Synolakis, C., Benjamini, C., Keller, J., Kisch, H., Van der Klügel, A. & Pflicht, J. (2008): Geoarchaeological tsunami deposits at Palaikastro (Crete) and the Late Minoan IA eruption of Santorini. *Journal of Archeaological Science* **35**: 191–212.

Bruxelles, L., Colonge, D. & Salgues, T. (2006): Morphologie et remplissage des dolines du causse de Martel d'apres les observations réalisées au cours du diagnostic archéologique de l'aerodrome de Brive-Souillac. *Karstologia* **47**: 21–32.

Bubenzer, O. & Bolten, A. (2008): The use of new elevation data (SRTM/ASTER) for the detection and morphometric quantification of Pleistocene megadunes (draa) in the eastern Sahara and the southern Namib. *Geomorphology* **102**: 221–231.

Bubenzer, O. & Hilgers, H. (2003): Luminescence dating of Holocene playa sediments of the Egyptian Plateau Western Desert, Egypt. *Quaternary Science Reviews* **22**: 1077–1084.

Cadogan, G. (1971): Was there a Minoan landed gentry? *Bulletin of the Institute of Classical Studies* **18**: 145–148.

Cadogan, C. (2007): Water management in Minoan Crete, Greece. The two cisterns of one Middle Bronze Age settlement. In: Angelakis, A. & Koutsoyiannis, D. (eds.): Insights into water management. Lessons from water and wastewater technologies in ancient civilisations. IWA, London: 103–112.

Cadogan, G. & Harrison, R. (1979): Evidence of tephra in soil samples from Pyrgos, Crete. In: Dumas, C. (ed.): Thera and the Aegean world. Proceedings of the 28 International Scientific Congress on the Volcano of Thera, Greece 1: 234–255.

CARPENTER, P. & EKBERG, D. (2006): Identification of buried sinkholes, fractures and soil pipes using ground penetrating radar and 2D electrical resistivity tomography. Proceedings of the 2006 Highway Geophysics – NDE Conference: 437–449.

CASSELMANN, C., FUCHS, M., ITTAMEIER, D., MARAN, J. & WAGNER, G. (2004): Interdisziplinäre landschaftsarchäologische Forschungen im Becken von Phlious, 1998–2002. Archäologischer Anzeiger 1/2004, Bonn, 57 S.

CATER, J. (1984): An application of scanning electron microscopy of quartz sand surface textures to the environmental diagnosis of Neogene carbonate sediments, Finestrat Basin, south-east Spain. *Sedimentology* **31**: 717–731.

CASTLEDEN, R. (1990): Minoans. Life in Bronze Age Crete. London, New York, 210 p.

CHANIOTIS, A. (1999): Economic activities on the cretan uplands in the classical and the hellenistic periods. In: Chaniotis, A. (ed.): From Minoan farmers to roman traders. Sidelights on the economy of ancient Crete. Steiner, Stuttgart: 181–220.

CHANIOTIS, A. (2004): Das antike Kreta. Beck, München, 128 S.

CICHOCKI, O., BICHLER, M., FIRNEIS, G., KUTSCHERA, W., MÜLLER, W. & STADLER, P. (2004): The synchronization of civilizations in the Eastern Mediterranean in the second Millennium BC – natural science dating attempts. In: Buck, E. & Millard, A. (eds.): Tools for Constructing Chronologies. Crossing Disciplinary Boundaries. London, Springer: 83–110.

COTTRELL, E., GARDNER, J. & RUTHERFORD, M. (1999): Petrologic and experimental evidence for the movement and heating of the pre-eruptive Minoan rhyodacite (Santorini, Greece). *Contributions to Mineralogy and Petrology* **135**: 315–331.

COURCHESNE, F. & TURMEL, M. (2008): Extractable Al, Fe, Mn, and Si. In: Carter, M. & Gregorich, E. (eds.): Soil sampling and methods of analysis. Taylor and Francis, Boca Raton: 307–316.

CREUTZBURG, N. (1958): Probleme des Gebirgsbaues und der Morphogenese auf der Insel Kreta. Freiburger Universitätsreden N.F. 26, Freiburg, 47 S.

CREUTZBURG, N. & SEIDEL, E. (1975): Zum Stand der Geologie des Präneogens auf Kreta. *Neues Jahrbuch für Geologie und Paläontologie.* Abhandlungen **149** (3): 363–383.

DE MENOCAL, P. (2001): Cultural response to climate change during the late Holocene. *Science* **292**: 667–673.

DE ROEVER, W. (1951): Ferrocarpholite, the hitherto unknown ferrous iron analogue of carpholite proper. *American Mineralogist* **36**: 736–745.

DE ROEVER, W. (1977): Chloritoid-Bearing metapelites associated with glaucophane rocks in W Crete. *Contributions to Mineralogy and Petrology* **60**: 317–319.

DEARING, J. (1999): Magnetic susceptibility. In: Walden, J., Oldfield, F. & Smith, J. (eds.): Environmental Magnetism, a practical guide. Quaternary Research Association Technical Guide 6, London: 35–62.

DECEUSTER, J., DELGRANCHE, J. & KAUFMANN, O. (2006): 2D cross-borehole resistivity tomographies below foundations as a tool to design proper remedial actions in covered karst. *Journal of Applied Geophysics* **60** (1): 68–86.

DELGADO, R., MARTÍN-GARCÍA, J., OYONARTE, C. & DELGADO, G. (2003): Genesis of the terrae rossae of the Sierra Gádor (Andalusia, Spain). *European Journal of Soil Science* **54**: 1–16.

DELIBASIS, N., ZIAZIA, M., VOULGARIS, N., PAPADOPOULOS, T., STAVRAKIS, G., PAPANASTASSIOU, D. & DRAKATOS, G. (1999): Microseismic activity and seismotectonics of Heraklion Area central Crete Island Greece. *Tectonophysics* **308**: 237–248.

DEMIRKESEN, A. (2008): Digital terrain analysis using Landsat-7 ETM+ imagery and SRTM DEM: a case study of Nevsehir province (Cappadocia), Turkey. *International Journal of Remote Sensing* **29** (14): 4173–4188.

DETORAKIS, T. (1997): Geschichte von Kreta. Heraklion, 520 S.

DIETRICH, V. (2004): Die Wiege der abendländischen Kultur und die minoische Katastrophe – ein Vulkan verändert die Welt. Neujahrsblatt der naturforschenden Gesellschaft in Zürich. Zürich, 93 S.

DIGITAL GLOBE (2010): http://www.digitalglobe.com/, (zuletzt abgerufen am 05.03.2010).

DOLL, W., SHEEHAN, J., MANDELL, W. & WATSON, D. (2006): Seismic refraction tomography for karst imaging. In: Chinese Geophysical Society (ed.): Geophysical solutions for environment and engineering. Proceedings of the 2nd International Conference on Environmental and Engineering Geophysics 1: 1–7.

DOMINEY-HOWES, D. (2004): A re-analysis of the Late Bronze Age eruption and tsunami of Santorini, Greece, and the implications for the volcano–tsunami hazard. *Journal of Volcanology and Geothermal Research* **130**: 107–132.

DRIESSEN, J. & MACDONALD, C. (1997): The troubled island. Minoan Crete before and after the Santorini Eruption,. Aegaeum 17, Université de Liège, Liège, 284 p.

DRUITT, T., EDWARDS, L., MELLORS, R., PYLE, D., SPARKS, R., LANPHERE, M., DAVIES, M. & BARRIERO, B. (1999): Santorini Volcano. Geological Society, London, 165 p.

DURN, G. (2003): Terra Rossa in the Mediterranean region. Parent materials, composition and origin. *Geologica Croatica* **56** (1): 83–100.

DURN, G., OTTNER, F. & SLOVENEC, D. (1999): Mineralogical and geochemical indicators of the polygenetic nature of terra rossa in Istria, Croatia. *Geoderma* **91**: 125–150.

DURN, G., ALJINOVIC, D., CRNJAKOVIC, M. & LUGOVIC, B. (2007): Heavy and light mineral fractions indicate polygenesis of extensive Terra Rossa soils in Istria, Croatia. In: Mange, M. & Wright, D. (eds.): Heavy minerals in use. Developments in Sedimentology 58. Elsevier, Amsterdam: 701–740.

EGLI, B. (1993): Ökologie der Dolinen im Gebirge Kretas. Dissertation, Universität Zürich, 276 S.

EITEL, B. (2006): Bodengeographie. Westermann, Braunschweig, 244 S.

EITEL, B. (2007): Kulturentwicklung am Wüstenrand – Aridisierung als Anstoß für frühgeschichtliche Innovation und Migration. In: Wagner, G. A. (Hrsg.): Einführung in die Archäometrie. Springer, Heidelberg, Berlin, New York: 297–315.

EITEL, B. (2008): Wüstenränder – Brennpunkte der Kulturentwicklung. *Spektrum der Wissenschaft* **5/08**: 70–81.

ELKHATIB, H. & GÜNAY, G. (1993): Potential of remote sensing techniques in karst areas: Southern Turkey. In: Günay, G., Johnson, A. & Back, W. (eds.): Hydrogeological processes in Karst terranes. IAHS Publ. 207, IAHS Press, Wallingford Oxfordshire: 47–51.

ELLWOOD, B., HARROLD, F., BENOIST, S., THACKER, P., OTTE, M., BONJEAN, D., LONG, G., SHAHIN, A., HERMANN, R. & GRANDJEAN, F. (2004): Magnetic susceptibility applied as an age–depth–climate relative dating technique using sediments from Scladina Cave, a Late Pleistocene cave site in Belgium. *Journal of Archaeological Science* **31**: 283–293.

EL-QADY, G., HAFEZ, M., ABDALLA, M. & USHIJIMA, K. (2005): Imaging subsurface cavities using geoelectric tomography and ground-penetrating radar. *Journal of Cave and Karst Studies* **67**: 174–181.

EPA [ENVIRONMENTAL PROTECTION AGENCY] (2002): A lexicon of cave and karst terminology with special reference to environmental karst hydrology. National Center for Environmental Assessment, Office of Research and Development, Washington, 214 p.

EVANS, S. (1929): The palace of Minos at Knossos. Vol. 2. Macmillan, London. 390 p.

FABRE, G. & MAIRE, R. (1983): Néotectonique et morphogenèse insulaire en Grèce. Massif du Mont Ida (Crète). *Méditerranée 2 troisième série* **48**: 39–49.

FASSOULAS, C. (2000): Field guide to the geology of Crete. Natural History Museum of Crete, Heraklion, 103 p.

FASSOULAS, C., RAHL, J., AGUE, J. & HENDERSON, K. (2004): Patterns and conditions of deformation in the Plattenkalk Nappe, Crete, Greece. A preliminary study. Bulletin of the Geological Society of Greece. Vol. XXXVI: 1–11.

FEDERMAN, A. & CAREY, S. (1980): Electron microprobe correlation of tephra layers from Eastern Mediterranean abyssal sediments and the Island of Santorini. *Quaternary Research* **13**: 160–171.

FEDOROFF, N. (1997): Clay illuviation in mediterranean soils. *Catena* **28**: 171–189.

FITTON, J. (2004): Die Minoer. WBG, Darmstadt, 200 S.

FLOREA, L. (2005): Using state-wide GIS data to identify the coincidence between sinkholes and geologic structure. *Journal of Cave and Karst Studies* **67**: 120–124.

FLOREA, L., PAYLOR, R., SIMPSON, L. & GULLEY, J. (2002): Karst GIS advances in Kentucky. *Journal of Cave and Karst Studies* **64**: 58–62.

FORD, D. & WILLIAMS, P. (2007): Karst hydrogeology and geomorphology. Wiley, Chichester, 562 p.

FOUCAULT, A. & MÉLIÈRES, F. (2000): Palaeoclimatic cyclicity in central Mediterranean Pliocene sediments: the mineralogical signal. *Palaeogeography, Palaeoclimatology, Palaeoecology* **158**: 311–323.

FRELIH, M. (2003): Geomorphology of karst depressions. Polje or uvala – a case study of Lucki dol. *Acta Carsologica* **32** (2): 105–119.

FRENCH, C. (2003): Geoarchaeology in action: Studies in soil micromorphology and landscape evolution. Routledge, London, 291 p.

FRENCH, C. & WHITELAW, T. (1999): Soil erosion, agricultural terracing and site formation processes at Markiani, Amorgos, Greece. The micromorphological perspective. *Geoarchaeology* **14** (2): 151–189.

FRIEDEL, J.K., & LEITGEB, E. (2003): Nährstoffgehalte und -nachlieferung. In: Blume, H., Felix-Henningsen, W., Fischer, H., Frede, R., Horn, R. & Stahr, K. (Hrsg.): Handbuch der Bodenkunde. 17 Erg., Ecomed, Landsberg, 26 S.

FRIEDRICH, W., KROMER, B., FRIEDRICH, M., HEINEMEIER, J., PFEIFFER, T. & TALAMO, S. (2006): Santorini Eruption Radiocarbon Dated to 1627–1600 B.C. *Science* **312**: 548.

FRÖHLICH, M. (1987): Westkreta. Zur Geographie der Agrarlandschaft. Tesdorpf, Berlin, 176 S.

FUCHS, M. (2007): An assessment of human versus climatic impacts on Holocene soil erosion in NE Peloponnese, Greece. *Quaternary Research* **67** (3): 349–356.

GAFFNEY, C. (2008): Detecting trends in the prediction of the buried past. A review of geophysical techniques in archaeology. *Archaeometry* **50**: 313–336.

GAISECKER, T., GRIESSEBNER, G. & WEINGARTNER, H. (1998): Die Erstellung eines digitalen Geländemodells im Rahmen geomorphologischer Fragestellungen am Beispiel der Insel Skiathos (Nord-Sporaden / Griechenland). *Salzburger Geographische Arbeiten* **33**: 87–95.

GALANOPOULOS, A. (1971): The eastern Mediterranen trilogy in the Bronze Age. In: Kalogeropoulou, A. (ed.): Acta of the 1st international scientific congress on the volcano of thera 1969. Archaeological services of Greece: 185–209.

GAMS, I. (2005): Tectonics impact on poljes and minor basins (case studies of dinaric karst). *Acta Carsologica* **34** (1): 25–41.

GANOR, E. & FONER, H. (1996): The mineralogical and chemical properties and the behaviour of aeolian saharan dust over Israel. In: Guerzoni, S. & Chester, R. (eds.): The impact of desert dust across the Mediterranean. Kluwer, Amsterdam: 163–172.

GAO, Y. (2008): Spatial operations in a GIS-based karst feature database. *Environmental Geology* **54**: 1017–1027.

GAUTAM, P., SURENDRA, R. & HISAO, A. (2000): Mapping of subsurface karst structure with gamma ray and electrical resistivity profiles. A case study from Pokhara valley central Nepal. *Journal of Applied Geophysics* **45**: 97–110.

GEORGIEV, V. & STOFFERS, P. (1980): Surface textures of quartz grains from late pleistocene to holocene sediments of the Persian gulf/ gulf of Oman – an application of the scanning electron microscope. *Marine Geology* **36**: 85–96.

GHILARDI, M. (2006): Contribution à l'étude géomorphologique du site de Latô (Crète–Grèce), dates: 31 juillet / 11 août 2006. Report for the French School of Archaeology in Athens (Greece), 22 p.

GHILARDI, M., KUNESCH, S., STYLLAS, M. & FOUACHE, E. (2008): Reconstruction of Mid-Holocene sedimentary environments in the central part of the Thessaloniki Plain (Greece), based on microfaunal identification, magnetic susceptibility and grain size analyses. *Geomorphology* **97**: 617–630.

GIBSON, P., LYLE, P. & GEORGE, D. (2004): Application of resistivity and magnetometry geophysical techniques for near-surface investigations in karstic terraines in Ireland. *Journal of Cave and Karst Studies* **66** (2): 35–38.

GIESSNER, K. (1990): Geo-ecological controls of fluvial morphodynamics in the Mediterranean subtropics. *Geoökodynamik* **11**: 17–42.

GLCF [GLOBAL LAND COVER FACILITY] (2010): http://www.landcover.org/index.shtml (zuletzt abgerufen am 05.03.2010).

GONZÁLEZ MARTÍN, J., RUBIO FERNÁNDEZ, V., GARCÍA GIMÉNEZ, R. & JIMÉNEZ BALLESTA, R. (2007): Red palaeosols sequence in a semiarid Mediterranean environment region. *Environmental Geology* **51** (7): 1093–1102.

GOROKHOVICH, Y. (2005): Abandonment of Minoan palaces on Crete in relation to the earthquake induced changes in groundwater supply. *Journal of Archaeological Science* **32**: 217–222.

GOROKHOVICH, Y. & VOUSTIANIOUK, A. (2006): Accuracy assessment of the processed SRTM-based elevation data by CGIAR using field data from USA and Thailand and its relation to the terrain characteristics. *Remote Sensing of Environment* **104**: 409–415.

GOROKHOVICH, Y. & FLEEGER, G. (2007): Pymatuning earthquake in Pennsylvania and Late Minoan crisis on Crete. In: Angelakis, A. & Koutsoyiannis, D. (eds.): Insights into water management. Lessons from water and wastewater technologies in ancient civilisations. IWA, London: 245–252.

GOUDIE, A. & BULL, P. (1984): Slope process change and colluvium deposition in Swaziland: an SEM analysis. *Earth Surface Processes and Landforms* **9**: 289–299.

GOUDIE, A. & MIDDLETON, N. (2001): Saharan dust storms: nature and consequences. *Earth-Science Reviews* **56**: 179–204.

GREINWALD, S. & THIERBACH, R. (1997): Elektrische Eigenschaften der Gesteine. In: Beblo, M. (Hrsg.): Umweltgeophysik. Ernst & Sohn, Berlin: 89–96.

GREUTER, W. (1975): Die Insel Kreta – eine geobotanische Skizze. In: Ergebnisse der 15. Internationalen Pflanzengeographischen Exkursion (IPE) durch Griechenland 1971, Band 1. Veröffentlichungen des Geobotanischen Instituts der ETH Zürich, Zürich: 141–197.

GROVE, A. & RACKHAM, O. (2001): The nature of Mediterranean Europe. An ecological history. Yale University Press. New Haven, London, 384 p.

GÜNSTER, N. & SKOWRONEK, A. (2001): Sediment-soil sequences in the Granada Basin as evidence for long- and short-term climatic changes during the Pliocene and Quaternary in the Western Mediterranean. *Quaternary International* **78**: 17–32.

GÜNSTER, N., ECK, P., SKOWRONEK, A. & ZÖLLER, L. (2001): Late Pleistocene loess and their paleosols in the Granada Basin, Southern Spain. *Quaternary International* **76**: 241–245.

GUIEU, C., BOZEC, Y., BLAIN, S., RIDAME, C., SARTHOU, G. & LEBLOND, N. (2002): Impact of high Saharan dust inputs on dissolved iron concentrations in the Mediterranean Sea. *Geophysical research letters* **29** (19): 1–4.

GUPTA, R. (2003): Remote Sensing Geology. Springer, Berlin, 655 p.

GUTIÉRREZ, F., COOPER, A. & JOHNSON, K. (2008): Identification, prediction, and mitigation of sinkhole hazards in evaporate karst areas. *Environmental Geology* **53**: 1007–1022.

HAGEDORN, J. (1969): Beiträge zur Quartärmorphologie griechischer Hochgebirge. Göttinger Geographische Abhandlungen 50, Göttingen, 135 S.

HAGER, J. (1985): Pflanzenökologische Untersuchungen in den subalpinen Dornpolsterfluren Kretas. Dissertationes Botanicae 89. Schweizerbart, Stuttgart, 196 S.

HAJDAS, I. (2008): Radiocarbon dating and its applications in Quaternary studies. In: Preusser, F., Hajdas, I. & Ivy-Ochs, S. (eds.): Recent progress in Quaternary dating methods. Eiszeitalter und Gegenwart, *Quaternary Science Journal* **57** (1): 2–24.

HALSTEAD, P. (1993): Lost sheep? On the Linear B Evidence for breeding flocks at Mycenean Knossos and Pylos. *Minos* **25**: 343–365.

HALSTEAD, P. (2000): Land use in postglacial Greece. Cultural causes and environmental effects. In: Halstead, P. & Fredrick, C. (eds.): Landsape and land use in postglacial Greece. Sheffield academic press, Sheffield: 110–128.

HANESCH, M., RANTITSCH, G., HEMETSBERGER, S. & SCHOLER, R. (2007): Lithological and pedological influences on the magnetic susceptibility of soil. Their consideration in magnetic pollution mapping. *Science of the Total Environment* **382**: 351–363.

HARDY, A. (1990): Thera and the aegean world III. Vol. 2. Thera Foundation, London, 487 p.

HARTGE, K. & HORN, R. (1999): Die physikalische Untersuchung von Böden. Enke, Stuttgart, 175 S.

HECHT, S. (2001): Die Anwendung refraktionsseismischer Methoden zur Erkundung des oberflächennahen Untergrundes – mit acht Fallbeispielen aus Südwestdeutschland. Stuttgarter Geographische Studien 131, Stuttgart, 165 S.

HECHT, S. (2003): Differentiation of loose sediments with seismic refraction methods – potentials and limitations derived from case studies. *Zeitschrift für Geomorphologie* N.F., Suppl. **132**: 89–102.

HECHT, S. (2007): Sedimenttomographie für die Archäologie, Geoelektrische und refraktionsseismische Erkundungen für on-site und off-site studies. In: Wagner, G. (Hrsg.): Einführung in die Archäometrie. Berlin, Heidelberg: 95–112.

HECHT, S. (2009): Viewing the subsurface in 3D. Sediment tomography for (Geo-)Archaeological prospection in Palpa, Southern Peru. In: Reindel, M. & Wagner G. (eds.): New Technologies for Archaeology, Springer, Heidelberg: 87–102.

HEIM, D. (1990): Tone und Tonminerale. Enke, Stuttgart, 157 S.

HELLAND, P., HUANG, P. & DIFFENDAL, R. (1997): SEM analysis of quartz sand grain surface textures indicates alluvial/colluvial origin of the Quaternary "glacial" boulder clays at Huangshan (Yellow Mountain), East-Central China. *Quaternary Research* **48**: 177–186.

HEMPEL, L. (1984): Geoökodynamik im Mittelmeerraum während des Jungtertiärs. Beobachtungen zur Frage „Mensch und/oder Klima?" in Südgriechenland und auf Kreta. *Geoökodynamik* **5**: 99–140.

HEMPEL, L. (1987): Beobachtungen und Aspekte zur klimamorphologischen Stellung von Schutt und Schottern in den Hochgebirgen der Insel Kreta. *Geoökodynamik* **8**: 49–78.

HEMPEL, L. (1991): Forschungen zur physischen Geographie der Insel Kreta im Quartär. Ein Beitrag zur Geoökologie des Mittelmeerraumes. Abhandlungen der Akademie der Wissenschaften in Göttingen 42, Göttingen, 171 S.

HEMPEL, L. (1994): Der Vulkanismus von Santorin und die minoische Kultur Kretas. Eine geoökodynamische Analyse für das 17. Jahrhundert vor Christus. *Petermanns Geographische Mitteilungen* **138**: 131–146.

HEMPEL, L. (1995): Die Hochgebirge Kretas als Wirtschaftsraum. Physiogeographische Voraussetzungen, Formen und Veränderungen der Wanderviehhaltung. *Petermanns Geographische Mitteilungen* **139**: 215–238.

HEMPEL, L. (1998): Kalte und warme Regionalwinde über dem östlichen Mittelmeer und der Ägäis zwischen Griechenland und Nordafrika. Berichte aus dem Arbeitsgebiet Entwicklungsforschung am Institut für Geographie Münster 29, Münster, 30 S.

HIGUERA-DÍAZ, I., CARPENTER, P. & THOMPSON, M. (2007): Identification of buried sinkholes using refraction tomography at Ft. Campbell Army Airfield, Kentucky. *Environmental Geology* **53**: 805–812.

HILLIER, S. (2003): Quantitative analysis of clay and other minerals in sandstones by x-ray powder diffraction (XRPD). In: Worden, R. & Morad, S. (eds.): Clay mineral cements in sandstones. Blackwell, Oxford: 213–251.

HOLZHAUER, I. (2008): Geomorphologisch-sedimentologische Untersuchungen im Psiloritis (Zentralkreta) – ein Beitrag zur geoarchäologischen Landschaftsrekonstruktion. Unveröffentl. Diplomarbeit, Universität Heidelberg, 94 S.

HOOD, S. (1971): The Minoans. Crete in the Bronze Age. Thames & Hudson, London, 239 p.

HOOVER, R. (2003): Geophysical choices for karst investigations. In: Beck, B. (ed.): Sinkholes and the engineering and environmental impacts of karst. *Geotechnical special publication* **122**: 529–538.

HORVAT, I., GLAVAC, V.& ELLENBERG, H. (1974): Vegetation Südosteuropas. Geobotanica Selecta 4. Fischer, Stuttgart, 768 S.

HOSTERT, P. (2001): Monitoring von Degradationserscheinungen im europäisch-mediterranen Raum mit Methoden der Fernerkundung und GIS. Untersuchungen am Beispiel der Weidegebiete Zentralkretas. Dissertation. Universität Trier, Trier, 219 S.

HOWEY, M. (2007): Using multi-criteria cost surface analysis to explore past regional landscapes: a case study of ritual activity and social interaction in Michigan, AD 1200-1600, *Journal of Archaeological Science* **34**: 1830–1846.

HUGHES, P., WOODWARD, J. & GIBBARD, P. (2006): Quaternary glacial history of the Mediterranenan mountains. *Progress in Physical Geography* **30**: 334–364.

ICDD (1999): Powder diffraction file release 1999. data sets 1-49 plus 70-86. CD-Rom. International Centre for Diffraction Data, Pennsylvania.

IGME [INSTITUTE OF GEOLOGY AND MINERAL EXPLORATION] (1983): Geological Map of Greece 1:500.000, Athens.

IGME [INSTITUTE OF GEOLOGY AND MINERAL EXPLORATION] (1984): Geological Map of Greece 1:50.000.Timbakion Sheet. Athens.

IGME [INSTITUTE OF GEOLOGY AND MINERAL EXPLORATION] (2000): Geological Map of Greece 1:50.000. Anogia Sheet. Athens.

ISSAR, A. (1998): Climate change and history during the Holocene in the eastern mediterranean region. In: Issar, A. & Brown, N. (eds.): Water, environment and society in times of climatic change. Kluwer, Dordrecht: 113–128.

ISSAR, A. & YAKIR, D. (1997): The roman period`s colder climate. *Biblical Archaeologist* **60** (2):101–106.

ISSAR, A. & ZOHAR, M. (2004): Climate change - environment and civilisation in the Middle East. Berlin, Springer, 252 p.

JACOBSHAGEN, V. (1986): Geologie von Griechenland. Beiträge zur regionalen Geologie der Erde 19. Gebrüder Bornträger, Berlin, 363 S.

JAHN, R. (2000): Die Böden der Winterfeuchten Subtropen. *Geographische Rundschau* **52** (10): 28–33.

JAHN, R. & SCHÖNFELDER, P. (1995): Exkursionsflora für Kreta. Ulmer, Stuttgart, 446 S.

JAHN, R., HERRMANN, L. & STAHR, K. (1995): Die Bedeutung äolischer Einträge für Bodenbildung und Standorteigenschaften im circumsaharischen Raum. *Zentralblatt für Geologie und Paläontologie* **1** (3/4): 421–432.

JALUT, G., DEDOUBAT, J., FONTUGNE, M. & OTTO, T. (2009): Holocene circum-Mediterranean vegetation changes. Climate forcing and human impact. *Quaternary International* **200**: 4–18.

JASMUND, K. & LAGALY, G. (1993): Tonminerale und Tone. Struktur, Eigenschaften, Anwendungen und Einsatz in Industrie und Umwelt. Steinkopf, Darmstadt, 490 S.

KELLER, J. & NINKOVICH, D. (1972): Tephralagen in der Agais. *Zeitschrift der Deutschen Geologischen Gesellschaft* **123**: 579–587.

KENIG, K. (2006): Surface microtextures of quartz grains from Vistulian loesses from selected profiles of Poland and some other countries. *Quaternary International* **152**: 118–135.

KILIAS, A., FASSOULAS, C. & MOUNTRAKIS, D. (1994): Tertiary extension of continental crust and uplift of Psiloritis metamorphic core complex in the central part of the Hellenic Arc (Crete, Greece). *Geologische Rundschau* **83**: 417–430.

KLIMCHOUK, A. (2004): Towards defining, delimiting and classifying epikarst: Its origin, processes and variants of geomorphic evolution. In: Jones, W., Culver, D. & Herman, J. (eds.): Epikarst. Proceedings of the symposium held October 1 through 4, 2003 Sheperdstown, West Virginia, USA. Karst Water Institute special publication 9: 23–35.

KNEISEL, C. (2003): Electrical resistivity tomography as a tool for geomorphological investigations - some case studies. *Zeitschrift für Geomorphologie* N.F., Suppl. **132**: 37–49.

KOEPKE, J. (1986): Die Ophiolithe der südägäischen Inselbrücke. Petrologie und Geochronologie. Habilitation, Universität Braunschweig, Braunschweig, 204 S.

KOEPKE, J., SEIDEL, E. & KREUZER, H. (2002): Ophiolites on the Southern Aegean islands Crete, Karpathos and Rhodes. Composition, geochronolgy and position within the ophiolite belts of the Eastern mediterranean. *Lithos* **65**: 183–203.

KOKALJ, Z. & OSTIR, K. (2007): Land cover mapping using landsat satellite image classification in the classical Karst-Kras region. *Acta Carsologica* **36** (3): 433–440.

KOUTSOYIANNIS, D., ZARKADOULAS, N., ANGELAKIS, A. & TCHOBANOGLOUS, G. (2008): Urban water management in ancient Greece. Legacies and lessons. *Journal of water resources planning and management* **134** (1): 45–54.

KRINSLEY, D. & DOORNKAMP, J. (1973): Atlas of quartz sand surface textures. Cambridge University Press. London, 91 p.

KUNIHOLM, P., KROMER, B., MANNING, S., NEWTON, M., LATINI, C. & BRUCE, M. (1996): Anatolian tree rings and the absolute chronology of the eastern Mediterranean, 2220–718 BC. *Nature* **381**: 780–783.

LA ROSA, V. (1995): A hypothesis on earthquakes and political power in Minoan Crete. *Annali di Geofisica* **38** (5–6): 881–891.

LANGE, G. & JACOBS, F. (2005): Gleichstromgeoelektrik. In: Knödel, K., Krummel, H. & Lange, G. (Hrsg.): Handbuch zur Erkundung des Untergrundes von Deponien und Altlasten 3: Geophysik. Springer, Heidelberg: 128–173.

LANGOSCH, A., SEIDEL, E., STOSCH, H. & OKRUSCH, M. (2000): Intrusive rocks in the ophiolitic mélange of Crete - witnesses to a Late Cretaceous thermal event of enigmatic geological position. *Contributions to Mineralogy and Petrology* **139**: 339–355.

LAX, E. & STRASSER, T. (1992): Early Holocene extinctions on Crete. The search for the cause. *Journal of Mediterranean Archaeology* **5**: 203–224.

LE RIBAULT, L. (1977): L'exoscopie des quartz. Masson, Paris, 150 p.

LESER, H. & STÄBLEIN, G. (1975): Geomorphologische Kartierung. Richtlinien zur Herstellung geomorphologischer Karten 1:25000. Berliner Geographische Abhandlungen, Sonderheft. Selbstverlag des Institutes für Physische Geographie der Freien Universität Berlin, Berlin, 39 S.

LEOPOLD, M. & VÖLKEL, J. (2007): Colluvium. Definition, differentiation and possible suitability for reconstructing Holocene climate data. *Quaternary International* **162**: 133–140.

LEUCCI, G. & DE GIORGI, L. (2005): Integrated geophysical surveys to assess the structural conditions of a karstic cave of archaeological importance. *Natural Hazards and Earth System Sciences* **5**: 17–22.

LITWIN, L. & ANDREYCHOUK, V. (2008): Characteristics of high-mountain karst based on GIS and remote sensing. *Environmental Geology* **54**: 979–994.

LOPEZ, N., SPIZZICO, V. & PARISE, M. (2009): Geomorphological, pedological, and hydrological characteristicsof karst lakes at Conversano (Apulia, southern Italy) as a basis for environmental protection. *Environmental Geology* **58**: 327–337.

LUEDELING, E., SIEBERT, S. & BUERKERT, A. (2007): Filling the voids in the SRTM elevation model - A TIN-based delta surface approach. *ISPRS Journal of Photogrammetry and Remote Sensing* **62** (4): 283–294.

LU, D. & WENG, Q. (2004): Spectral mixture analysis of the urban landscape in Indianapolis with Landsat ETM+ imagery. *Photogrammetric Engineering & Remote Sensing* **70** (9): 1053–1062.

LYEW-AYEE, P., VILES, H. & TUCKER, G. (2007): The use of GIS-based digital morphometric techniques in the study of cockpit karst. *Earth Surface Processes and Landforms* **32**: 165–179.

LYRINTZIS, G. & PAPANASTASIS, V. (1995): Human activities and their impact on land degradation - Psilorites mountain in Crete. A histroical perspective. *Land Degradation & Rehabilitation* **6**: 79–93.

MACLEOD, D. (1980): The origin of the red Mediterranean soils in Epirus, Greece. *Journal of Soil Science* **31**: 125–136.

MAHANEY, W. (2002): Atlas of sand grain surface textures and applications. Oxford University Press, Oxford, 256 p.

MAHANEY, W., VAIKMAE, R. & VARES, K. (1991): Scanning electron microscopy of quartz grains in supraglacial debris, Adishy Glacier, Caucasus Mountains, USSR. *Boreas* **20** (4): 395–404.

MAHER, B. (1998): Magnetic properties of modern soils and Quaternary loessic paleosols. Paleoclimatic implications. *Palaeogeography, Palaeoclimatology, Palaeoecology* **137**: 25–54.

MANNING, S. (1999): A Test of Time. The volcano of Thera and the chronology and history of the Aegean and East Mediterranean in the mid second Millennium B.C. Oxbow, Oxford, 300 p.

MARINATOS, S. (1939): The volcanic destruction of Minoan Crete. *Antiquity* **13**: 425–439.

MARINATOS, S. (1960): Crete and Mycenae. Thames and Hudson, London, 176 p.

MARTÍN-GARCÍA J., DELGADO G., PÁRRAGA J., BECH J. & DELGADO R. (1998): Mineral formation in micaceous Mediterranean Red soils of Sierra Nevada, Granada, Spain. *European Journal of Soil Science* **49**: 253–268.

MATTSON J. & NIHLÉN T. (1996): The transport of saharan dust to southern Europe. A scenario. *Journal of Arid Environments* **32**: 111–119.

MCCOY, F. & HEIKEN, G. (2000): Tsunami generated by the Late Bronze Age eruption of Thera (Santorini), Greece. *Pure and Applied Geophysics* **157**: 1227–1256.

MCKENZIE, R. (1972): The sorption of some heavy metals by the lower oxides of manganese. *Geoderma* **8**: 29–35.

MEIER, T., RISCHE, M., ENDRUN, B., VAFIDIS, A. & HARJES, H. (2004): Seismicity of the Hellenic subduction zone in the area of western and central Crete observed by temporary local seismic networks. *Tectonophysics* **383**: 149–169.

MERIAN, E. (1991): Metals and their compounds in the environment. VCH, Weinheim, 1438 S.

MESEV, V. & WALRATH, A. (2007): GIS and remote sensing integration. In search of a definition. In: Mesev, V. (ed.): Integration of GIS and Remote Sensing. Wiley, Chichester: 1–13.

MESSERLI, B. (1967): Die eiszeitliche und gegenwärtige Vergletscherung im Mittelmeerraum. *Geographica Helvetica* **3**: 105–228.

MONACO, C. & TORTORICI, L. (2004): Faulting and effects of earthquakes on Minoan archaeological sites in Crete (Greece). *Tectonophysics* **382**: 103–116.

MOODY, J. (2000): Holocene climate change in Crete. An archaeologist's view. In: Halstead, P. & Fredrick, C. (eds.): Landsape and land use in postglacial Greece. Sheffield Academic Press, Sheffield: 52–61.

MOODY, J. (2005): Unravelling the threads: Climate changes in the late Bronze III Agean. In: D'Agata, A., Moody, J. & Williams, E. (eds): Ariadne's Threads: Connections between Crete and the Greek Mainland in Late Minoan III (LM IIIA2 to LM IIIC). Tripodes 3. Athens: 443–465.

MOODY, J., RACKHAM, O. & RAPP. G. (1996): Environmental archaeology of prehistoric NW Crete. *Journal of Field Archaeology* **23** (3): 273-297.

MOORE D. & REYNOLDS R. (1997): X-ray diffraction and the identification and analysis of clay minerals. Oxford University Press, Oxford, 400 p.

MORAL-CARDONA, J., SÁNCHEZ BELLÓN, A., LÓPES-AGUAYO, F. & CABALLERO, M. (1996): The analysis of quartz grain surface features as a complementary method for studying their provenance: the Guadalete River Basin (Cádiz, SW Spain). *Sedimentary Geology* **106**: 155–164.

MORGAN, C. (2008): Reconstructing prehistoric hunter gatherer foraging radii. A case study from California's southern Sierra Nevada. *Journal of Archaeological Science* **35** (2): 247–258.

MORRIS, I. (2003): Mediterraneanization. *Mediterranean Historical Review* **18** (2): 30–55.

MÜLLER, G. (1964): Methoden der Sedimentuntersuchung 1. In: Engelhardt, W., Füchtbauer, H. & Müller, G. (Hrsg.): Sediment-Petrologie. Schweizerbart, Stuttgart: 198–219.

MUNRO-STASIUK, M. & MANAHAN, T. (2010): Investigating ancient maya agricultural adaptation through ground penetrating radar (GPR) analysis of karst terrain, northern Yucatan, Mexico. *Acta Carsologica* **39** (1): 123–135.

NARCISI, B. & VEZZOLI, L. (1999): Quaternary stratigraphy of distal tephra layers in the Mediterranean – an overview. *Global and Planetary Change* **21**: 31–50.

NEMEC, W. & KAZANCI, N. (1999): Quaternary colluvium in west-central Anatolia: sedimentary facies and palaeoclimatic significance. *Sedimentology* **46**: 139–170.

NEVROS, K. & ZVORYKIN, I. (1939): Zur Kenntnis der Böden der Insel Kreta (Griechenland). *Bodenkundliche Forschungen* **6**: 242–307.

NICOD, J. (2003): A little contribution to the karst terminology. Special or aberrant cases of poljes? *Acta Carsologica* **32** (2): 29–39.

NIEMEIER, W. (1995): Die Utopie eines verlorenen Paradieses. Die Minoische Kultur Kretas als neuzeitliche Mythenschöpfung. In: Stupperich, R. (Hrsg.): Lebendige Antike. Rezeptionen der Antike in Politik, Kunst und Wissenschaft der Neuzeit. Palatium, Mannheim: 195–206.

NIHLÉN T. & OLSSON S. (1995): Influence of aeolian dust on soil formation in the Aegean area. *Zeitschrift für Geomorphologie* N.F., Suppl. **39**: 341–361.

NIHLÉN, T., MATTSON, J., RAPP, A., GAGAOUDAKI, C., KORNAROS, G. & PAPAGEORGIOU, J. (2002): Monitoring of Saharan dust fallout on Crete and its contribution to soil formation. *Tellus B* **47** (3): 365–274.

NIKOLAKOPOULOS, K., KAMARATAKIS, E. & CHRYSOULAKIS, N. (2006): SRTM vs ASTER elevation products. Comparison for two regions in Crete, Greece. *International Journal of Remote Sensing* **27** (21): 4819–4838.

NIXON I. (1985): The volcanic eruption of Thera and its effect on the Mycenean and Minoan civilisations. *Journal of Archaeological Science* **12**: 9–24.

NUNEZ, M. & RECIO, J. (2007): Kaolinitic paleosols in the south west of the Iberian Peninsula (Sierra Morena region, Spain). Paleoenvironmental implications. *Catena* **70**: 388–395.

OLDFIELD, F. (1991): Environmental magnetism. A personal perspective. *Quaternary Science Reviews* **10**: 73–85.

ORTIZ, I., SIMÓN, M., DORRONSO, C., MRTÍN, F & GARCÍA, I. (2002): Soil evolution over the Quaternary period in a Mediterranean climate (SE Spain). *Catena* **48**: 131–148.

PANAGIOTOPOULOS, D. (2007): Minoische Villen in den Wolken Kretas. *Antike Welt* **38**: 17–24.

PAPADOPOULOU-VRYNIOTI, K. (2004): The role of epikarst in the morphogenesis of the karstic forms in Greece and specially of the karstic hollow forms. *Acta Carsologica* **33** (1): 219–235.

PASSCHIER, C. & TROUW, R. (2005): Microtectonics. Springer, Berlin, 366 p.

PEATFIELD, A. (1994): After the ‚Big Bang' – what? Of Minoan symbols and shrines beyond palatial collapse. In: Alcock, S. (ed.): Placing the gods, sanctuaries and sacred space in Greece. Oxford University Press, New York: 19–38.

PERRIN, R. (1964): The analysis of chalk and other limestones for geochemical studies. In: Society of the chemical industry (ed.): Analysis of calcareous materials. *Journal of the Society of Chemical Industry* **18**: 207–221.

PETEREK, A. & SCHWARZE, J. (2002): Ruheloses Kreta. Hebungsgeschichte und Seismizität im Quartär und heute. *Geographische Rundschau* **54**: 4–12.

PETTIJOHN, F.J. (1941): Persistence of heavy minerals and geologic age. *Journal of Geology* **49**: 610–625.

PFEFFER, K. (1976): Probleme der Genese von Oberflächenformen auf Kalkgestein. *Zeitschrift für Geomorphologie* N.F., Suppl. **26**: 6–34.

PFEFFER, K. (1990): Karstmorphologie. WBG, Darmstadt, 131 S.

PORAT, N., CHAZAN, M., GRÜN, R., AUBERT, M., EISENMANN, V. & HORWITZ, L. (2010): New radiometric ages for the Fauresmith industry from Kathu Pan, southern Africa. Implications for the Earlier to Middle Stone Age transition. *Journal of Arcaheological Science* **37**: 269–283.

POSER, H. (1957): Klimamorphologische Probleme auf Kreta. *Zeitschrift für Geomorphologie* N.F. **1**: 113–142.

POSER, H. (1976): Beobachtungen über Schichtflächenkarst am Psiloriti (Kreta). *Zeitschrift für Geomorphologie* N.F., Suppl. **26**: 58–64.

POSLUSCHNY, A. (2002): Die hallstattzeitliche Besiedlung im Maindreieck. GIS-gestützte Fundstellenanalysen. Dissertation, Universität Marburg, 366 S.

PRIORI, S., CONSTATINI, E., CAPEZZUOLI, E., PROTANO, G., HILGERS, A., SAUER, D. & SANDRELLI, F. (2008): Pedo-stratigraphy of Terra Rossa and Quaternary geological evolution of a lacustrine limestone plateau in central Italy. *Journal of Plant Nutrition and Soil Science* **171**: 509–523.

PYE, K. (1992): Aeolian dust transport and deposition over Crete and adjacent parts of the Mediterranean Sea. *Earth Surface Processes and Landforms* **7**: 271–288.

RACKHAM, O. (1990): Vegetation history of Crete. In: Grove, D., Moody, J. & Rackham, O. (eds.): Stability and change in the Cretan landscape. Boutsounaria, Chania: 29–39.

RACKHAM, O. & MOODY, J. (1996): The making of the Cretan landscape. Manchester University Press, Manchester, 237 p.

RAPP, A. & NIHLEN, T. (1986): Dust storms and eolian deposits in North Africa and the Mediterranean. *Geoökodynamik* **7**: 41–62.

RAJESH, H. (2004): Application of remote sensing and GIS in mineral resource mapping – an overview. *Journal of Mineralogical and Petrological Sciences* **99**: 83–103.

RAVBAR, N. & KOVACIC, G. (2010): Characterisation of karst areas using multiple geo-science techniques, a case study from SW Slovenia. *Acta Carsologica* **39** (1): 51–60.

REHAK, P. & YOUNGER, J. (2001): Review of Aegean prehistory VII. Neopalatial, Final Palatial and Postpalatial Crete. In: T. Cullen (ed.): Aegean Prehistory. Archaeological Institute of America, Boston: 383–472.

REIMER, P., BAILLIE, M., BARD, E., BAYLISS, A., BECK, J., BERTRAND, C., BLACKWELL, P., BUCK, C., BURR, G., CUTLER, K., DAMON, D., LAWRENCE, R., EDWARDS, R., FAIRBANKS, M., GUILDERSON, T., HOGG, A., HUGHEN, K., KRROMER, B., MCCORMAC, G., MANNING, S., RAMSEY, C., REIMER, R., REMMELE, S., SOUTHON, J., STUIVER, M., TALAMO, S., TAYLOR, F., VAN DER PFLICHT, J. & WEYHENMEYER, C. (2004): IntCal04 terrestrial radiocarbon age calibration, 0–26 cal kyr BP. *Radiocarbon* **46**: 1029–1058.

RICHARDS, J. & JIA, X. (2006): Remote sensing digital image analysis. Springer, Berlin, 439 S.

RING, U., LAWYER, P. & REISCHMANN, T. (2001): Miocene high-pressure metamorphism in the Cyclades and Crete, Aegean Sea, Greece. Evidence for large-magnitude displacement on the Cretan detachment. *Geology* **29** (5): 395–398.

ROSSIGNOL-STRICK, M. (1999): The Holocene climatic optimum and pollen records of sapropel 1 in the eastern mediterranean, 9000–6000 BP. *Quaternary Science Reviews* **18**: 515–530.

ROTH, M., MACKEY, J., MACKEY, C. & NYQUIST, J. (2002): A case study of the reliability of multielectrode earth resistivity testing for geotechnical investigations in karst terrains. *Engineering Geology* **65**: 225–232.

ROTHER, K. (1993): Die mediterranen Subtropen. Höller und Zwick, Braunschweig, 207 S.

ROWLANDS, A. & SARRIS, A. (2007): Detection of exposed and subsurface archaeological remains using multi-sensor remote sensing. *Journal of Archaeological Science* **34**: 795–803.

RÜGNER, O. (2000): Tonmineral-Neubildung und Paläosalinität im Unteren Muschelkalk des südlichen Germanischen Beckens. Dissertation, Universität Heidelberg, 189 S.

RUNNELS, C. & VAN ANDEL, T (2003): The early Stone Age of the nomos of Preveza. Landscape and settlement. *Hesperia Supplements* **32**: 47–134.

RUTKOWSKI, B. (1988): Minoan peak sanctuaries. The topography and the architecture. *Aegaeum* **2**: 71–99.

SABINS, F. (1999): Remote sensing for mineral exploration. *Ore Geology Reviews* **14**: 157–183.

SAKELLARAKIS, Y. & PANAGIOTOPOULOS, D. (2006): Minoan Zominthos. In: Gavrilaki I., Tzifopoulos Y. (eds.): Mylopotamos from antiquity to the present. Environment, archaeology, history, folklore, sociology. Historical and folklore society of Rethymnon, Rethymnon: 47–75.

SAMINGER, S. PELTZ, C. & BICHLER, M. (2000): South Agean volcanic glass. Separation and analysis by INAA and EPMA. *Journal of Radioanalytical and Nuclear Chemistry* **245** (2): 375–383.

SANDERS, I. (1982): Roman Crete. Aris Phillips, Warminster, 185 p.

SANDMEIER, K. (2005): Standard-Inversionsverfahren. In: Knödel, K., Krummel, H. & Lange, G. (Hrsg.): Handbuch zur Erkundung des Untergrundes von Deponien und Altlasten 3: Geophysik: 553–565.

SANDMEIER, K. & LIEBHARDT, G. (2005): Iterative Interpretationsmethoden. In: Knödel, K., Krummel, H. & Lange, G. (Hrsg.): Handbuch zur Erkundung des Untergrundes von Deponien und Altlasten 3: Geophysik: 566–572.

SARRIS, A., KARAKOUDIS, S., VIDAKI, C. & SOUPIOS, P. (2005): Study of the morphological attributes of Crete through the use of remote sensing techniques. Rethymnon, 9 p.

SAURO, U. (2003): Dolines and sinkholes: aspects of evolution and problems of classification. *Acta Carsologica* **32** (2): 41–52.

SAURO, U., FERRARESE, F., FRANCESE, R., MIOLA, A., MOZZI, P., RONDO, G., TROMBINO, L. & VALENTINI, G. (2009): Doline fills – case study of the faverghera plateau (Venetian Alps, Italy). *Acta Carsologica* **38** (1): 51–63.

SCHEFFER, F. & SCHACHTSCHABEL, P. (2002): Lehrbuch der Bodenkunde. Spektrum, Heidelberg, 593 S.

SCHLICHTING, E., BLUME, H. & STAHR, K. (1995): Bodenkundliches Praktikum. Eine Einführung in pedologisches Arbeiten für Ökologen, insbesondere Land- und Forstwirte und Geowissenschaftler. Blackwell. Berlin, 295 S.

SCHNEIDERHÖHN, P. (1954): Eine vergleichende Studie über Methoden zur quantitativen Bestimmung von Abrundung und Form an Sandkörnern. *Heidelberger Beiträge zur Mineralogie und Petrographie* **4**: 172–191.

SCHROTT, L. & HECHT, S. (2006): Potenziale geophysikalischer Methoden in der Geomorphologie. In: Deutscher Arbeitskreis für Geomorphologie (Hrsg.): Die Erdoberfläche, Lebens- und Gestaltungsraum des Menschen. *Zeitschrift für Geomorphologie* N.F., Suppl. **148**: 110–116.

SCHROTT, L. & SASS, O. (2008): Application of field geophysics in geomorphology- Advances and limitations exemplified by case studies. *Geomorphology* **93**: 55–73.

SCHULLER, W. (2002): Griechische Geschichte. Oldenbourg, München, 275 S.

SEIDEL, E. (1968): Die Tripolitza- und Pindosserie im Raum von Paleochora (SW-Kreta, Griechenland). Dissertation, Universität Würzburg, 102 S.

SEIDEL, E. (1978): Zur Petrologie der Phyllit–Quarzit–Serie Kretas. Habilitation. Universität Braunschweig, Braunschweig, 145 S.

SEIDEL, E. & WACHENDORF, H. (1986): Die südägäische Inselbrücke. In: Jacobshagen, V. (Hrsg.): Geologie von Griechenland. Beiträge zur regionalen Geologie der Erde 19. Berlin, Stuttgart: 54–79.

SESÖREN, A. (1986): Potential of remote sensing use in a karstic area, Antalya region in the south of Turkey. In: Günay, G. & Johnson, A. (eds.): Karst water ressources. IAHS publ. 161. Wallingford, Oxfordshire: 271–277.

SEUFFERT, O. (2000): Von der Kultivierung zur Degradierung der Landschaft im Mittelmeerraum. *Petermanns Geographische Mitteilungen* **144** (6): 36–47.

SHEEHAN, J., DOLL, W., WATSON, D. & MANDELL, W. (2005): Application of seismic refraction tomography to karst cavities. In: Kuniansky, E. (ed.): U.S. Geological Survey Karst Interest Group Proceedings, Rapid City, South Dakota, September 12–15, 2005. U.S.G.S. Scientific Investigations Report 2005–5160: 29–38.

SHOWLEH, T. (2007): Water management in the Bronze Age. Greece and Anatolia. In: Angelakis, A. & Koutsoyiannis, D. (eds.): Insights into water management. Lessons from water and wastewater technologies in ancient civilisations. IWA, London: 77–84.

SIART, C. (2007): Digitale Geoarchäologie mit Methoden der Fernerkundung und GIS: Ein Beitrag zur Landschaftsrekonstruktion im Ida-Gebirge, Zentralkreta. In: Mächtle, B., Gebhardt, H., Schmid, H. & Siegmund, A. (Hrsg.): Der zirkumpazifische Raum – Risiken und Sicherheit in einer globalisierten Welt. Journal der Heidelberger Geographischen Gesellschaft 21, Heidelberg: 203–216.

SIART, C. & EITEL, B. (2008): Geoarchaeological studies in central Crete based on remote sensing and GIS. In: Posluschny A., Lambers K. & Herzog I. (eds.): Layers of perception. Proceedings of the 35th International Conference on Computer Applications and Quantitative Methods in Archaeology (CAA), Berlin, Germany, April 2–6, 2007, Kolloquien zur Vor- und Frühgeschichte 10. Habelt, Bonn: 299–305.

SIART, C., EITEL, B. & PANAGIOTOPOULOS, D. (2008a): Investigation of past archaeological landscapes using remote sensing and GIS. A multi-method case study from Mount Ida, Crete. *Journal of Archaeological Science* **35**: 2918–2926.

SIART, C., HOLZHAUER, I., HECHT, S., EITEL, B., SCHUKRAFT, G. & BUBENZER, O. (2008b): Karstdepressionen als Archive der Landschaftsgeschichte. Geomorphologische, geophysikalische und sedimentologische Untersuchungen auf dem Plateau von Zominthos, Zentralkreta. In: Mächtle, B., Nüsser, M., Schmid, H., Siegmund, A. (Hrsg.): Inszenierte Landschaften und Städte. Journal der Heidelberger Geographischen Gesellschaft 22, Heidelberg: 205–219.

SIART, C., BUBENZER, O. & EITEL, B. (2009a): Combining digital elevation data (SRTM/ASTER), high resolution satellite imagery (Quickbird) and GIS for geomorphological mapping. A multi-component case study on mediterranean karst in Central Crete. *Geomorphology* **112**: 106–121.

SIART, C., GHILARDI, M. & HOLZHAUER, I. (2009b): Geoarchaeological study of karst depressions integrating geophysical and sedimentological methods. Case studies from Zominthos and Lato (Central & East Crete, Greece). *Géomorphologie: relief, processus, environnement* **2009** (4): 17–32.

SIART, C., HECHT, S., HOLZHAUER, I., ALTHERR, R., MEYER, H.P., SCHUKRAFT, G., EITEL, B., BUBENZER, O. & PANAGIOTOPOULOS, D. (2010a): Karst depressions as geoarchaeological archives: the palaeoenvironmental reconstruction of Zominthos (Central Crete) based on geophysical prospection, sedimentological investigations and GIS. *Quaternary International* **216**: 75–92.

SIART, C., HECHT, S., EITEL, B., SCHUKRAFT, G. (2010b): Reconstruction of the geoarchaeological landscape of Zominthos (Central Crete) using geophysical prospection, geomorphological investigations and GIS. In: Jerem-Ferenc, E., Szeverényi, R.V. (eds): CAA2008. On the Road to Reconstructing the Past. Proceedings of the 36th Annual Conference on Computer Applications and Quantitative Methods in Archaeology. Budapest, 2–6 April 2008. Archaeolingua, Budapest: in print.

SIART, C., HECHT, S., BRILMAYER BAKTI B. & HOLZHAUER, I. (2010c): 3D visualisation of Mediterranean subsurface karst features based on tomographic mapping (Zominthos, Central Crete). *Zeitschrift für Geomorphologie*, im Druck.

SIART, C., BRILMAYER BAKTI, B. & EITEL, B. (2010d): Digital Geoarchaeology – an approach to reconstructing ancient landscapes at the human- environmental interface. Proceedings of the second SCCH conference 2009. Springer, Berlin, im Druck.

SIIVOLA, J. & SCHMID, R. (2007): A Systematic Nomenclature for Metamorphic Rocks: 12. List of Mineral Abbreviations. Recommendations by the IUGS Subcommission on the Systematics of Metamorphic Rocks. Web version 01.02.07 (online unter: http://www.bgs.ac.uk/scmr/docs/papers/paper_12.pdf, zuletzt abgerufen: 11.04.2010).

SINGER, A., DULTZ, S. & ARGAMAN, E. (2004): Properties of the non-soluble fractions of suspended dust over the Dead Sea. *Athmospheric Environment* **38**: 1745–1753.

SMITH, D. (2005): The state of the art of geophysics and karst. A general literature overview. In: Kuniansky, E. (ed.): U.S. Geological Survey Karst Interest Group Proceedings, Rapid City, South Dakota, September 12–15, 2005. U.S.G.S. Scientific Investigations Report 2005–5160: 10–16.

SMITH, M. & CLARK, C. (2005): Methods for the visualization of digital elevation models for landform mapping. *Earth Surface Processes and Landforms* **30**: 885–900.

SNODGRASS, A. (2000): The dark age of Greece. An archaeological survey of the eleventh to the eighth centuries BC. University Press, Edinburgh, 456 p.

SOUPIOS, P., PAPADOPOULOS, I., KOULI, M., GEORGAKI, I., VALLIANATOS, F., & KOKKINOU, E. (2007): Investigation of waste disposal areas using electrical methods. A case study from Chania, Crete, Greece. *Environmental Geology* **51**: 1249–1261.

STAMPOLIDIS, A., TSOURLOS, P., SOUPIOS, P., MIMIDES, T., TSOKAS, G., VARGEMEZIS, G. & VAFIDIS, A. (2005): Integrated geophysical investigation around the brackisch spring of Rina, Kalimnos, SW Greece. *Journal of Balkan Geophysical Society* **8** (3): 63–73.

STATHAM, P. & HART, V. (2005): Dissolved iron in the Cretan Sea. *Limnology and Oceanography* **50** (4): 1142–1148.

STONE, D. & SCHINDEL, G. (2002): The application of GIS in support of land acquisition for the protection of sensitive groundwater recharge properties in the Edwards aquifer of south-central Texas. *Journal of Cave and Karst Studies* **64**: 38–44.

STONE, R. & WEISS, E. (1955): Examination of four coarsely crystalline chlorites by X-ray and high pressure D.T.A. techniques. *Clay Minerals* **2** (13): 214–222.

SUMANOVAC, F. & WEISSER, M. (2001): Evaluation of resistivity and seismic methods for hydrogeological mapping in karst trerrains. *Journal of Applied Geophysics* **47**: 13–28.

SUSTERSIC, F., REJSEK, K., MISIC, M. & EICHLER, F. (2009): The role of loamy sediment (terra rossa) in the context of steady state karst surface lowering. *Geomorphology* **106**: 35–45.

SVOBODA, J. (2004): Magnetic Techniques for the treatment of materials. Kluwer, Norwell, 642 p.

TERZIC, J., SUMANOVAC, F. & BULJAN, R. (2007): An assessment of hydrogeological parameters on the karstic island of Dugi Otok, Croatia. *Journal of Hydrology* **343**: 29–42.

THEYE, T., SEIDEL, E. & VIDAL, O. (1992): Carpholite, Sudoite, and Chloritoid in low-grade highpressure metapelites from Crete and the Peloponnese, Greece. *European Journal of Mineralogy* **4** (3): 487–507.

THORBECKE, G. (1973): Die Gesteine der Ophiolith-Decke von Anoja/Mittelkreta. *Berichte der Naturforschenden Gesellschaft zu Freiburg im Breisgau* **63**: 81–92.

TOLLNER, H. (1976): Zum Klima von Griechenland. In: Riedl, H. (Hrsg.): Beiträge zur Landeskunde von Griechenland 6: 267–281.

TOLLNER, H. (1981): Die Etesien der Ägäis, ein niederschlagsarmer Sommermonsun. In: Riedl, H. (Hrsg.): Beiträge zur Landeskunde von Griechenland 8: 49–61.

TOMASELLI, R. (1981): Main physiognomic types and geographic distribution of shrub systems related to Mediterranean climates. In: Di Castri, F., Goodall, D. & Specht, R. (eds.): Mediterranean-type shrublands. Ecosystems of the world 11. Elsevier, Amsterdam: 95–106.

TOMKINS, P., KOKKINAKI, L., SOETENS, S. & SARRIS, A. (2004): Settlement patterns and socio-economic differentiation in East Crete in the Final Neolithic. Rethymnon, 9 p.

TSONIS, A., SWANSON, K., SUGIHARA, G. & TSONIS, P. (2010): Climate change and the demise of Minoan civilisation. *Climate of the Past Discussions* **6**: 801–815.

TÜFEKCI, K. & SENER, M. (2007): Evaluating of karstification in the Mentese region of southwest Turkey with GIS and remote sensing applications. *Zeitschrift für Geomorphologie* N.F., Suppl. **51** (1): 45–61.

VAN ANDEL, T. (1998): Palaeosols, red sediments, and the Old Stone Age in Greece. *Geoarchaeology* **13** (4): 361–390.

VAN ANDEL, T. & RUNNELS, C. (2005): Karstic wetland dwellers of middle Palaeolithic Epirus Greece. *Journal of Field Archaeology* **30** (4): 367–384.

VAN LEUSEN, P. (2002): Pattern to process. Methodological investigations into the formation and interpretation of spatial patterns in archaeological landscapes. Dissertation, University Groningen, Groningen, 356 p.

VAN SCHOOR, M. (2002): Detection of sinkholes using 2D electrical resistivity imaging. *Journal of Applied Geophysics* **50**: 393–399.

VASSILAKIS, A. (2001): Minoisches Kreta. Vom Mythos zur Geschichte. Adam, Athen, 255 S.

VELDE, B. & MEUNIER, A. (2008): The origin of clay minerals in soils and weathered rocks. Springer, Berlin, 406 p.

VERESS, M. (2009): Investigation of covered karst form development using geophysical measurements. *Zeitschrift für Geomorphologie* N.F., Suppl. **53**: 469–486.

VITALIANO, D. & VITALIANO, C. (1971): Plinian eruptions, earthquakes, and Santorin. A review. In: Kalogeropoulou, A. (ed.): Acta of the 1st international scientific congress on the volcano of Thera 1969. Archaeological services of Greece: 88–108.

VITALIANO, D. & VITALIANO, C. (1974): Volcanic Tephra on Crete. *American Journal of Archaeology* **78** (1): 19–24.

VÖTT, A., BRÜCKNER, H., ZANDER, A., MAY, S., MARIOLAKOS, I., LANG, F., FOUNTOULIS, I. & DUNKEL, A. (2009): Late Quaternary evolution of Mediterranean poljes – the Vatos case study (Akarnania, NW Greece) based on geo-scientific core analyses and IRSL dating. *Zeitschrift für Geomorphologie* N.F., Suppl. **53**: 145–169.

VOUILLAMOZ, J., LEGCHENKO, A., ALBOUY, Y., BAKALOWICZ, M., BALTASSAT, J. & AL-FARES, W. (2003): Localization of saturated karst aquifer with magnetic resonance dounding and resistivity. *Ground Water* **41** (5): 578–586.

WALBERG, G. (1994): The function of the Minoan villas. *Aegean Archaeology* **1**: 49–53.

WALKER, M. (2005): Quaternary dating methods. Wiley, Weinheim, 286 p.

WALTHAM, T., BELL, F. & CULSHAW, M. (2005): Sinkholes and subsidence. Karst and cavernous rocks in engineering and construction. Springer, Berlin, 373 p.

WALSH, S., BUTLER, D. & MALANSON, G. (1998): An overview of scale, pattern, process relationships in geomorphology: a remote sensing and GIS perspective. *Geomorphology* **21**: 183–205.

WARREN, P. (1994): The Minoan roads of Knossos. In: Evely, D., Hughes-Brock, H. & Momigliano, N. (eds.): Knossos. A labyrinth of history. Papers presented in honour of Sinclair Hood. Oxford, Northhampton: 189–210.

WARREN, P. & HANKEY, V. (1989): Aegean Bronze Age chronology. Bristol Classical, Bristol, 246 p.

WATKINS, N., SPARKS, R., SIGURDSON, H., HUANG, T. FEDERMAN, A., CAREY, S. & NINKOVITCH, D. (1978): Volume and extent of the Minoan tephra from Santorini volcano. New evidence from deep-sea sediment cores. *Nature* **271**: 122–126.

WESTERBURG-EBERL, S. (2001): Minoische Villen in der Neupalastzeit auf Kreta. In: Maaß, M., Horst, A., Michailidou, A. & Siebenmorgen, H. (Hrsg.): Im Labyrinth des Minos: Kreta – die erste europäische Hochkultur. Biering u. Brinkmann, München: 87–95.

WHITE, K., GOUDIE, A., PARKER, A. & AL-FARRAJ, A. (2001): Mapping the geochemistry of the northern Rub`Al Khali using multispectral remote sensing techniques. *Earth Surface Processes and Landforms* **26**: 735–748.

WHITELAW, T. (2000): Settlement instability amd landscae degradation in the Southern Aegean in the third millennium BC. In: Halstead, P. & Fredrick, C. (eds.): Landsape and land use in postglacial Greece. Sheffield academic press, Sheffield: 130–135.

WILLIAMS, P. (1993): Climatological and geological factors controlling the development of polygonal karst. *Zeitschrift für Geomorphologie* N.F., Suppl. **93**: 159–173.

WULF, S., KRAML, M. & KELLER, J. (2008): Towards a detailed distal tephrostratigraphy in the Central Mediterranean. The last 20.000 years record of Lago Grande di Monticchio. *Journal of Volcanology and Geothermal research* **177**: 118–132.

YAALON, D. (1997): Soils in the Mediterranean region. What makes them different? *Catena* **28**: 157–169.

YEO, S., KIM, S. & BAIN, D. (1999): Occurrence of fine chlorite (<0.2µm) and its significance in the soils from the Ulsan area, Korea. *Clay Minerals* **34**: 533–541.

YIM, W., HUANG, G. & CHAN, L. (2004): Magnetic susceptibility study of Late Quaternary inner continental shelf sediments in the Hong Kong SAR, China. *Quaternary International* **117**: 41–54.

ZANGGER, E. (1996): Naturkatastrophen in der ägäischen Bronzezeit. In: Olshausen, E. & Sonnabend, H. (Hrsg.): Naturkatastrophen in der antiken Welt. Steiner, Stuttgart: 211–241.

ZHOU, W. & BECK, B. (2005): Roadway construction in karst areas. Management of stormwater runoff and sinkhole risk assessment. *Environmental Geology* **47**: 1138–1149.

ZHOU, W., BECK, B. & STEPHENSON, J. (2000): Reliability of dipole-dipole electrical resistivity tomography for defining depth to bedrock in covered karst terranes. *Environmental Geology* **39**: 760–766.

ZHOU, W., BECK, B. & ADAMS, A. (2002): Effective electrode array in mapping karst hazards in electrical resistivity tomography. *Environmental Geology* **42**: 922–928.

ZOHARY, M. & ORSHAN, G. (1965): An outline of the geobotany of Crete. *Israel Journal of Botany* **14**: 1–49.

ZBORAY, Z., BÁRÁNY-KEVEI, I. & TANÁCS, E. (2005): Defining the corrosion surface of the dolines by means of a digital elevation model. *Acta univeristas Szegediensis – Acta Climatologica et Chorologica* **38**: 157–162.

ZILBERMAN, E., AMIT, R., HEIMANN, A. & PORAT, N. (2000): Changes in Holocene paleoseismic activity in the Hula pull-apart basin, Dead Sea rift, northern Israel. *Tectonophysics* **321** (2): 237–252.

Annex

Tab. 15: Hangneigungsklassen der SRTM- und ASTER-DGM-Derivate und deren Reklassifikation für geomorphologisch-geoarchäologische GIS-Analysen

Hangneigung SRTM–DGM (Grad)	Hangneigung ASTER–DGM (Grad)	Reklassifikation Hangneigung
0–1	0–1	1
1–3	1–3	2
3–5	3–5	3
5–7	5–7	4
7–11	7–11	5
11–15	11–15	6
15–25	15–25	7
25–35	25–35	8
35–45	35–45	9
45–65	45–88	10

Quelle: Eigene Erhebung und Darstellung.

Tab. 16: Sedimentologische und geochemische Parameter der Karstsedimente

Probe (Kern/Tiefe)	T (%)	U (%)	S (%)	G (%^{Gm})	pH (KCl)	C (%)	N (%)	S (%)	K_{tot} (mg/g)	Mg_{tot} (mg/g)	Cd_{tot} (mg/kg)	Zn_{tot} (mg/kg)	Fe_{tot} (mg/g)	Fe_d (mg/g)
Z2–0,25	52,0	32,2	15,9	2,5	5,53	n.b.	n.b.	n.b.	8,29	1,34	2,10	278,67	46,52	38,37
Z2–0,5	20,2	37,6	42,2	23,2	5,61	n.b.	n.b.	n.b.	5,98	0,82	1,37	245,22	41,28	33,93
Z2–0,9	21,3	37,4	41,2	20,7	5,66	n.b.	n.b.	n.b.	6,76	1,04	2,68	304,17	45,83	39,10
Z2–1,5	25,6	34,3	40,1	22,1	5,62	n.b.	n.b.	n.b.	7,15	1,12	2,58	321,10	48,11	36,89
Z2–2,2	16,5	40,0	43,4	16,4	5,53	n.b.	n.b.	n.b.	7,72	4,65	3,65	278,96	51,83	32,46
Z2–2,4	15,6	37,3	47,1	22,1	5,47	n.b.	n.b.	n.b.	6,95	3,72	2,91	228,75	48,10	31,73
Z2–2,7	11,6	25,3	63,0	27,1	5,50	n.b.	n.b.	n.b.	7,43	2,19	3,40	287,30	46,56	32,83
Z2–3,4	19,8	55,1	25,2	5,0	6,11	n.b.	n.b.	n.b.	9,85	9,98	4,77	278,98	40,56	21,03
Z2–3,5	15,7	46,0	38,3	10,8	n.b.	n.b.	n.b.	n.b.	7,05	5,68	3,38	212,04	40,59	21,41
Z2–3,6	12,0	62,4	25,6	4,8	6,38	n.b.	n.b.	n.b.	12,18	11,59	8,59	321,10	47,35	26,20
Z3–0,2	52,0	32,2	15,9	2,5	5,60	0,55	0,09	0,02	10,06	1,80	0,63	338,10	59,76	46,09
Z3–1,27	49,9	22,8	27,3	4,3	5,66	0,16	0,06	0,02	10,15	1,62	2,85	446,30	59,75	48,96
Z3–1,38	32,4	37,3	30,2	13,8	5,61	0,12	0,07	0,02	7,33	1,09	1,33	320,81	50,27	38,58
Z3–1,75	13,3	35,6	51,1	2,4	0,00	0,09	0,10	0,02	6,95	1,64	2,92	228,53	59,66	37,02
Z3–1,83	20,9	61,4	17,7	0,6	5,64	n.b.	n.b.	n.b.	n.b.	n.b.	n.b.	n.b.	n.b.	n.b.
Z3–2,58	33,0	32,4	34,6	32,4	5,55	0,10	0,06	0,05	7,73	1,29	1,50	346,19	52,74	49,02
Z3–3,23	22,4	54,6	23,0	2,6	5,32	0,07	0,06	0,01	8,99	5,48	3,39	312,73	57,29	24,11
Z3–3,36	19,2	35,7	45,1	32,2	5,54	0,16	0,07	0,01	8,50	3,30	3,58	304,12	57,59	37,21
Z3–3,94	33,0	57,5	9,5	0,0	5,54	0,14	0,08	0,05	16,60	16,05	7,10	466,36	60,68	61,05
Z3–4,51	37,6	54,2	8,2	0,3	5,65	0,25	0,09	0,05	15,62	14,91	13,68	549,67	67,92	39,48
Z3–4,73	17,2	31,1	51,8	18,0	6,23	0,10	0,06	0,01	9,85	11,43	6,21	236,95	55,84	16,45
Z3–4,88	26,6	47,0	26,3	6,0	6,52	0,20	0,07	0,01	14,51	13,83	7,60	346,38	59,74	29,12
Z4–0,15	30,8	53,4	15,8	0,0	5,13	1,43	0,17	0,06	9,10	8,39	1,35	159,87	45,91	11,46
Z4–0,47	39,6	55,3	5,1	0,0	5,43	1,52	0,20	0,04	10,72	8,74	1,39	176,81	47,72	12,06

(Tab. 16; Fortsetzung)

Probe (Kern/Tiefe)	T (%)	U (%)	S (%)	G (%^{GR})	pH (KCl)	C (%)	N (%)	S (%)	K_{tot} (mg/g)	Mg_{tot} (mg/g)	Cd_{tot} (mg/kg)	Zn_{tot} (mg/kg)	Fe_{tot} (mg/g)	Fe_d (mg/g)
Z4–0,98	46,9	48,1	5,0	0,0	5,56	1,33	0,21	0,07	12,38	9,57	1,59	214,96	50,29	12,66
Z4–1,55	43,9	50,2	5,9	0,0	5,57	1,11	0,17	0,06	13,18	10,19	1,43	215,67	49,23	12,32
Z4–1,96	34,6	42,8	22,6	7,2	5,71	0,53	0,11	0,03	12,21	10,09	1,43	192,83	51,00	11,80
Z4–2,18	9,3	13,7	77,0	42,8	5,58	0,14	0,06	0,02	9,87	6,44	0,84	143,48	46,94	13,60
Z4–2,3	30,7	51,5	17,8	0,0	n.b.	n.b.	n.b.	n.b.	n.b.	n.b.	n.b.	n.b.	n.b.	n.b.
Z4–3,43	27,7	28,7	43,6	30,3	5,81	0,13	0,06	0,02	8,54	6,33	1,61	149,39	49,51	18,06
Z4–4,47	32,3	42,0	25,6	16,1	5,77	0,08	0,05	0,01	10,79	4,15	3,75	336,66	46,92	18,49
Z4–5,67	6,6	7,5	85,9	34,2	5,70	0,12	0,05	0,02	8,35	3,89	1,85	154,55	48,04	17,63
Z4–6,42	25,3	30,8	43,9	30,4	5,76	0,23	0,06	0,02	8,53	5,92	2,10	176,84	50,79	19,26
Z4–7,48	26,9	33,1	40,0	7,4	5,80	0,11	0,05	0,02	8,68	4,54	3,00	215,08	45,43	17,46
Z4–7,95	32,0	35,9	32,1	18,1	n.b.	0,10	0,05	0,03	n.b.	n.b.	n.b.	n.b.	n.b.	n.b.
Z4–9,49	24,4	37,2	38,4	16,3	7,38	0,45	0,04	0,01	9,17	8,77	4,10	253,30	44,50	15,83
Z5–0,2	25,4	48,7	25,9	2,1	5,16	1,30	0,17	0,03	8,44	8,73	0,81	149,05	45,72	16,99
Z5–0,42	26,9	47,4	25,6	2,4	5,10	1,01	0,14	0,07	9,02	9,77	0,82	143,37	46,41	15,53
Z5–0,67	40,8	43,9	15,3	0,8	5,11	1,27	0,19	0,06	10,39	9,20	0,97	187,87	54,70	14,02
Z5–1,16	38,7	43,9	17,4	0,0	5,71	1,07	0,16	0,04	10,64	9,33	1,15	281,93	53,47	21,74
Z5–1,55	20,6	22,8	56,7	39,7	5,77	0,45	0,08	0,05	5,66	7,18	0,82	116,12	49,79	12,84
Z5–1,77	22,6	28,7	48,7	2,5	n.b.	n.b.	n.b.	n.b.	n.b.	n.b.	n.b.	n.b.	n.b.	n.b.
Z5–2,25	34,4	53,9	11,7	1,7	5,57	0,48	0,09	0,02	10,21	9,72	1,03	165,61	52,67	12,02
Z5–2,87	26,4	44,1	29,4	1,2	5,16	0,13	0,05	0,02	8,37	6,06	0,68	121,65	47,54	12,66
Z5–3,48	15,7	17,5	66,9	40,6	n.b.	0,12	0,05	0,03	n.b.	n.b.	n.b.	n.b.	n.b.	n.b.
Z5–3,74	17,6	30,2	52,3	2,5	6,81	0,88	0,04	0,02	6,92	17,63	0,69	115,86	44,71	10,38
Z5–4,52	11,2	16,0	72,7	26,2	6,61	0,42	0,04	0,02	6,99	11,46	0,92	115,70	51,34	10,74
Z5–5,2	16,7	16,1	67,1	23,0	n.b.	n.b.	n.b.	n.b.	n.b.	n.b.	n.b.	n.b.	n.b.	n.b.
Z5–5,6	31,2	33,6	35,1	17,1	n.b.	0,12	0,05	0,02	n.b.	n.b.	n.b.	n.b.	n.b.	n.b.
Z5–6,58	24,2	34,3	41,5	10,2	6,32	0,09	0,04	0,02	6,66	1,66	0,60	105,05	47,30	14,20
Z5–7,53	23,2	33,1	43,7	11,9	6,82	0,07	0,03	0,04	5,48	1,33	0,69	93,77	42,47	14,02
Z5–8,3	23,2	49,1	27,7	2,5	6,10	0,06	0,07	0,01	14,62	12,62	1,19	193,52	51,75	12,38
Z5–8,5	17,5	29,5	53,0	14,6	n.b.	n.b.	n.b.	n.b.	n.b.	n.b.	n.b.	n.b.	n.b.	n.b.
Z5–9,35	16,4	31,1	52,5	26,5	6,50	0,07	0,04	0,01	8,03	5,54	2,49	149,33	41,82	12,66
Z5–9,73	22,8	36,8	40,4	8,2	6,50	0,06	0,04	0,01	6,83	5,26	1,71	148,89	43,44	11,29
Z6–0,15	39,7	56,7	3,6	0,3	4,32	1,47	0,22	0,04	11,06	5,40	1,87	326,11	48,71	16,35
Z6–0,41	50,8	39,9	9,3	0,7	4,04	n.b.	n.b.	n.b.	13,12	5,38	1,48	203,66	50,95	17,55
Z6–0,75	40,3	39,7	19,9	3,6	4,26	0,60	0,11	0,04	9,25	3,35	1,20	154,11	47,91	15,92
Z6–1,24	20,7	24,8	54,5	20,4	4,40	0,19	0,05	0,05	7,85	2,84	1,96	143,50	44,26	15,75
Z6–1,71	36,3	54,7	9,0	0,0	4,48	0,18	0,05	0,03	9,19	3,56	2,03	132,34	44,46	28,18
Z6–2,71	35,6	47,7	16,7	0,0	4,63	0,15	0,06	0,03	9,20	3,69	2,75	154,55	46,33	28,98
Z6–3,17	17,9	26,8	55,3	40,2	4,76	0,13	0,04	0,02	7,59	2,51	3,06	115,87	46,45	26,72
Z6–3,67	21,6	24,9	53,5	46,4	4,80	0,10	0,04	0,02	6,67	2,25	1,52	127,14	49,72	28,78
Z6–4,63	26,4	47,5	26,0	2,5	4,55	0,10	0,04	0,05	6,51	2,19	0,88	93,95	40,90	25,54
Z6–5,55	28,7	34,6	36,7	4,4	4,53	0,12	0,04	0,02	7,50	2,38	1,84	115,78	43,61	27,37
Z6–6,5	32,4	40,0	27,7	4,0	4,71	0,11	0,06	0,02	8,26	2,58	2,24	91,49	51,78	28,30
Z6–7,72	19,1	35,9	44,9	13,4	4,92	0,09	0,07	0,02	8,19	5,66	2,40	160,17	51,38	25,99
Z6–8,51	28,8	35,3	36,0	16,4	4,82	0,14	0,05	0,02	8,45	3,17	1,75	121,59	43,71	26,96
Z6–8,58	24,5	34,0	41,5	27,4	n.b.	n.b.	n.b.	n.b.	n.b.	n.b.	n.b.	n.b.	n.b.	n.b.
Z6–9,48	16,3	30,8	52,8	36,3	7,24	0,36	0,05	0,01	7,50	6,90	3,01	137,91	46,43	20,60

Quelle: Eigene Erhebung und Darstellung.

Annex

Tab. 17: Diagnostische Eigenschaften identifizierter (Ton-)Minerale aus Zominthos

(Ton-) Mineralgruppen	Röntgendiffraktometrische Merkmale	Genese und vorwiegende Provenienz im Arbeitsgebiet
Muskovit / Illit $(K,H_3O)Al_2(Si_3Al)$ $O_{10}(H_2O,OH)_2$	- Basisreflexe: 10,1 Å, 5 Å, 4,5 Å - keine Veränderung bei Ethylenglykolisierung und Glühen bei 550° C - Muskovit mit schärfer Peakmorphologie, Illit mit breiteren und assymetrischen Reflexen	- lithogener Ursprung aus dem Anstehenden - pedogene Bildung von Illit aus physikalischer Verwitterung von Muskovit
Chlorit $(Mg,Fe,Al,Mn)_{4-6}$ $(Si,Al)_4O_{10}(OH,O)_8$	- Basisreflexe: 14,2 Å, 7,15 Å, 4,7 Å - Verstärkung des 14,2 Å Peaks bei 550° C sowie Auslöschen der Reflexe höherer Ordnung - spitze Peakform: primäre, eisenreiche Chlorite - geradzahlige Reflexe höher als ungeradzahlige Peaks: Hinweis auf trioktaedrische Chamosite - Unterscheidung von Chlorit und Kaolinit durch HCl-Behandlung: Auslöschung aller Chlorit-Reflexe	- lithogener Ursprung aus aus dem Anstehenden (primäre Chlorite) - in untergeordneten Anteilen pedogene Bildung aus Glimmerverwitterung (sekundäre Chlorite)
Vermikulit $(Mg,Fe,Al)_3(Si,Al)_4O_{10}$ $(OH)_2 \cdot H_2O$	- Basisreflexe: 14,4 Å, 7,15 Å, 4,8 Å - Verschiebung des 14,4 Å Peaks zu größeren Glanzwinkeln bei Erhitzen auf 550° C	- kein lithogener Ursprung (Absenz in Kalken) - pedogene Bildung: Verwitterung primärer Chlorite unter subtropischen Bedingungen in mäßig saurem Milieu (Endprodukt einer Umwandlungssequenz)
Wechsellagerungs-minerale, z.B. **- Corrensit** $(Mg,Fe,Al)_6(Si,Al)_8O_2$ $0(OH)_{10} \cdot 4H_2O$ oder **- Chlorit/Vermikulit** (1:1)	- Ausbildung unscharfer Beugungsmaxima - starkes Hintergrundrauschen zwischen 14 und 10 Å - z.T. Ausbildung eines Doppelgipfels bei 4,86 Å mit 5 Å Reflex von Muskovit/Illit - Signalüberdeckung mit anderen Mineralen oftmals kein eindeutiger Nachweis möglich	- keine lithogene Herkunft (Absenz in Kalken) - pedogene Bildung: Verwitterung primärer Chlorite unter subtropischen Bedingungen in mäßig saurem Milieu (Endprodukt einer Umwandlungssequenz)
Kaolinit $Al_2Si_2O_5(OH)_4$	- Basisreflexe: 7,15 Å, 4,2 Å, 4,1 Å - Peak mit höchster Intensität bei 7,2 Å kollabiert bei Erhitzen auf 550° C	- kein lithogener Ursprung (Absenz in Kalken) - pedogene Bildung aus Silikatverwitterung (autochthon) - äolischer Eintrag (allochthon)
Quarz SiO_2	- Basisreflexe: 4,26 Å, 3,3 Å, 2,5 Å - keine Veränderung bei Ethylenglykolisierung und Glühen bei 550° C - bei Messungen bis 21,99° 2θ nur anhand des 4,26 Å Signals identifzierbar	- lithogene Herkunft (Residuum aus Kalken und Schiefern, Hornsteinlagen) - äolischer Eintrag (allochthon)

Quelle: Eigene Zusammenstellung nach BRINDLEY & BROWN 1980, HEIM 1990, MOORE & REYNOLDS 1997.

Tab. 18: Semiquantitative Auswertung der röntgendiffraktometrischen Ergebnisse der Karstsedimente (Schluff- und Tonfraktion; xx: Hauptkomponente, x: Nebenkomponente, o: Spurenelement, *HCl-behandelt & Messung bis 79,99° 2θ; Ms/ Ill - Muskovit/Illit, Kln - Kaolinit, Chl - Chlorit, Wm - Wechsellagerungsmineral, Qtz - Quarz, Vrm - Vermikulit).

Probe (Kern/Tiefe)	Ms / Ill	Kln	Chl	Wm	Qtz	Vrm
Z2–0,25	xx	x			x	o
Z2–1,15	xx	x			xx	
Z2–1,3	xx				o	
Z2–1,83	xx				o	
Z2–1,98	x		xx	xx	o	

(Tab. 18; Fortsetzung)

Probe	Ms / Ill	Kln	Chl	Wm	Qtz	Vrm
Z2–2,5	xx	x			xx	
Z2–3,27	xx	x	x	x	x	
Z2–3,5	xx	x		x	x	o
Z2–3,6	xx	x			x	x
Z2–3,79	xx		xx		xx	
Z3–0,2	xx	x			x	o
Z3–1,38	xx	x			xx	
Z3–1,75	xx	o			o	
Z3–1,83*	xx	x			xx	
Z3–0,2	xx	x			x	o
Z3–1,38	xx	x			xx	
Z3–1,75	xx	o			o	
Z3–1,83*	xx	x			xx	
Z3–1,88	x	xx	xx		o	
Z3–2,58	xx	x			xx	
Z3–3,23	xx	x	x	x	x	
Z3–3,94	xx	x	x	x		
Z3–4,01	xx	x	x	x	x	
Z3–4,38	xx	x				x
Z4–0,2	x	xx	x		x	
Z4–0,9	xx	xx	x		x	
Z4–1,8	x	xx		x	x	
Z4–2,2	xx	xx		x	o	
Z4–2,75	xx	xx		o	o	x
Z4–4,3	xx	x		x		x
Z4–5,57	xx	x		x	x	o
Z4–7,5	xx	xx		x	x	o
Z4–8,9	xx				xx	
Z4–8,96	xx		xx		xx	
Z5–0,2	x	xx	x		xx	
Z5–0,67	xx	x	xx		x	
Z5–1,2	xx	x	x		x	
Z5–2,87	x	xx		o	o	x
Z5–2,95	xx	xx	x		x	
Z5–3,48	xx	x	xx		x	
Z5–3,74	xx	x	xx		x	
Z5–4,51	x	x	xx		x	
Z5–5,2	xx	x	xx		x	
Z5–5,6	xx	x	o		xx	
Z5–7,57	x	xx		o	o	x
Z5–8,3	xx	x	o	x	x	
Z5–8,3*	xxx	x			xxx	
Z5–8,5	xx	x	x		x	
Z5–9,73	xx	x	x		xx	

(Tab. 18; Fortsetzung)

Probe	Ms / Ill	Kln	Chl	Wm	Qtz	Vrm
Z6–0,15	x	xx	x		x	
Z6–1,24	x	xx	o	x	xx	
Z6–2,54	xx	xx	x		x	
Z6–3,67	x	xx	x		xx	
Z6–4,63	x	x	x		xx	
Z6–5,55	x	xx	x		x	
Z6–6,5	x	xx	x		x	
Z6–7,72	xx	x	x		x	
Z6–8,58	xx	x	x		xx	
Z6–9,48	xx	xx	o	x	x	

Quelle: Eigene Erhebung und Darstellung.

Tab. 19: Quarzkornklassifikation der Lockersedimente unter Berücksichtigung von Kornmorphologie und oberflächigen Mikrotexturen

Hauptkategorie	Subkategorie	Oberfläche & Mikrotexturen	Morphologie & Rundungsgrad	Texturgenese & Verwitterung	Provenienz
1 idiomorph	1.1 angewittert	vorwiegend glatt, geringes Relief nur vereinzelte Texturen, Lösungsdepressionen, Abrasionserscheinungen	trigonale Kristallsymmetrie, eckig bis kantengerundet	chemisch, mechanisch, vererbt	autochthon, lokale Gesteinsverwitterung (cherts), In-situ-Überprägung
	1.2 stark verwittert	vorwiegend matt, deutliches Relief starke Abrasionserscheinungen, Bruchstrukturen, Lösungsdepressionen	trigonale Symmetrie nur noch ansatzweise vorhanden, kantengerundet bis rundlich	chemisch, mechanisch, vererbt	autochthon, lokale Gesteinsverwitterung (cherts), In-situ-Überprägung
2 hypidiomorph	2.1 glattflächig unverwittert	glatt und poliert-wirkend, kein Relief ±Absenz von Mikrotexturen	kugelartig gerollt, gut gerundet	tektonisch	autochthon, lokale Gesteinsverwitterung
	2.2 glattflächig angewittert	glatt und poliert-wirkend, geringes Relief, vereinzelte Lösungsdepressionen, Bruchstrukturen (muschelig, getreppt)	kugelartig gerollt bis elliptisch, gerundet bis gut gerundet	tektonisch chemisch mechanisch	autochthon, lokale Gesteinsverwitterung, In-situ-Überprägung
	2.3 mischflächig angewittert	teils glatt, teils matt, deutliches Relief Gleitflächen, Bruchstrukturen	vereinzelte Kristallflächen, kantengerundet bis rundlich	tektonisch chemisch mechanisch	autochthon, lokale Gesteinsverwitterung, In-situ-Überprägung
	2.4 mischflächig stark verwittert	teils glatt, teils matt, deutliches Relief Gleitflächen, Bruchstrukturen, Lösungs-, Ausfällungs- & Abrasionserscheinungen	vereinzelte Kristallflächen, kantengerundet bis rundlich	tektonisch chemisch mechanisch	autochthon, lokale Gesteinsverwitterung, In-situ-Überprägung
3 xenomorph	3.1 gerundet verwittert	matt, deutliches Relief, Korngröße >125 µm, aufgerichtete Schuppen	gut gerundet	mechanisch	äolischer Eintrag
	3.2 gerundet polyzyklisch verwittert	matt, deutliches Relief, Korngröße <125 µm, aufgerichtete Schuppen, Bruch- und Abrasionsstrukturen, Lösungsdepressionen	gerundet bis gut gerundet	mechanisch, chemisch	äolischer Eintrag, In-situ-Überprägung
	3.3 glattflächig angewittert	vorwiegend glatt, mäßiges Relief Korngröße >125µm, Bruch- und Abrasionsstrukturen	eckig bis kantengerundet	mechanisch, vererbt	autochthon, lokale Gesteinsverwitterung
	3.4. polyzyklisch verwittert	matt, starkes Relief, Bruch- und Abrasionsstrukturen, Lösungs- und Ausfällungserscheinungen	kantengerundet bis gerundet	mechanisch, chemisch, vererbt	autochthon, lokale Gesteinsverwitterung, In-situ-Überprägung

Quelle: Eigene Zusammenstellung nach Kriterien aus SCHNEIDERHÖHN 1954, KRINSLEY & DOORNKAMP 1973, LE RIBAULT 1977, MAHANEY 2002, PASSCHIER & TROUW 2005, KENIG 2006).

Tab. 20: *Mikrosondenanalysen ausgewählter Schwermineralkörner und Gläser (entnommen aus den über Magnetscheidetechnik angereicherten Präparaten; tabellarische Darstellung unter Berücksichtigung von Elementoxiden, Mineralklasse und Mineraltyp; Cpx: Klinopyroxen, Opx: Orthopyroxen, Glas: vulkanisches Glas).*

Probe Nr.	Kern / Tiefe (m)	SiO_2	TiO_2	Al_2O_3	Cr_2O_3	Fe_2O_3	FeO	MnO	MgO	CaO	Na_2O	K_2O	Summe	Mineral	Klasse
Px1–3	Z5 0,1-0,3	52,85	0,39	1,73	0,03	0,55	7,85	0,26	16,20	19,83	0,25	0,01	99,92	Augit	Cpx
Px1–9	Z5 0,1-0,3	52,44	0,27	1,14	0,00	0,00	10,47	0,49	13,35	20,76	0,29	0,01	99,21	Augit	Cpx
Px1–10–2	Z5 0,1-0,3	50,83	0,63	2,34	0,20	1,22	7,81	0,27	15,79	18,62	0,27	0,00	97,98	Augit	Cpx
Px1–15	Z5 0,1-0,3	52,45	0,50	2,50	0,04	1,00	5,81	0,19	15,94	21,58	0,23	0,00	100,24	Augit	Cpx
Px1–16k	Z5 0,1-0,3	52,15	0,21	1,00	0,00	0,52	10,34	0,70	13,19	20,55	0,36	0,00	99,01	Augit	Cpx
Px1–17	Z5 0,1-0,3	51,63	0,61	3,27	0,08	0,97	7,40	0,23	15,05	20,64	0,30	0,00	100,18	Augit	Cpx
Px2–3	Z5 3,6-3,9	52,75	0,41	2,36	0,42	1,03	5,83	0,21	16,47	20,90	0,27	0,01	100,65	Augit	Cpx
Px2–5	Z5 3,6-3,9	52,09	0,56	2,60	0,10	1,33	8,00	0,36	15,19	20,23	0,31	0,00	100,77	Augit	Cpx
Px2–6	Z5 3,6-3,9	52,18	0,61	2,25	0,00	0,79	9,27	0,33	15,05	19,62	0,29	0,01	100,40	Augit	Cpx
Px2–17	Z5 3,6-3,9	52,38	0,54	1,48	0,00	0,53	9,25	0,52	14,78	20,05	0,28	0,00	99,81	Augit	Cpx
Px2–18	Z5 3,6-3,9	52,22	0,50	3,10	0,11	0,62	6,81	0,24	15,76	20,61	0,29	0,00	100,25	Augit	Cpx
Px2–19	Z5 3,6-3,9	52,35	0,53	1,73	0,01	0,00	9,92	0,54	13,94	20,05	0,28	0,00	99,34	Augit	Cpx
Px2–20	Z5 3,6-3,9	52,18	0,55	2,52	0,22	0,00	7,74	0,21	16,15	19,26	0,22	0,00	99,04	Augit	Cpx
Px2–21	Z5 3,6-3,9	51,52	0,65	2,52	0,02	1,36	8,79	0,31	15,28	19,07	0,31	0,00	99,82	Augit	Cpx
Px2–22	Z5 3,6-3,9	52,09	0,53	2,45	0,18	1,35	7,74	0,28	16,80	18,42	0,26	0,00	100,09	Augit	Cpx
Px2–23	Z5 3,6-3,9	51,47	0,74	2,36	0,00	0,86	9,37	0,51	13,89	20,18	0,37	0,01	99,74	Augit	Cpx
Px2–24	Z5 3,6-3,9	51,41	0,68	3,00	0,05	0,90	7,97	0,15	14,34	21,06	0,30	0,01	99,86	Augit	Cpx
Px2–25	Z5 3,6-3,9	51,60	0,62	2,40	0,00	0,88	8,69	0,32	14,88	19,74	0,31	0,00	99,44	Augit	Cpx
Px3–3	Z5 9,6-9,8	52,27	0,46	2,60	0,27	1,19	6,49	0,23	15,95	20,71	0,26	0,00	100,43	Augit	Cpx
Px3–3A	Z5 9,6-9,8	52,71	0,43	2,70	0,20	1,38	5,79	0,11	16,13	21,54	0,25	0,00	101,24	Augit	Cpx
Px3–3B	Z5 9,6-9,8	51,31	0,83	2,49	0,00	0,77	8,62	0,36	14,57	20,20	0,28	0,00	99,43	Augit	Cpx
Px3–3C	Z5 9,6-9,8	51,40	0,49	2,52	0,21	0,86	8,35	0,21	15,31	19,30	0,29	0,00	98,92	Augit	Cpx
Px3–3D	Z5 9,6-9,8	51,97	0,56	1,96	0,02	0,89	11,20	0,42	14,58	18,41	0,31	0,01	100,32	Augit	Cpx
Px3–3E	Z5 9,6-9,8	51,81	0,58	2,18	0,05	1,35	10,38	0,50	14,64	18,80	0,30	0,00	100,57	Augit	Cpx
Px3–3F	Z5 9,6-9,8	52,39	0,57	1,51	0,06	0,61	9,84	0,55	14,95	19,41	0,26	0,01	100,15	Augit	Cpx
Px3–3G	Z5 9,6-9,8	51,33	0,73	2,68	0,01	1,89	8,07	0,41	15,14	19,44	0,35	0,01	100,06	Augit	Cpx
Px3–3H	Z5 9,6-9,8	51,21	0,70	2,80	0,14	1,35	7,99	0,19	15,54	19,37	0,25	0,00	99,54	Augit	Cpx
Px3–3I	Z5 9,6-9,8	52,39	0,42	2,51	0,14	1,37	5,86	0,22	16,09	21,24	0,22	0,00	100,47	Augit	Cpx
Px3–3J	Z5 9,6-9,8	52,13	0,47	2,87	0,20	1,16	5,94	0,19	15,64	21,60	0,23	0,00	100,43	Augit	Cpx
Px3–3M	Z5 9,6-9,8	51,49	0,53	2,44	0,17	1,50	7,00	0,21	15,42	20,31	0,28	0,01	99,35	Augit	Cpx
Px4–6	Z6 3,5-3,8	51,90	0,58	2,59	0,05	1,13	7,60	0,23	15,31	20,46	0,27	0,00	100,11	Augit	Cpx
Px4–9	Z6 3,5-3,8	52,61	0,48	1,81	0,06	0,33	7,94	0,24	16,01	19,89	0,25	0,00	99,62	Augit	Cpx
Px4–14	Z6 3,5-3,8	52,41	0,45	2,30	0,17	1,01	5,29	0,21	16,13	21,71	0,22	0,00	99,90	Augit	Cpx
Px4–21	Z6 3,5-3,8	51,48	0,59	2,35	0,04	1,17	8,64	0,41	14,91	19,56	0,30	0,01	99,46	Augit	Cpx
Px4–22	Z6 3,5-3,8	52,64	0,37	2,03	0,06	0,96	7,25	0,28	16,58	19,47	0,26	0,00	99,91	Augit	Cpx
Px4–25	Z6 3,5-3,8	51,92	0,52	3,21	0,06	0,93	6,59	0,29	15,49	20,98	0,25	0,00	100,25	Augit	Cpx
Px4–26	Z6 3,5-3,8	51,99	0,52	2,39	0,24	0,97	7,46	0,28	15,85	19,70	0,30	0,00	99,69	Augit	Cpx
Px4–27	Z6 3,5-3,8	51,69	0,43	3,33	0,21	0,47	5,48	0,09	15,99	21,06	0,24	0,01	98,98	Augit	Cpx
Px4–34	Z6 3,5-3,8	51,62	0,60	2,30	0,08	0,28	8,74	0,26	15,37	19,34	0,24	0,00	98,80	Augit	Cpx
Px5–6	Z6 8,4-8,7	51,85	0,61	2,30	0,00	0,64	9,08	0,36	14,61	20,09	0,29	0,00	99,83	Augit	Cpx
Px3–1D	Z5 9,6-9,8	52,13	0,36	3,35	0,12	1,09	4,63	0,16	15,69	22,54	0,22	0,00	100,29	Diopsid	Cpx
Px3–3L2	Z5 9,6-9,8	51,05	0,59	3,83	0,19	1,55	5,18	0,14	14,99	22,29	0,20	0,02	100,03	Diopsid	Cpx
Px4–1	Z6 3,5-3,8	51,40	0,45	4,38	0,44	0,26	4,59	0,04	15,65	22,16	0,19	0,02	99,58	Diopsid	Cpx
Px4–8	Z6 3,5-3,8	52,39	0,44	2,39	0,17	1,04	5,09	0,15	15,84	22,19	0,23	0,02	99,94	Diopsid	Cpx
Px4–10	Z6 3,5-3,8	52,56	0,22	2,66	1,03	0,13	4,05	0,08	16,68	22,09	0,18	0,01	99,69	Diopsid	Cpx
Px4–16	Z6 3,5-3,8	53,76	0,17	2,13	0,33	0,36	3,82	0,12	17,32	22,49	0,18	0,00	100,68	Diopsid	Cpx

(Tab. 20; Fortsetzung)

Probe Nr.	Kern / Tiefe (m)	SiO_2	TiO_2	Al_2O_3	Cr_2O_3	Fe_2O_3	FeO	MnO	MgO	CaO	Na_2O	K_2O	Summe	Mineral	Klasse
Px4–17	Z6 3,5-3,8	51,92	0,40	3,16	0,29	0,34	5,21	0,13	15,45	22,25	0,22	0,01	99,38	Diopsid	Cpx
Px5–1	Z6 8,4-8,7	52,20	0,42	3,40	0,21	0,69	4,81	0,09	15,72	22,63	0,19	0,00	100,36	Diopsid	Cpx
Px5–2	Z6 8,4-8,7	52,59	0,29	3,24	0,30	0,68	4,32	0,09	16,18	22,77	0,15	0,01	100,64	Diopsid	Cpx
Px1–1	Z5 0,1-0,3	52,96	0,15	0,40	0,02	0,00	24,03	1,19	19,81	1,22	0,00	0,00	99,78	Enstatit	Opx
Px1–2k	Z5 0,1-0,3	54,06	0,19	0,69	0,01	0,00	20,08	0,77	22,79	1,56	0,00	0,00	100,16	Enstatit	Opx
Px1–2r	Z5 0,1-0,3	53,28	0,29	1,15	0,00	0,00	19,81	0,92	22,57	1,83	0,02	0,00	99,88	Enstatit	Opx
Px1–2r2	Z5 0,1-0,3	53,21	0,29	0,71	0,03	0,00	19,31	0,76	23,23	1,59	0,06	0,02	99,20	Enstatit	Opx
Px1–4	Z5 0,1-0,3	53,58	0,31	0,98	0,00	0,00	17,45	0,51	24,51	1,78	0,05	0,00	99,15	Enstatit	Opx
Px1–6	Z5 0,1-0,3	52,67	0,16	0,63	0,00	0,00	24,33	1,12	19,37	1,29	0,03	0,00	99,60	Enstatit	Opx
Px1–7	Z5 0,1-0,3	53,17	0,26	0,85	0,03	0,00	19,22	0,75	23,06	1,50	0,05	0,00	98,90	Enstatit	Opx
Px1–8	Z5 0,1-0,3	53,65	0,26	1,92	0,00	0,00	17,12	0,52	24,59	1,46	0,05	0,00	99,56	Enstatit	Opx
Px1–11	Z5 0,1-0,3	51,38	0,38	2,88	0,02	0,70	18,72	0,48	22,70	1,61	0,01	0,00	98,87	Enstatit	Opx
Px1–12	Z5 0,1-0,3	52,23	0,16	0,45	0,00	0,00	24,22	1,15	19,05	1,23	0,02	0,00	98,50	Enstatit	Opx
Px1–14	Z5 0,1-0,3	52,71	0,33	0,70	0,02	0,00	22,50	1,00	20,45	1,63	0,02	0,00	99,36	Enstatit	Opx
Px1–18	Z5 0,1-0,3	52,53	0,18	0,48	0,00	0,00	24,86	1,20	19,53	1,23	0,02	0,01	100,03	Enstatit	Opx
Px1–19	Z5 0,1-0,3	52,23	0,27	0,79	0,00	0,00	23,83	1,21	18,99	1,60	0,00	0,00	98,93	Enstatit	Opx
Px2–2	Z5 3,6-3,9	52,97	0,34	0,73	0,00	0,00	22,94	0,86	20,65	1,70	0,05	0,01	100,26	Enstatit	Opx
Px2–4	Z5 3,6-3,9	52,27	0,31	0,61	0,00	0,00	25,37	0,91	18,42	1,64	0,04	0,00	99,59	Enstatit	Opx
Px2–7	Z5 3,6-3,9	53,20	0,33	0,63	0,02	0,00	23,99	1,13	20,15	1,71	0,04	0,02	101,22	Enstatit	Opx
Px2–9	Z5 3,6-3,9	52,33	0,38	0,86	0,00	0,00	22,48	0,97	20,48	1,95	0,03	0,00	99,48	Enstatit	Opx
Px2–10	Z5 3,6-3,9	52,79	0,31	0,83	0,03	0,00	21,54	0,96	21,08	1,74	0,04	0,00	99,32	Enstatit	Opx
Px2–11	Z5 3,6-3,9	53,70	0,24	0,71	0,00	0,00	21,40	0,84	21,65	1,50	0,04	0,02	100,09	Enstatit	Opx
Px2–13	Z5 3,6-3,9	51,61	0,23	0,71	0,04	0,30	22,21	0,93	20,51	1,60	0,03	0,01	98,15	Enstatit	Opx
Px2–14	Z5 3,6-3,9	53,77	0,43	1,49	0,03	0,00	17,66	0,51	24,23	1,73	0,04	0,00	99,88	Enstatit	Opx
Px2–15	Z5 3,6-3,9	53,47	0,34	0,87	0,00	0,00	18,98	0,92	23,10	1,89	0,03	0,01	99,62	Enstatit	Opx
Px3–2	Z5 9,6-9,8	52,90	0,21	0,44	0,01	0,00	22,66	0,97	20,55	1,73	0,02	0,01	99,49	Enstatit	Opx
Px3–4	Z5 9,6-9,8	52,01	0,28	0,77	0,01	0,00	21,55	0,96	20,32	1,65	0,05	0,00	97,59	Enstatit	Opx
Px4–7	Z6 3,5-3,8	52,61	0,35	0,80	0,00	0,00	22,53	1,04	20,27	1,86	0,02	0,00	99,48	Enstatit	Opx
Px4–11	Z6 3,5-3,8	52,08	0,29	0,77	0,00	0,00	22,59	1,08	19,89	1,82	0,03	0,01	98,55	Enstatit	Opx
Px4–12	Z6 3,5-3,8	52,22	0,42	1,32	0,00	0,00	20,09	0,74	21,34	1,68	0,01	0,00	97,83	Enstatit	Opx
Px4–15	Z6 3,5-3,8	52,08	0,31	0,71	0,01	0,00	24,11	1,12	18,96	1,71	0,04	0,02	99,08	Enstatit	Opx
Px4–18	Z6 3,5-3,8	53,78	0,30	1,20	0,04	0,00	16,65	0,49	25,00	1,93	0,04	0,00	99,43	Enstatit	Opx
Px4–19	Z6 3,5-3,8	52,08	0,29	0,61	0,03	0,00	24,97	1,07	18,78	1,57	0,05	0,00	99,44	Enstatit	Opx
Px4–20	Z6 3,5-3,8	52,85	0,39	1,22	0,02	0,00	19,81	0,52	22,22	1,89	0,04	0,00	98,95	Enstatit	Opx
Px4–23	Z6 3,5-3,8	51,85	0,24	0,50	0,02	0,00	24,73	1,25	18,57	1,51	0,00	0,00	98,66	Enstatit	Opx
Px4–24	Z6 3,5-3,8	52,30	0,44	1,47	0,00	0,00	20,27	0,88	21,61	2,22	0,04	0,00	99,24	Enstatit	Opx
Px4–28	Z6 3,5-3,8	52,65	0,19	0,58	0,12	0,00	22,41	0,96	20,53	1,53	0,04	0,01	99,02	Enstatit	Opx
Px4–30	Z6 3,5-3,8	52,73	0,31	0,69	0,00	0,00	22,52	0,95	20,24	1,66	0,03	0,00	99,13	Enstatit	Opx
Px4–35	Z6 3,5-3,8	53,35	0,33	0,98	0,01	0,00	19,88	0,63	22,84	1,82	0,04	0,00	99,87	Enstatit	Opx
Px5–8	Z6 8,4-8,7	52,58	0,29	0,75	0,00	0,00	22,50	0,87	20,40	1,61	0,01	0,00	99,00	Enstatit	Opx
Px1–1r	Z5 0,1-0,3	76,32	0,28	13,96	0,01	0,00	2,14	0,06	0,30	1,36	2,27	3,29	100,00	-	Glas
Px1–1r2	Z5 0,1-0,3	74,62	0,27	13,89	0,00	0,00	1,98	0,09	0,32	1,43	4,17	3,22	100,00	-	Glas
Px1–2r3	Z5 0,1-0,3	77,25	0,73	11,95	0,04	0,00	2,20	0,07	0,09	0,49	2,95	4,23	100,00	-	Glas
Px1–6r	Z5 0,1-0,3	75,92	0,36	13,51	0,00	0,00	2,77	0,07	0,61	1,48	2,13	3,15	100,00	-	Glas
Px1–7r	Z5 0,1-0,3	70,66	0,59	15,68	0,03	0,00	2,49	0,12	0,15	2,49	4,82	2,97	100,00	-	Glas
Px1–16r	Z5 0,1-0,3	75,48	0,31	14,00	0,03	0,00	1,97	0,06	0,29	1,50	3,24	3,14	100,00	-	Glas

Quelle: Eigene Datenerhebung; Mineralformelberechung: H.P. Meyer, Institut für Geowissenschaften, Universität Heidelberg.

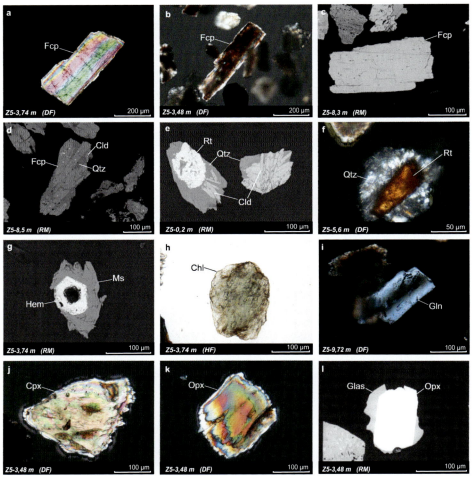

Abb. 45: Aufnahmen ausgewählter Schwerminerale aus Z5. Die unterschiedlichen Minerale belegen den heterogenen und fremdbürtigen Materialeintrag aus verschiedenen Quellen in die Sedimente von Zominthos (DF: Dunkelfeldaufnahme, HF: Hellfeldaufnahme, RM: REM/ESMA-Rückstreuelektronenmodus). (a) Idiomorpher Ferrokarpholith. (b) Teilweise opaker Ferrokarpholith mit Eisenoxidüberzug. (c) REM-Aufnahme eines Ferrokarpholithkorns mit deutlicher interner Schichtung. (d) Mineralaggregat aus Ferrokarpholith, Chloritoid und Quarz. (e) Mischminerale mit Rutil, Quarz und Chloritoid. (f) Rutilkorn mit Quarzkranz. (g) Eisenoxidkern mit Ring aus Muskovitnadeln. (h) Grau-grünliches Chloritmineral mit typisch niedrigem Relief. (i) Na-Amphibol Glaukophan mit charakteristischen blauen Interferenzfarben. (j) Klinopyroxen mit randlichen Hahnenkammstrukturen aufgrund von Lösungsverwitterung. (k) Orthopyroxen mit randlichen Lösungserscheinungen und hohen Interferenzfarben. (l) Mikrosondenaufnahme eines Orthopyroxens mit randlichen Glasresten. Quelle: Eigene Aufnahmen außer a, b, f & h-k aus HOLZHAUER 2008.

Tab. 21: Quarzkornklassifikation der residualen Leichtmineralfraktionen unter Berücksichtigung von Kornmorphologie und oberflächigen Mikrotexturen (PK: Plattenkalk, TK: Tripolitzakalk, KAL: Kalavros-Schiefer).

Hauptkategorie	Subkategorie	Oberfläche & Mikrotexturen	Morphologie & Rundungsgrad	Texturgenese & Verwitterung	Provenienz
1 idiomorph	unverwittert	±glatt, fehlendes bis geringes Relief, vereinzelte Bruchstrukturen	trigonale Kristallsymmetrie, eckig, keine Kantenrundung	synsedimentär, vererbt	TK
2 hypidiomorph	2.1 gerollt	glatt und poliert-wirkend, kein Relief Absenz von Mikrotexturen	kugelartig gerollt, gut gerundet	tektonisch	TK
	2.2 gleitflächig	glatt und poliert-wirkend, fehlendes bis geringes Relief, Absenz von Mikrotexturen	kugelartig gerollt bis elliptisch, gerundet	tektonisch	TK, KAL
3 xenomorph	3.1 glattflächig angewittert	vorwiegend glatt, geringes Relief, vereinzelte Bruchstrukturen	eckig, keine Kantenrundung	synsedimentär, vererbt	TK, PK, KAL
	3.2 mattiert angewittert	matt, deutliches Relief, Bruchstrukturen	eckig bis kantengerundet	synsedimentär, vererbt	TK, PK, KAL

Quelle: Eigene Zusammenstellung nach Kriterien aus SCHNEIDERHÖHN *1954,* KRINSLEY *&* DOORNKAMP *1973,* LE RIBAULT *1977,* MAHANEY *2002,* PASSCHIER *&* TROUW *2005,* KENIG *2006).*

Abb. 46: Rasterelektronenmikroskopische Aufnahmen der Feinsandfraktion der Kalksteinresiduen (Sekundärelektronen-Modus). Die in allen Präparaten dominant auftretenden Quarze können nach morphologischen Kriterien typologisiert werden (s. Tab. 21). (a) Idiomorpher Quarz, nahezu unverwittert. (b) Zerbrochener idiomorpher Quarz, xenomorphes Quarzkorn und Anhäufung von Glimmerplättchen. (c) Gerollter unverwitterter Quarz, daneben Feldspat und Muskovit. (d) Unverwitterte hypidiomorphe Quarze in gerollter sowie gleitflächiger Ausprägung. (e) Xenomorphe Körner, glattflächig angewittert. (f) Xenomorphe Quarze, glattflächig bzw. mattiert angewittert. Quelle: Eigene Datenerhebung & Aufnahmen.

HEIDELBERGER GEOGRAPHISCHE ARBEITEN*

Heft 1   Felix Monheim: Beiträge zur Klimatologie und Hydrologie des Titicacabeckens. 1956. 152 Seiten, 38 Tabellen, 13 Figuren, 4 Karten.   € 6,--

Heft 4   Don E. Totten: Erdöl in Saudi-Arabien. 1959. 174 Seiten, 1 Tabelle, 11 Abbildungen, 16 Figuren.   € 7,50

Heft 8   Franz Tichy: Die Wälder der Basilicata und die Entwaldung im 19. Jahrhundert. 1962. 175 Seiten, 15 Tabellen, 19 Figuren, 16 Abbildungen, 3 Karten.   € 15,--

Heft 9   Hans Graul: Geomorphologische Studien zum Jungquartär des nördlichen Alpenvorlandes. Teil I: Das Schweizer Mittelland. 1962. 104 Seiten, 6 Figuren, 6 Falttafeln.   € 12,50

Heft 10   Wendelin Klaer: Eine Landnutzungskarte von Libanon. 1962. 56 Seiten, 7 Figuren, 23 Abbildungen, 1 farbige Karte.   € 10,--

Heft 11   Wendelin Klaer: Untersuchungen zur klimagenetischen Geomorphologie in den Hochgebirgen Vorderasiens. 1963. 135 Seiten, 11 Figuren, 51 Abbildungen, 4 Karten.   € 15,50

Heft 12   Erdmann Gormsen: Barquisimeto, eine Handelsstadt in Venezuela. 1963. 143 Seiten, 26 Tabellen, 16 Abbildungen, 11 Karten.   € 16,--

Heft 18   Gisbert Glaser: Der Sonderkulturanbau zu beiden Seiten des nördlichen Oberrheins zwischen Karlsruhe und Worms. Eine agrargeographische Untersuchung unter besonderer Berücksichtigung des Standortproblems. 1967. 302 Seiten, 116 Tabellen, 12 Karten.   € 10,50

Heft 23   Gerd R. Zimmermann: Die bäuerliche Kulturlandschaft in Südgalicien. Beitrag zur Geographie eines Übergangsgebietes auf der Iberischen Halbinsel. 1969. 224 Seiten, 20 Karten, 19 Tabellen, 8 Abbildungen.   € 10,50

Heft 24   Fritz Fezer: Tiefenverwitterung circumalpiner Pleistozänschotter. 1969. 144 Seiten, 90 Figuren, 4 Abbildungen, 1 Tabelle.   € 8,--

Heft 25   Naji Abbas Ahmad: Die ländlichen Lebensformen und die Agrarentwicklung in Tripolitanien. 1969. 304 Seiten, 10 Karten, 5 Abbildungen.   € 10,--

Heft 26   Ute Braun: Der Felsberg im Odenwald. Eine geomorphologische Monographie. 1969. 176 Seiten, 3 Karten, 14 Figuren, 4 Tabellen, 9 Abbildungen.   € 7,50

Heft 27   Ernst Löffler: Untersuchungen zum eiszeitlichen und rezenten klimagenetischen Formenschatz in den Gebirgen Nordostanatoliens. 1970. 162 Seiten, 10 Figuren, 57 Abbildungen.   € 10,--

---

*Nicht aufgeführte Hefte sind vergriffen.

Heft 29	Wilfried Heller: Der Fremdenverkehr im Salzkammergut – eine Studie aus geographischer Sicht. 1970. 224 Seiten, 15 Karten, 34 Tabellen.	€ 16,--
Heft 30	Horst Eichler: Das präwürmzeitliche Pleistozän zwischen Riss und oberer Rottum. Ein Beitrag zur Stratigraphie des nordöstlichen Rheingletschergebietes. 1970. 144 Seiten, 5 Karten, 2 Profile, 10 Figuren, 4 Tabellen, 4 Abbildungen.	€ 7,--
Heft 31	Dietrich M. Zimmer: Die Industrialisierung der Bluegrass Region von Kentucky. 1970. 196 Seiten, 16 Karten, 5 Figuren, 45 Tabellen, 11 Abbildungen.	€ 10,50
Heft 33	Jürgen Blenck: Die Insel Reichenau. Eine agrargeographische Untersuchung. 1971. 248 Seiten, 32 Diagramme, 22 Karten, 13 Abbildungen, 90 Tabellen.	€ 26,50
Heft 35	Brigitte Grohmann-Kerouach: Der Siedlungsraum der Ait Ouriaghel im östlichen Rif. 1971. 226 Seiten, 32 Karten, 16 Figuren, 17 Abbildungen.	€ 10,--
Heft 37	Peter Sinn: Zur Stratigraphie und Paläogeographie des Präwürm im mittleren und südlichen Illergletscher-Vorland. 1972. 159 Seiten, 5 Karten, 21 Figuren, 13 Abbildungen, 12 Längsprofile, 11 Tabellen.	€ 11,--
Heft 38	Sammlung quartärmorphologischer Studien I. Mit Beiträgen von K. Metzger, U. Herrmann, U. Kuhne, P. Imschweiler, H.-G. Prowald, M. Jauß †, P. Sinn, H.-J. Spitzner, D. Hiersemann, A. Zienert, R. Weinhardt, M. Geiger, H. Graul und H. Völk. 1973. 286 Seiten, 13 Karten, 39 Figuren, 3 Skizzen, 31 Tabellen, 16 Abbildungen.	€ 15,50
Heft 39	Udo Kuhne: Zur Stratifizierung und Gliederung quartärer Akkumulationen aus dem Bièvre-Valloire, einschließlich der Schotterkörper zwischen St.-Rambert-d'Albon und der Enge von Vienne. 1974. 94 Seiten, 11 Karten, 2 Profile, 6 Abbildungen, 15 Figuren, 5 Tabellen.	€ 12,--
Heft 42	Werner Fricke, Anneliese Illner und Marianne Fricke: Schrifttum zur Regionalplanung und Raumstruktur des Oberrheingebietes. 1974. 93 Seiten.	€ 5,--
Heft 43	Horst Georg Reinhold: Citruswirtschaft in Israel. 1975. 307 Seiten, 7 Karten, 7 Figuren, 8 Abbildungen, 25 Tabellen.	€ 15,--
Heft 44	Jürgen Strassel: Semiotische Aspekte der geographischen Erklärung. Gedanken zur Fixierung eines metatheoretischen Problems in der Geographie. 1975. 244 Seiten.	€ 15,--
Heft 45	Manfred Löscher: Die präwürmzeitlichen Schotterablagerungen in der nördlichen Iller-Lech-Platte. 1976. 157 Seiten, 4 Karten, 11 Längs- u. Querprofile, 26 Figuren, 8 Abbildungen, 3 Tabellen.	€ 15,--

Heft 49	Sammlung quartärmorphologischer Studien II. Mit Beiträgen von W. Essig, H. Graul, W. König, M. Löscher, K. Rögner, L. Scheuenpflug, A. Zienert u.a. 1979. 226 Seiten.	€ 17,90
Heft 51	Frank Ammann: Analyse der Nachfrageseite der motorisierten Naherholung im Rhein-Neckar-Raum. 1978. 163 Seiten, 22 Karten, 6 Abbildungen, 5 Figuren, 46 Tabellen.	€ 15,50
Heft 52	Werner Fricke: Cattle Husbandry in Nigeria. A study of its ecological conditions and social-geographical differentiations. 1993. 2nd Edition (Reprint with Subject Index). 344 pages, 33 maps, 20 figures, 52 tables, 47 plates.	€ 21,--
Heft 55	Hans-Jürgen Speichert: Gras-Ellenbach, Hammelbach, Litzelbach, Scharbach, Wahlen. Die Entwicklung ausgewählter Fremdenverkehrsorte im Odenwald. 1979. 184 Seiten, 8 Karten, 97 Tabellen.	€ 15,50
Heft 58	Hellmut R. Völk: Quartäre Reliefentwicklung in Südostspanien. Eine stratigraphische, sedimentologische und bodenkundliche Studie zur klimamorphologischen Entwicklung des mediterranen Quartärs im Becken von Vera. 1979. 143 Seiten, 1 Karte, 11 Figuren, 11 Tabellen, 28 Abbildungen.	€ 14,--
Heft 59	Christa Mahn: Periodische Märkte und zentrale Orte – Raumstrukturen und Verflechtungsbereiche in Nord-Ghana. 1980. 197 Seiten, 20 Karten, 22 Figuren, 50 Tabellen.	€ 14,--
Heft 60	Wolfgang Herden: Die rezente Bevölkerungs- und Bausubstanzentwicklung des westlichen Rhein-Neckar-Raumes. Eine quantitative und qualitative Analyse. 1983. 229 Seiten, 27 Karten, 43 Figuren, 34 Tabellen.	€ 19,90
Heft 62	Gudrun Schultz: Die nördliche Ortenau. Bevölkerung, Wirtschaft und Siedlung unter dem Einfluß der Industrialisierung in Baden. 1982. 350 Seiten, 96 Tabellen, 12 Figuren, 43 Karten.	€ 19,90
Heft 64	Jochen Schröder: Veränderungen in der Agrar- und Sozialstruktur im mittleren Nordengland seit dem Landwirtschaftsgesetz von 1947. Ein Beitrag zur regionalen Agrargeographie Großbritanniens, dargestellt anhand eines W-E-Profils von der Irischen See zur Nordsee. 1983. 206 Seiten, 14 Karten, 9 Figuren, 21 Abbildungen, 39 Tabellen.	€ 17,50
Heft 65	Otto Fränzle et al.: Legendenentwurf für die geomorphologische Karte 1:100.000 (GMK 100). 1979. 18 Seiten.	€ 1,50
Heft 66	Dietrich Barsch und Wolfgang-Albert Flügel (Hrsg.): Niederschlag, Grundwasser, Abfluß. Ergebnisse aus dem hydrologisch-geomorphologischen Versuchsgebiet "Hollmuth". Mit Beiträgen von D. Barsch, R. Dikau, W.-A. Flügel, M. Friedrich, J. Schaar, A. Schorb, O. Schwarz und H. Wimmer. 1988. 275 Seiten, 42 Tabellen, 106 Abbildungen.	€ 24,--

Heft 68	Robert König: Die Wohnflächenbestände der Gemeinden der Vorderpfalz. Bestandsaufnahme, Typisierung und zeitliche Begrenzung der Flächenverfügbarkeit raumfordernder Wohnfunktionsprozesse. 1980. 226 Seiten, 46 Karten, 16 Figuren, 17 Tabellen, 7 Tafeln. € 16,--
Heft 71	Stand der grenzüberschreitenden Raumordnung am Oberrhein. Kolloquium zwischen Politikern, Wissenschaftlern und Praktikern über Sach- und Organisationsprobleme bei der Einrichtung einer grenzüberschreitenden Raumordnung im Oberrheingebiet und Fallstudie: Straßburg und Kehl. 1981. 116 Seiten, 13 Abbildungen. € 7,50
Heft 73	American-German International Seminar. Geography and Regional Policy: Resource Management by Complex Political Systems. Eds.: John S. Adams, Werner Fricke and Wolfgang Herden. 1983. 387 pages, 23 maps, 47 figures, 45 tables. € 25,50
Heft 75	Kurt Hiehle-Festschrift. Mit Beiträgen von U. Gerdes, K. Goppold, E. Gormsen, U. Henrich, W. Lehmann, K. Lüll, R. Möhn, C. Niemeitz, D. Schmidt-Vogt, M. Schumacher und H.-J. Weiland. 1982. 256 Seiten, 37 Karten, 51 Figuren, 32 Tabellen, 4 Abbildungen. € 12,50
Heft 76	Lorenz King: Permafrost in Skandinavien – Untersuchungsergebnisse aus Lappland, Jotunheimen und Dovre/Rondane. 1984. 174 Seiten, 72 Abbildungen, 24 Tabellen. € 19,--
Heft 77	Ulrike Sailer: Untersuchungen zur Bedeutung der Flurbereinigung für agrarstrukturelle Veränderungen – dargestellt am Beispiel des Kraichgaus. 1984. 308 Seiten, 36 Karten, 58 Figuren, 116 Tabellen. € 22,50
Heft 78	Klaus-Dieter Roos: Die Zusammenhänge zwischen Bausubstanz und Bevölkerungsstruktur – dargestellt am Beispiel der südwestdeutschen Städte Eppingen und Mosbach. 1985. 154 Seiten, 27 Figuren, 48 Tabellen, 6 Abbildungen, 11 Karten. € 14,50
Heft 79	Klaus Peter Wiesner: Programme zur Erfassung von Landschaftsdaten, eine Bodenerosionsgleichung und ein Modell der Kaltluftentstehung. 1986. 83 Seiten, 23 Abbildungen, 20 Tabellen, 1 Karte. € 13,--
Heft 80	Achim Schorb: Untersuchungen zum Einfluß von Straßen auf Boden, Grund- und Oberflächenwässer am Beispiel eines Testgebietes im Kleinen Odenwald. 1988. 193 Seiten, 1 Karte, 176 Abbildungen, 60 Tabellen. € 18,50
Heft 81	Richard Dikau: Experimentelle Untersuchungen zu Oberflächenabfluß und Bodenabtrag von Meßparzellen und landwirtschaftlichen Nutzflächen. 1986. 195 Seiten, 70 Abbildungen, 50 Tabellen. € 19,--
Heft 82	Cornelia Niemeitz: Die Rolle des PKW im beruflichen Pendelverkehr in der Randzone des Verdichtungsraumes Rhein-Neckar. 1986. 203 Seiten, 13 Karten, 65 Figuren, 43 Tabellen. € 17,--

Heft 83	Werner Fricke und Erhard Hinz (Hrsg.): Räumliche Persistenz und Diffusion von Krankheiten. Vorträge des 5. geomedizinischen Symposiums in Reisenburg, 1984, und der Sitzung des Arbeitskreises Medizinische Geographie/Geomedizin in Berlin, 1985. 1987. 279 Seiten, 42 Abbildungen, 9 Figuren, 19 Tabellen, 13 Karten.	€ 29,50
Heft 84	Martin Karsten: Eine Analyse der phänologischen Methode in der Stadtklimatologie am Beispiel der Kartierung Mannheims. 1986. 136 Seiten, 19 Tabellen, 27 Figuren, 5 Abbildungen, 19 Karten.	€ 15,--
Heft 85	Reinhard Henkel und Wolfgang Herden (Hrsg.): Stadtforschung und Regionalplanung in Industrie- und Entwicklungsländern. Vorträge des Festkolloquiums zum 60. Geburtstag von Werner Fricke. 1989. 89 Seiten, 34 Abbildungen, 5 Tabellen.	€ 9,--
Heft 86	Jürgen Schaar: Untersuchungen zum Wasserhaushalt kleiner Einzugsgebiete im Elsenztal/Kraichgau. 1989. 169 Seiten, 48 Abbildungen, 29 Tabellen.	€ 16,--
Heft 87	Jürgen Schmude: Die Feminisierung des Lehrberufs an öffentlichen, allgemeinbildenden Schulen in Baden-Württemberg, eine raum-zeitliche Analyse. 1988. 159 Seiten, 10 Abbildungen, 13 Karten, 46 Tabellen.	€ 16,--
Heft 88	Peter Meusburger und Jürgen Schmude (Hrsg.): Bildungsgeographische Studien über Baden-Württemberg. Mit Beiträgen von M. Becht, J. Grabitz, A. Hüttermann, S. Köstlin, C. Kramer, P. Meusburger, S. Quick, J. Schmude und M. Votteler. 1990. 291 Seiten, 61 Abbildungen, 54 Tabellen.	€ 19,--
Heft 89	Roland Mäusbacher: Die jungquartäre Relief- und Klimageschichte im Bereich der Fildeshalbinsel Süd-Shetland-Inseln, Antarktis. 1991. 207 Seiten, 87 Abbildungen, 9 Tabellen.	€ 24,50
Heft 90	Dario Trombotto: Untersuchungen zum periglazialen Formenschatz und zu periglazialen Sedimenten in der "Lagunita del Plata", Mendoza, Argentinien. 1991. 171 Seiten, 42 Abbildungen, 24 Photos, 18 Tabellen und 76 Photos im Anhang.	€ 17,--
Heft 91	Matthias Achen: Untersuchungen über Nutzungsmöglichkeiten von Satellitenbilddaten für eine ökologisch orientierte Stadtplanung am Beispiel Heidelberg. 1993. 195 Seiten, 43 Abbildungen, 20 Tabellen, 16 Fotos.	€ 19,--
Heft 92	Jürgen Schweikart: Räumliche und soziale Faktoren bei der Annahme von Impfungen in der Nord-West Provinz Kameruns. Ein Beitrag zur Medizinischen Geographie in Entwicklungsländern. 1992. 134 Seiten, 7 Karten, 27 Abbildungen, 33 Tabellen.	€ 13,--
Heft 93	Caroline Kramer: Die Entwicklung des Standortnetzes von Grundschulen im ländlichen Raum. Vorarlberg und Baden-Württemberg im Vergleich. 1993. 263 Seiten, 50 Karten, 34 Abbildungen, 28 Tabellen.	€ 20,--

Heft 94   Lothar Schrott: Die Solarstrahlung als steuernder Faktor im Geosystem der sub-tropischen semiariden Hochanden (Agua Negra, San Juan, Argentinien). 1994. 199 Seiten, 83 Abbildungen, 16 Tabellen.   € 15,50

Heft 95   Jussi Baade: Geländeexperiment zur Verminderung des Schwebstoffaufkommens in landwirtschaftlichen Einzugsgebieten. 1994. 215 Seiten, 56 Abbildungen, 60 Tabellen.   € 14,--

Heft 96   Peter Hupfer: Der Energiehaushalt Heidelbergs unter besonderer Berücksichtigung der städtischen Wärmeinselstruktur. 1994. 213 Seiten, 36 Karten, 54 Abbildungen, 15 Tabellen.   € 16,--

Heft 97   Werner Fricke und Ulrike Sailer-Fliege (Hrsg.): Untersuchungen zum Einzelhandel in Heidelberg. Mit Beiträgen von M. Achen, W. Fricke, J. Hahn, W. Kiehn, U. Sailer-Fliege, A. Scholle und J. Schweikart. 1995. 139 Seiten.   € 12,50

Heft 98   Achim Schulte: Hochwasserabfluß, Sedimenttransport und Gerinnebettgestaltung an der Elsenz im Kraichgau. 1995. 202 Seiten, 68 Abbildungen, 6 Tabellen, 6 Fotos.   € 16,--

Heft 99   Stefan Werner Kienzle: Untersuchungen zur Flußversalzung im Einzugsgebiet des Breede Flusses, Westliche Kapprovinz, Republik Südafrika. 1995. 139 Seiten, 55 Abbildungen, 28 Tabellen.   € 12,50

Heft 100   Dietrich Barsch, Werner Fricke und Peter Meusburger (Hrsg.): 100 Jahre Geographie an der Ruprecht-Karls-Universität Heidelberg (1895-1995). 1996.   € 18,--

Heft 101   Clemens Weick: Räumliche Mobilität und Karriere. Eine individualstatistische Analyse der baden-württembergischen Universitätsprofessoren unter besonderer Berücksichtigung demographischer Strukturen. 1995. 284 Seiten, 28 Karten, 47 Abbildungen und 23 Tabellen.   € 17,--

Heft 102   Werner D. Spang: Die Eignung von Regenwürmern (Lumbricidae), Schnecken (Gastropoda) und Laufkäfern (Carabidae) als Indikatoren für auentypische Standortbedingungen. Eine Untersuchung im Oberrheintal. 1996. 236 Seiten, 16 Karten, 55 Abbildungen und 132 Tabellen.   € 19,--

Heft 103   Andreas Lang: Die Infrarot-Stimulierte-Lumineszenz als Datierungsmethode für holozäne Lössderivate. Ein Beitrag zur Chronometrie kolluvialer, alluvialer und limnischer Sedimente in Südwestdeutschland. 1996. 137 Seiten, 39 Abbildungen und 21 Tabellen.   € 12,50

Heft 104   Roland Mäusbacher und Achim Schulte (Hrsg.): Beiträge zur Physiogeographie. Festschrift für Dietrich Barsch. 1996. 542 Seiten.   € 25,50

Heft 105   Michaela Braun: Subsistenzsicherung und Marktpartizipation. Eine agrargeographische Untersuchung zu kleinbäuerlichen Produktionsstrategien in der Province de la Comoé, Burkina Faso. 1996. 234 Seiten, 16 Karten, 6 Abbildungen und 27 Tabellen.   € 16,--

Heft 106   Martin Litterst: Hochauflösende Emissionskataster und winterliche SO_2-Immissionen: Fallstudien zur Luftverunreinigung in Heidelberg. 1996. 171 Seiten, 29 Karten, 56 Abbildungen und 57 Tabellen.   € 16,--

Heft 107   Eckart Würzner: Vergleichende Fallstudie über potentielle Einflüsse atmosphärischer Umweltnoxen auf die Mortalität in Agglomerationen. 1997. 256 Seiten, 32 Karten, 17 Abbildungen und 52 Tabellen.   € 15,--

Heft 108   Stefan Jäger: Fallstudien von Massenbewegungen als geomorphologische Naturgefahr. Rheinhessen, Tully Valley (New York State), YosemiteValley (Kalifornien). 1997. 176 Seiten, 53 Abbildungen und 26 Tabellen.   € 14,50

Heft 109   Ulrike Tagscherer: Mobilität und Karriere in der VR China – Chinesische Führungskräfte im Transformationsprozess. Eine qualitativ-empirische Analyse chinesischer Führungskräfte im deutsch-chinesischen Joint-Ventures, 100% Tochtergesellschaften und Repräsentanzen. 1999. 254 Seiten, 8 Karten, 31 Abbildungen und 19 Tabellen.   € 19,90

Heft 110   Martin Gude: Ereignissequenzen und Sedimenttransporte im fluvialen Milieu kleiner Einzugsgebiete auf Spitzbergen. 2000. 124 Seiten, 28 Abbildungen und 17 Tabellen.   € 14,50

Heft 111   Günter Wolkersdorfer: Politische Geographie und Geopolitik zwischen Moderne und Postmoderne. 2001. 272 Seiten, 43 Abbildungen und 6 Tabellen.   € 19,90

Heft 112   Paul Reuber und Günter Wolkersdorfer (Hrsg.): Politische Geographie. Handlungsorientierte Ansätze und Critical Geopolitics. 2001. 304 Seiten. Mit Beiträgen von Hans Gebhardt, Thomas Krings, Julia Lossau, Jürgen Oßenbrügge, Anssi Paasi, Paul Reuber, Dietrich Soyez, Ute Wardenga, Günter Wolkersdorfer u.a.   € 19,90

Heft 113   Anke Väth: Erwerbsmöglichkeiten von Frauen in ländlichen und suburbanen Gemeinden Baden-Württembergs. Qualitative und quantitative Analyse der Wechselwirkungen zwischen Qualifikation, Haus-, Familien- und Erwerbsarbeit. 2001. 396 Seiten, 34 Abbildungen, 54 Tabellen und 1 Karte.   € 21,50

Heft 114   Heiko Schmid: Der Wiederaufbau des Beiruter Stadtzentrums. Ein Beitrag zur handlungsorientierten politisch-geographischen Konfliktforschung. 2002. 296 Seiten, 61 Abbildungen und 6 Tabellen.   € 19,90

Heft 115   Mario Günter: Kriterien und Indikatoren als Instrumentarium nachhaltiger Entwicklung. Eine Untersuchung sozialer Nachhaltigkeit am Beispiel von Interessengruppen der Forstbewirtschaftung auf Trinidad. 2002. 320 Seiten, 23 Abbildungen und 14 Tabellen.   € 19,90

Heft 116   Heike Jöns: Grenzüberschreitende Mobilität und Kooperation in den Wissenschaften. Deutschlandaufenthalte US-amerikanischer Humboldt-Forschungspreisträger aus einer erweiterten Akteursnetzwerkperspektive. 2003. 484 Seiten, 34 Abbildungen, 10 Tabellen und 8 Karten.   € 29,00

Heft 117 Hans Gebhardt und Bernd Jürgen Warneken (Hrsg.) Stadt – Land – Frau. Interdisziplinäre Genderforschung in Kulturwissenschaft und Geographie. 2003. 304 Seiten, 44 Abbildungen und 47 Tabellen. € 19,90

Heft 118 Tim Freytag: Bildungswesen, Bildungsverhalten und kulturelle Identität. Ursachen für das unterdurchschnittliche Ausbildungsniveau der hispanischen Bevölkerung in New Mexico. 2003. 352 Seiten, 30 Abbildungen, 13 Tabellen und 19 Karten. € 19,90

Heft 119 Nicole-Kerstin Baur: Die Diphtherie in medizinisch-geographischer Perspektive. Eine historisch-vergleichende Rekonstruktion von Auftreten und Diffusion der Diphtherie sowie der Inanspruchnahme von Präventivleistungen. 2006. 301 Seiten, 20 Abbildungen, 41 Tabellen und 11 Karten. € 19,90

Heft 120 Holger Megies: Kartierung, Datierung und umweltgeschichtliche Bedeutung der jungquartären Flussterrassen am unteren Inn. 2006. 224 Seiten, 73 Abbildungen, 58 Tabellen und 10 Karten. € 29,00

Heft 121 Ingmar Unkel: AMS-14C-Analysen zur Rekonstruktion der Landschafts- und Kulturgeschichte in der Region Palpa (S-Peru). 2006. 226 Seiten, 84 Abbildungen und 11 Tabellen. € 19,90

Heft 122 Claudia Rabe: Unterstützungsnetzwerke von Gründern wissensintensiver Unternehmen. Zur Bedeutung der regionalen gründungsunterstützenden Infrastruktur. 2007. 274 Seiten, 54 Abbildungen und 17 Tabellen. € 19,90

Heft 123 Bertil Mächtle: Geomorphologisch-bodenkundliche Untersuchungen zur Rekonstruktion der holozänen Umweltgeschichte in der nördlichen Atacama im Raum Palpa/Südperu. 2007. 246 Seiten, 86 z.T. farbige Abbildungen und 24 Tabellen. € 23,00

Heft 124 Jana Freihöfer: Karrieren im System der Vereinten Nationen. Das Beispiel hochqualifizierter Deutscher, 1973–2003. 2007. 298 Seiten, 40 Abbildungen, 10 Tabellen und 2 Karten. € 19,90

Heft 125 Simone Naumann: Modellierung der Siedlungsentwicklung auf Tenerife (Kanarische Inseln). Eine fernerkundungsgestützte Analyse zur Bewertung des touristisch induzierten Landnutzungswandels. 2008. 196 Seiten, 64 Abbildungen, 12 Tabellen. € 19,90

Heft 126 Hans Gebhardt (Hrsg.): Urban Governance im Libanon. Studien zu Akteuren und Konflikten in der städtischen Entwicklung nach dem Bürgerkrieg. 2008. 172 Seiten, 55 Abbildungen, 10 Tabellen. Mit Beiträgen von Nasim Barham, Jan Maurice Bödeker, Hans Gebhardt, Oliver Kögler und Leila Mousa. € 19,90

Heft 127 Demyan Belyaev: Geographie der alternativen Religiösität in Russland. Zur Rolle des heterodoxen Wissens nach dem Zusammenbruch des kommunistischen Systems. 2008. 234 Seiten, 1 Abb., 59 Tab., 7 Karten. € 19,90

| Heft 128 | Arne Egger: Geoökologische Untersuchung des *Faxinal* Waldweidesystems der Hochländer von Paraná, Südbrasilien. 2009. 193 Seiten, 42 Abbildungen, 22 Tabellen. € 19,90 |

| Heft 129 | Jana Dorband: Politics of Space: The Changing Dynamics of the "Middle East" as a Geo-Strategic Region in American Foreign Policy. 2010. 284 Seiten, 5 Abbildungen, 7 Tabellen. € 19,90 |

| Heft 130 | Christoph Siart: Geomorphologisch-geoarchäologische Untersuchungen im Umfeld der minoischen Villa von Zominthos – ein Beitrag zur Erforschung der holozänen Landschaftsgeschichte Zentralkretas. 2010. 198 Seiten, 46 Abbildungen, 21 Tabellen. € 19,90 |

Bestellungen an:
Selbstverlag des Geographischen Instituts, Universität Heidelberg,
Berliner Straße 48, D-69120 Heidelberg, Fax: ++49 (0) 62 21 / 54 55 85
E-Mail: hga@geog.uni-heidelberg.de, http://www.geog.uni-heidelberg.de/hga

HEIDELBERGER GEOGRAPHISCHE BAUSTEINE*

Heft 1	D. Barsch, R. Dikau, W. Schuster: Heidelberger Geomorphologisches Programmsystem. 1986. 60 Seiten.	€ 4,50
Heft 7	J. Schweikart, J. Schmude, G. Olbrich, U. Berger: Graphische Datenverarbeitung mit SAS/GRAPH – Eine Einführung. 1989. 76 Seiten.	€ 4,--
Heft 8	P. Hupfer: Rasterkarten mit SAS. Möglichkeiten zur Rasterdarstellung mit SAS/GRAPH unter Verwendung der SAS-Macro-Facility. 1990. 72 Seiten.	€ 4,--
Heft 9	M. Fasbender: Computergestützte Erstellung von komplexen Choroplethenkarten, Isolinienkarten und Gradnetzentwürfen mit dem Programmsystem SAS/GRAPH. 1991. 135 Seiten.	€ 7,50
Heft 10	J. Schmude, I. Keck, F. Schindelbeck, C. Weick: Computergestützte Datenverarbeitung. Eine Einführung in die Programme KEDIT, WORD, SAS und LARS. 1992. 96 Seiten.	€ 7,50
Heft 12	W. Mikus (Hrsg.): Umwelt und Tourismus. Analysen und Maßnahmen zu einer nachhaltigen Entwicklung am Beispiel von Tegernsee. 1994. 122 Seiten.	€ 10,--
Heft 14	W. Mikus (Hrsg.): Gewerbe und Umwelt. Determinaten, Probleme und Maßnahmen in den neuen Bundesländern am Beispiel von Döbeln / Sachsen. 1997. 86 Seiten.	€ 7,50
Heft 15	M. Hoyler, T. Freytag, R. Baumhoff: Literaturdatenbank Regionale Bildungsforschung: Konzeption, Datenbankstrukturen in ACCESS und Einführung in die Recherche. Mit einem Verzeichnis ausgewählter Institutionen der Bildungsforschung und weiterführenden Recherchehinweisen. 1997. 70 Seiten.	€ 6,--
Heft 16	H. Schmid, H. Köppe (Hrsg.): Virtuelle Welten, reale Anwendungen. Geographische Informationssysteme in Theorie und Praxis. 2003. 140 Seiten.	€ 10,--
Heft 17	N. Freiwald, R. Göbel, R. Jany: Modellierung und Analyse dreidimensionaler Geoobjekte mit GIS und CAD. 2. veränderte und erweiterte Aufl. 2006. 143 Seiten + 1 CD.	€ 15,--

Bestellungen an:
Selbstverlag des Geographischen Instituts, Universität Heidelberg,
Berliner Straße 48, D-69120 Heidelberg, Fax: ++49 (0) 62 21 / 54 55 85
E-Mail: hga@geog.uni-heidelberg.de, http://www.geog.uni-heidelberg.de/hga

---

*Nicht aufgeführte Hefte sind vergriffen.

HETTNER-LECTURES

Heft 1   *Explorations in critical human geography.* Hettner-Lecture 1997 with Derek Gregory. Heidelberg. 1998. 122 Seiten.   € 19,--

Heft 2   *Power-geometries and the politics of space-time.* Hettner-Lecture 1998 with Doreen Massey. Heidelberg 1999. 112 Seiten.   € 19,--

Heft 3   *Struggles over geography: violence, freedom and development at the millennium.* Hettner-Lecture 1999 with Michael J. Watts. 2000. 142 Seiten.   € 19,--

Heft 4   *Reinventing geopolitics: geographies of modern statehood.* Hettner-Lecture 2000 with John A. Agnew. 2001. 84 Seiten.   € 19,--

Heft 5   *Science, space and hermeneutics.* Hettner-Lecture 2001 with David N. Livingstone. 2002. 116 Seiten.   € 19,--

Heft 6   *Geography, gender, and the workaday world.* Hettner-Lecture 2002 with Susan Hanson. 2003. 76 Seiten.   € 19,--

Heft 7   *Institutions, incentives and communication in economic geography.* Hettner-Lecture 2003 with Michael Storper. 2004. 102 Seiten.   € 19,--

Heft 8   *Spaces of neoliberalization: towards a theory of uneven geographical development.* Hettner-Lecture 2004 with David Harvey. 2005. 132 Seiten.   € 19,--

Heft 9   *Geographical imaginations and the authority of images.* Hettner-Lecture 2005 with Denis Cosgrove. 2006. 102 Seiten.   € 19,--

Heft 10   *The European geographical imagination.* Hettner-Lecture 2006 with Michael Heffernan. 2007. 104 Seiten.   € 19,--

Bestellungen an:

Franz Steiner Verlag GmbH
Vertrieb: Brockhaus/Commission
Kreidlerstraße 9
D-70806 Kornwestheim
Tel.: ++49 (0) 71 54 / 13 27-0
Fax: ++49 (0) 71 54 / 13 27-13
E-Mail: bestell@brocom.de
http://www.steiner-verlag.de